中文版
Flash CS4 标准教程

王智强 张桂敏 编著

中国电力出版社
www.cepp.com.cn

内 容 提 要

本书是一本以实例带动理论知识讲解的基础教程，从实用的角度出发，对 Flash CS4 进行详细讲解，并结合大量不同层次的精彩实例，对 Flash CS4 应用技巧进行介绍。在理论知识讲解方面，注重 Flash CS4 基本知识与使用技巧的传授，在实例制作方面，则注重实战，贴近实际。

全书共分 12 章，内容由浅到深，包括 Flash CS4 软件的基本知识与基本操作、图形的绘制与编辑、Flash 动画的创建、Flash 多媒体的应用、Flash ActionScript 和组件的应用等。所用实例涉及范围比较广，涵盖了广告动画、Flash Banner、教学课件、Flash 游戏、Flash 贺卡、Flash 网站、Flash 手机应用等诸多领域。

本书赠送 1 张多媒体教学光盘，除了收录了本书所用的素材文件、制作源文件和最终效果文件外，还配有多媒体动态演示，方便读者学习使用。

本书结构清晰、讲解细致、实例丰富，具有很强的实用性，特别适合初级读者使用，也可以作为广大 Flash 爱好者、网站和课件设计人员的工作参考书，还可以作为高等学校和相关培训班教材。

图书在版编目（CIP）数据

中文版 Flash CS4 标准教程／王智强，张桂敏编著 .—北京：中国电力出版社，2009
ISBN 978–7–5083–8672–0

Ⅰ. 中⋯　Ⅱ. ①王⋯②张⋯　Ⅲ. 动画 – 设计 – 图形软件，Flash CS4 – 教材　Ⅳ .TP391.41

中国版本图书馆 CIP 数据核字（2009）第 049998 号

责任编辑：孙　芳
责任校对：崔燕菊
责任印制：郭华清

书　　名：中文版 Flash CS4 标准教程
编　　著：王智强　张桂敏
出版发行：中国电力出版社
　　　　　地址：北京市三里河路 6 号　邮政编码：100044
　　　　　电话：（010）68362602　　传真：（010）68316497
印　　刷：北京市同江印刷厂
开本尺寸：185mm×260mm　　印　张：22.25　　彩　页：8　　字　数：558 千字
书　　号：ISBN 978–7–5083–8672–0
版　　次：2009 年 7 月北京第 1 版
印　　次：2009 年 7 月第 1 次印刷
印　　数：0001—3000 册
定　　价：**36.00** 元（含 1CD）

　　Flash 是一款交互式矢量图形编辑与动画制作软件，能够将矢量图、位图、音频、动画、视频和交互动作有机地、灵活地结合在一起，从而制作出美观、新奇、交互性很强的动画效果。由于 Flash 生成的动画文件具有短小精悍的特点，并采用了跨媒体技术，同时具有很强的交互功能，所以使用 Flash 制作的动画文件在各种媒体环境中被广泛应用。

　　Adobe 公司于 2008 年 9 月推出了最新版本 Flash CS4，版本的升级和改进给用户带来的惊喜不断，相比 Flash CS3 有了革命性的变化，不仅仅是界面的修改和绘画工具以及 ActionScript 3.0 的完善，而且对动画的形式进行了彻底改变，Flash CS4 新增加的动画补间不仅仅是作用于属性关键帧，而是可以作用于动画元件本身，并加入了骨骼工具与 3D 功能等，这些改变使得 Flash 成为一款非常强大的专业动画制作软件。

本书内容与结构

　　《中文版 Flash CS4 标准教程》是一本零基础自学标准教程，以"知识要点"+"实例指导"+"综合应用实例"的写作模式深入浅出地对 Flash CS4 进行详细讲解，全书共分 12 章，始终贯穿"学以致用"的宗旨，不仅可以带领读者学习 Flash CS4 软件，而且还对软件在不同领域的具体应用进行了介绍。

　　本书具体内容及结构编排如下：

热身篇：

　　讲述 Flash CS4 的一些最基础的软件知识，读者通过学习可以掌握 Flash CS4 的基本常识、工作界面、基本操作等知识，本部分有一章的内容。

　　⊙　第 1 章：初识 Flash CS4。本章主要讲解了 Flash CS4 的发展历史、技术与特点、应用范围、新增功能、工作界面与基本操作等，并通过实例讲解了如何创建 Flash 动画文件、如何设计自己的工作布局，整体地对 Flash 软件进行初步认识。

起跑篇：

　　讲述 Flash CS4 进行动画制作的相关知识，读者通过学习不仅可以掌握 Flash CS4 对象的绘制与编辑、图层与帧、元件、实例与库等动画制作的基础知识，还可以掌握 Flash CS4 各种动画的创建方法与技巧，本部分有六章的内容。

　　⊙　第 2 章：绘制图形。本章主要讲解 Flash 图形基础知识、【工具】面板中各绘制工具和文本工具的使用方法与技巧，同时配合实例"房子图案"、"苹果图形"、"气球"和"情人节贺卡"对所学工具知识进行巩固，最后再通过一个"明月"图形的绘制实例对本章所学的知识进行综合应用练习。

　　⊙　第 3 章：编辑图形。本章主要讲解了 Flash 选择对象、变形对象、移动对象、改变对象形状、合并对象、排列组合对象、剪切复制对象等知识，同时配合实例"花朵图形"和"Logo 标志"对所学编辑图形知识进行巩固，最后再通过一个"新年台历"的绘制实例对本章所学的知识进行综合应用练习。

⊙ 第 4 章：图层与帧的应用。本章主要讲解了【时间轴】面板中图层与帧的具体操作知识，同时配合实例"旅行"、"蝴蝶广告"对所学操作知识进行巩固。

⊙ 第 5 章：元件、实例与库。本章主要讲解了 Flash 动画的三大元素——元件、实例与库的含义、三者间的关系以及它们的基本操作等知识，同时配合实例"滑冰"和"音乐晚会"个性按钮对所学知识进行巩固，最后再通过一个"房地产 Banner 动画背景图"的制作实例对本章所学的知识进行综合应用练习。

⊙ 第 6 章：基本动画制作。本章主要讲解了 Flash CS4 基本动画的相关知识，包括逐帧动画、传统补间动画、补间形状动画、Flash CS4 新增的补间动画以及动画预设等，同时配合实例"摇摆小鱼"、"倒计时"、"走路"、"送福"、"形状控制动画"、"浪漫餐厅"、"冲浪"和"南瓜"动画对所学知识进行巩固，最后再通过一个"家居广告动画"制作实例对本章所学知识进行综合应用练习。

⊙ 第 7 章：高级动画制作。本章主要讲解了 Flash 软件提供的多个高级动画，包括运动引导层动画、遮罩动画以及 Flash CS4 新增的骨骼动画等，同时配合实例"小蜜蜂飞舞"、"饮食片头"、"化妆美女"和"武者"动画对所学知识进行巩固，最后再通过一个"森林乐园动画"制作实例对本章所学知识进行综合应用练习。

加速篇：

讲述 Flash CS4 软件中声音和视频的导入与编辑、ActionScript 和组件的应用，以及文件优化、导出与发布等知识，如果可以将这些内容加以掌握，则可以在 Flash 世界中尽情驰骋，本部分有四章的内容。

⊙ 第 8 章：多媒体应用。本章主要讲解了 Flash 软件在多媒体方面体现的两个元素——声音和视频的相关知识，包括导入声音、编辑声音、压缩声音、Adobe Media Encoder 编码器、导入 Flash 视频和编辑 Flash 视频等，同时配合实例"放鞭炮"动画、"空中飞翔.avi"、"城市街道.f4v"和"美食.flv"视频文件对所学知识进行巩固，最后再通过一个"电视机播放动画"实例对本章所学的知识进行综合应用练习。

⊙ 第 9 章：ActionScript 应用。本章主要讲解了 ActionScript 的发展历程、ActionScript 3.0 的新特性、ActionScript 语言及其语法、对象、动作面板以及比较常用的一些基本 ActionScript 动作命令，同时配合实例"动感街舞"动画、"图像浏览"动画、"网站跳转"动画和"电视屏幕"动画对所学知识进行巩固，最后再通过一个"财神到"动画实例对本章所学的知识进行综合应用练习。

⊙ 第 10 章：组件的应用。本章主要讲解了 ActionScript 3.0 组件的使用优点、类型、体系结构、【组件】面板、【组件检查器】面板以及一些比较常用的组件，同时配合实例"视频播放"动画对所学知识进行巩固，最后再通过一个"留言板"动画实例对本章所学的知识进行综合应用练习。

⊙ 第 11 章：文件优化、导出与发布。本章主要讲解了动画文件制作完成后的优化、导出与发布等操作知识，同时配合实例"火箭升空"、"演唱会"和"越野自驾游"动画对所学知识进行巩固。

冲刺篇：

讲解了 Flash 应用范围的诸多精彩实例，包括 Flash 贺卡、Flash 课件、Flash 游戏、手机屏保以及 Flash 网站等，通过这一部分，可以学习不同类型动画的制作构思与整体的流程，本部分有一章的内容。

⊙ 第 12 章：Flash 动画综合应用实例。通过五个实例学习使用 Flash 制作贺卡、课件、游戏、手机屏保以及网站的方法以及操作思路。

全书图文并茂、通俗易懂，不仅有详细的知识讲解而且还有丰富的实例操作，并且所有实例都有详细明确的操作步骤，读者只要跟着书中的提示一步一步地操作，就可以掌握书中所讲的内容，制作出具有一定水平的动画作品。

光盘使用说明

为了方便广大读者学习，本书附有 1 张多媒体教学光盘，收录了多媒体教学视频、范例源文件、素材文件与最终效果文件，以便读者随时调用。

本书配套多媒体教学光盘运行环境为 Windows XP/Vista，在使用之前请将计算机的屏幕分辨率设置为 1024×768 像素，否则将不能完全显示操作界面，另外，用于演示的计算机必须配有声卡和音箱，同时建议将光盘中的所有文件拷贝到计算机本地硬盘中，以便更加流畅地观看教学录像。

观看多媒体教学

1. 将光盘放入光驱。
2. 双击桌面上的"我的电脑"图标，再双击光盘图标，打开光盘窗口。
3. 双击光盘中"多媒体教程"文件夹中的"start.exe"文件，启动多媒体教学。
4. 选择要学习的章节，然后选择具体知识点，即可以开始播放相应的多媒体教程。

作者感言

本书由王智强、张桂敏执笔完成，感谢中国电力出版社编辑的大力支持，同时感谢您选择了本书，希望本书能为广大 Flash 爱好者、网站与课件设计制作人员等提供有力的帮助，另外，本书内容所提及的公司及个人名称、产品名称、优秀作品及其名称，均所属公司或者个人所有，本书引用仅为宣传之用，绝无侵权之意。限于作者水平，书中难免会有疏漏与不妥之处，敬请广大读者批评指正，不吝赐教。如果读者对本书有意见和建议，可以到作者网站 http://www.51-site.com/bbs 上交流，也可发送到作者邮箱：E-mail:btwzqjl@163.com 或 windflowerzgm@163.com，同时也可以加入 QQ 群"8983255"，在线进行图书学习指导！

绘制"明月"图形效果

（详见第2章）

"情人节贺卡"实例效果

（详见第2章）

导入Photoshop文件效果

（详见第2章）

绘制"新年台历"图形效果

（详见第3章）

绘制"花朵""Logo标志"和"房子"图形效果

（详见第2章和第3章）

※ "蝴蝶广告"动画效果

（详见第4章）

※ "旅行"实例效果

（详见第4章）

※ "房地产Banner"实例效果

（详见第5章）

※ "音乐晚会"个性按钮效果

（详见第5章）

※ "滑冰"实例效果

（详见第5章）

"倒计时"动画效果

（详见第6章）

"家居广告"动画效果

（详见第6章）

"浪漫餐厅"动画效果

（详见第6章）

"卡通走路"动画效果

（详见第6章）

"送福"动画效果

（详见第6章）

"森林乐园"动画效果

（详见第7章）

☀ "辛勤的蜜蜂"飞舞动画效果

（详见第7章）

☀ "武者"骨骼动画效果

（详见第7章）

☀ "饮食片头"动画效果

（详见第7章）

☀ "放鞭炮"动画效果

（详见第8章）

☀ "电视播放"动画效果

（详见第8章）

☀ "图像浏览"的秋动画效果

（详见第9章）

☀ "图像浏览"的春动画效果

（详见第9章）

☀ "财神到"动画效果

（详见第9章）

☀ 加载swf动画的"电视屏幕"效果

（详见第9章）

☀ 加载图像的"电视屏幕"效果

（详见第9章）

☀ "动感街舞"动画效果

（详见第9章）

☀ "网站跳转"动画效果

（详见第9章）

通过组件制作"留言板"动画

（详见第10章）

通过组件制作视频播放动画

（详见第10章）

"越野自驾游"动画效果

（详见第11章）

"演唱会"动画效果

（详见第11章）

"火箭升空"动画效果

（详见第11章）

"贺卡"开始画面动画效果

（详见第12章）

☀ "个人网站"网站界面效果
（详见第12章）

☀ "贺卡"内容动画效果
（详见第12章）

☀ "个人网站"案例展示栏目
（详见第12章）

☀ "个人网站"我的视频栏目
（详见第12章）

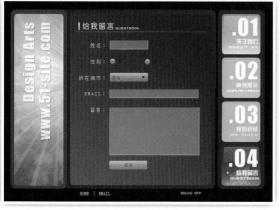

☀ "个人网站"给我留言栏目
（详见第12章）

☀ "个人网站"关于我们栏目
（详见第12章）

☀ "幼儿英语课件"开始画面动画

（详见第12章）

☀ "幼儿英语课件"内容动画效果

（详见第12章）

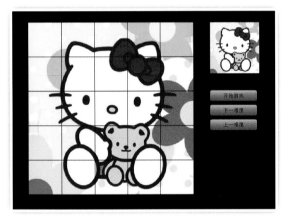

☀ "Flash拼图游戏"开始时效果

（详见第12章）

☀ "Flash手机时钟屏保"效果

（详见第12章）

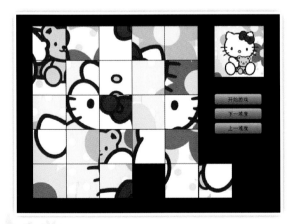

☀ "Flash 拼图游戏"进行中效果

（详见第12章）

Contents 目 录

第1篇

热 身 篇

▶ 第 1 章　初识 Flash CS4

第1章

初识 Flash CS4

内容介绍

在开始系统学习 Flash CS4 之前，首先需要了解 Flash 是什么样的软件，能够做什么，并对 Flash CS4 的一些基本操作进行掌握，从而为以后的学习奠定基础。

学习重点

- 初识 Flash CS4
- Flash CS4 工作界面
- Flash CS4 基本操作
- 实例指导：创建一个 Flash 动画文件
- 实例指导：设计自己的工作布局

1.1 初识 Flash CS4

Flash 是一款交互式矢量图形编辑与动画制作软件，是目前使用最为广泛的网页动画制作与网站建设编辑软件之一。由于 Flash 生成的动画文件体积小，并采用了跨媒体技术，同时具有很强的交互功能，所以使用 Flash 制作的动画文件在各种媒体环境中被广泛应用，例如使用 Flash 制作的网页动画、故事短片、Flash 站点以及在手机中应用的 Flash 短片、屏保、游戏等。Flash 软件以其简单易学、功能强大、适应范围广泛等特点，逐步奠定了在多媒体互动软件中的霸主地位。

1.1.1 Flash 的发展历史

Flash 是一款交互式矢量多媒体制作软件，它的产生到发展距今已有 12 年的历史，经过这些年软件功能与版本的不断更新，逐渐发展到如今的 Flash CS4 版本。在 Flash 软件发展历程中经历两次软件收购事件、多次重大功能的更新，经过多年的锤炼使 Flash 发展为网络动画制作方面的龙头软件。对于学习与使用 Flash 动画制作软件的用户来说，应该对 Flash 的发展历程有所了解。

1996 年一家名为 Future Wave 的软件公司发布了一个 FutureSplash 动态变化小程序，它的主要目的是为 Netscape 开发的全新网页动画浏览插件，这个软件就是 Flash 的前身。1996 年 11 月，Macromedia 正式收购了 Future Wave 公司，将 FutureSplash Animator 重新命名为 Macromedia Flash 1.0。Macromedia 收购 FutureSplash 原本是为了完善其看家产品 Director，但在互联网上推出 Flash 后，获得了空前的成功，于是将 Flash 和 Director 进行重新定位，Flash 被应用于互联网中，并在其中逐渐加入了 Director 的一些先进功能。

自 Flash 进入 4.0 版本以后，原本的 Shockwave 播放器就变成了仅供 Director 使用，而 Flash 4.0 开始有了自己专用的播放器，称为 "Flash Player"，不过为了保持向下兼容性，Flash 制作出的动画则仍旧沿用原有的 ".SWF" 文件名。

2000 年 8 月 Macromedia 推出了 Flash 5.0，支持的播放器为 Flash Player 5，Flash 5.0 中的 ActionScript 已有了长足的进步，并且开始了对 XML 和 Smart Clip（智能影片剪辑）的支持。ActionScript 的语法已经开始定位为发展成一种完整的面向对象的语言，并且遵循 ECMAScript 的标准。

2002 年 3 月 Macromedia 推出了 Flash MX，也就是测试版中的 Flash 6.0，后来为了配合 MX 产品线，正式命名为 MX，支持的播放器为 Flash Player 6。Flash MX 开始了对外部 jpg 和 MP3 的调入支持，同时也增加了更多的内建对象（如直接的绘画控制），提供了对 HTML 文本的更精确控制、SetInterval 超频帧的概念，同时也改进了 swf 文件的压缩技术。

2003 年 8 月 25 日 Macromedia 推出了 Flash MX 2004，支持用 Flash MX 2004 创建的 SWF 播放器的版本被命名为 Flash Player 7，Flash MX 2004 增加了许多新的功能：对移动设备和手机、Pocket PC 的支持（以及像素字体的清晰显示）；Flash Player 运行时性能提高了 2～5 倍；对 HTML 文本中内嵌图像和 swf 的支持；FLV 外部视频的支持（与 QuickTime 的集成）；对 Adobe PDF 及其他文档的支持等，同时开始了对 Flash 本身制作软件的控制和插件开放 JSFL（Macromedia Flash JavaScript API）。

2005 年 4 月 Macromedia 公司被 Adobe 公司以 34 亿美元收购，两个巨头公司合并后，Flash

开发的脚步并没有停止，于当年 10 月发布了 Flash 的新版本 Flash 8.0，它是 Flash MX 2004 的升级版本，在此版本中加入了很多类似 Photoshop 软件中的元素，如滤镜与混合，并增强了文字、视频的编辑功能，为动画效果和编辑带来很大的便利，除此之外，手机方面应用的加强也可以看出 Adobe 公司进军手机市场的决心。

经过两年的调整，Adobe 公司对 Macromedia 公司的原有软件以及 Adobe 公司的软件进行整合，于 2007 年 4 月推出了 CS3 系列软件，其中就包括 Flash CS3。Flash CS3 无论在界面上还是在性能上都进行了重新调整，与 Adobe 其他产品紧密结合，将其与 Photoshop 和 Illustrator 进行整合，从而为 Flash 创作提供了极大的便利，并开发出全新的面向对象的语言 ActionScript 3.0，使得 Flash 的 ActionScript 不再是一个简简单单的脚本语言，而摇身变成一种强大的高级程序语言。

Adobe 公司在推出 Flash CS3 之后，对于 Flash 软件开发的脚本并没有停歇，于 2008 年 9 月又推出了当前 Flash 的最新版本 Flash CS4，Flash CS4 相比 Flash CS3 有了革命性的变化，不仅仅是界面的修改和绘画工具以及 ActionScript 3.0 的完善，而且对动画的形式进行了彻底改变，Flash CS4 新增加的动画补间效果不仅仅是作用于关键帧，而是可以作用于动画元件本身，并加入了骨骼工具与 3D 功能，这些改变使得 Flash 不再是简单的网页动画工具，而是一款非常强大的专业动画制作软件。

1.1.2　Flash 技术与特点

Flash 是以流控制技术和矢量技术等为代表的动画软件，能够将矢量图、位图、音频、动画、视频和交互动作有机地、灵活地结合在一起，从而制作出美观、新奇、交互性很强的动画效果。它制作出来的动画具有短小精悍的特点，所以软件一经推出，就受到了广大网页设计者的青睐，被广泛应用于网页动画的设计，成为当今最流行的网页设计软件之一。

与其他动画软件制作出来的动画相比，Flash 动画具有以下特点：

（1）Flash 动画受网络资源的制约比较小，利用 Flash 制作的动画是矢量的，无论把它放大多少倍都不会失真。

（2）Flash 动画可以放在互联网上供人欣赏和下载，由于使用的是矢量图技术，具有文件小、传输速度快、播放采用流式技术的特点，因此动画是边下载边播放，如果速度控制得好的话，则根本感觉不到文件的下载过程，所以 Flash 动画在互联网上被广泛传播。

（3）Flash 动画制作的成本非常低。使用 Flash 制作的动画能够大大地减少人力、物力资源的消耗，同时在制作时间上也会大大减少。

（4）Flash 动画在制作完成后，可以把生成的文件设置成带保护的格式，这样维护了设计者的版权利益。

（5）Flash 的播放插件很小，很容易下载并安装，而且在浏览器中可以自动安装。

（6）通用性好，在各种浏览器中都可以有统一的样式。

（7）和互联网紧密接合，可以直接与 Web 页连接，适合制作 Flash 站点。

（8）多媒体与互动性强。在 Flash 中可以整合图形、音乐、视频等多媒体元素，并且可以实现用户与动画的交互。

（9）简单易学，普及性强。Flash 简单易学，不必掌握高深的动画知识，就可以制作出令人心跳的动画效果。

1.1.3　Flash 的应用范围

Flash 软件因其容量小、交互性强、速度快等特点，在互联网中得到广泛应用与推广。在互联网中随处可见 Flash 制作的互动网站、各种类型的艺术影片、Flash 广告、导航工具、多媒体网站等，同时被广泛应用于手机领域，人们可以使用手机设置 Flash 屏保、观看 Flash 动画、玩 Flash 游戏，甚至使用 Flash 进行视频交流，Flash 已经成为了跨平台多媒体应用开发的一个重要分支。

1．网站动画

在早期的网站中只有一些静态的图像与文字，页面显得十分呆板，后面又出现了一些 Gif 动画图像，但 Gif 动画制作既费时又费力，而且动画表现效果并不理想，Flash 的出现则改变了这种现象，使用 Flash 可以更好地表现出图像的动态效果，而且生成的文件体积很小，可以很快显示出来，所以在现在的网页中越来越多地使用 Flash 动画来装饰页面的效果，如 Flash 制作的网站 logo、Flash Banner 条等，如图 1-1 所示。

图 1-1　网站 Flash Banner 条

2．Flash 产品广告

Flash 广告是使用 Flash 动画的形式宣传产品的广告，主要用于在互联网上进行产品、服务或者企业形象的宣传。Flash 广告动画中一般会采用很多电视媒体制作的表现手法，而且其短小、精悍，适合网络传输，是互联网上非常好的广告表现形式，如图 1-2 所示。

3．Flash 游戏

Flash 是目前制作网络交互动画最优秀的工具，支持动画、声音以及视频，并且通过 Flash 的交互性可以制作出简单风趣、寓教于乐的 Flash 小游戏，如图 1-3 所示。

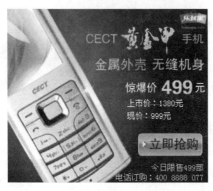
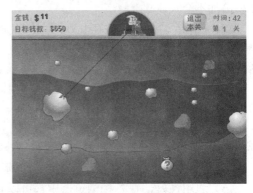

图 1-2　Flash 产品广告　　　　　　　　　　图 1-3　Flash 游戏

4．Flash 动漫与 MTV

由于采用矢量技术这一特点，Flash 非常适合制作漫画，再配上适当的音乐，比传统的动漫更具有吸引力，而且使用 Flash 制作的动画文件很小，更适合网络传播。此外，使用 Flash 制作的 MTV 已经逐渐走上了商业化的道路，很多唱片公司开始推出使用 Flash 技术制作的 MTV，开启了商业公司探索网络的又一途径，如图 1-4 所示。

5．Flash 贺卡

Flash 制作的贺卡与过去单一文字或图像的静态贺卡相比互动性强、表现形式多样、文件体积小，在一个特别的日子为亲友送出精心制作的 Flash 电子贺卡，可以更好地表达了亲人、朋友的亲情与友情，如图 1-5 所示。

图 1-4　Flash MTV 动画

图 1-5　Flash 贺卡

6．教学课件

使用 Flash 制作的课件可以很好地表达教学内容，增强学生的学习兴趣，现在已经被越来越多地应用到学校的教学工作中，如图 1-6 所示。

7．手机应用

Flash 作为一款跨媒体的软件在很多领域得到应用，尤其是 Adobe 公司逐渐加大了 Flash 对手机的支持，使用 Flash 可以制作出手机的很多应用动画，包括 Flash 手机屏保、Flash 手机主题、Flash 手机游戏、Flash 手机应用工具等，随着手机浏览器 Flash Lite 版本不断提升，以及各款手机对 Flash 的不断支持，Flash 在手机方面的应用将会越来越广，如图 1-7 所示。

图 1-6　Flash 教学课件

图 1-7　Flash 手机动画

8．Flash 网站

Flash 具有良好的动画表现力与强大的后台技术，并支持 Html 与网页编程语言的使用，使得 Flash 在制作网站上具有很好的优势，如图 1-8 所示。

9．Flash 视频

自从 Flash MX 版本开始全面支持视频文件的导入和处理，在随后的版本中不断加强了对 Flash 视频的编辑处理及导出功能，并且 Flash 支持自主的视频格式".flv"，此格式的视频可以实现流式下载，文件体积非常小，可以通过 Flash 实现在线的交互，所以在互联网中得到大量的应用，现在很多大型视频网站采用 Flash 视频技术实现在线视频的点播与观看，如图 1-9 所示。

图 1-8　Flash 网站　　　　　　　　　　　图 1-9　Flash 视频

10．多媒体光盘

过去多媒体光盘一般都是使用 Director 软件完成，但是，现在通过团队合作与开发也可以使用 Flash 制作多媒体宣传光盘，如图 1-10 所示。

图 1-10　Flash 多媒体光盘

当然，Flash 的应用远远不止这些，它在电子商务与其他的媒体领域也得到了广泛的应用，在此仅列出一些主要的应用范围，相信随着 Flash 技术的发展，Flash 应用范围将会越来越广泛。

1.1.4　Flash CS4 新增功能

Flash CS4 是继 Flash CS3 之后推出的最新版本，与 Flash CS3 相比不只是简单版本的升级，而是功能上革命性的变化，不仅在工作界面上做了较大的调整，而且增加了很多实用性的功能，如基于对象化的方式创建动画、创建三维动画、创建骨骼动画等，使得 Flash 不再是简单的网页动画制作软件，更加成为了专业的矢量动画创作工具。

1．工作界面

Flash CS4 的工作界面与 Flash CS3 相比有了很大的变化，同 Adobe 公司的其他动画、视频、图像软件的工作界面类似，这样设计者可以更好地跨越多个软件进行创作，同时为了方便不同用户的工作习惯，Flash CS4 还提供了 6 种工作界面方式，用户可以根据自己的习惯选择适合自己的工作界面布局，如图 1-11 所示。

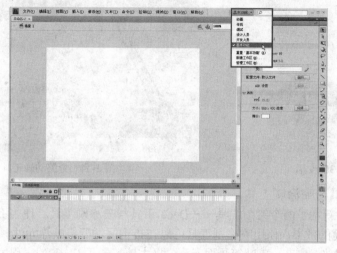

图 1-11　Flash CS4 工作界面

2．创建基于对象的动画

　　Flash CS4 之前的版本都是基于关键帧来创建动画，在 Flash CS4 中借鉴了 Adobe 旗下的多媒体软件 Director 基于对象创建动画的形式，这种创新的动画形式可以直接将动画补间效果应用于对象本身，而对象的移动轨迹可以很方便地使用贝塞尔曲线进行细微的调整，同时移动轨迹的加入简化了引导层的操作，提高了工作效率，如图 1-12 所示。

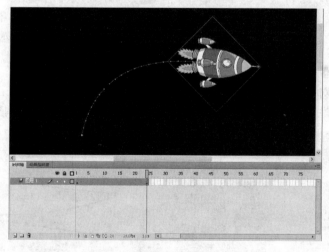

图 1-12　创建基于对象的动画

3．3D 变形

　　Flash CS4 增加了对对象进行三维编辑的功能，可以使对象进行 3D 旋转与平移，能够让 2D 的对象创建 3D 的动画，让对象沿着 x、y 和 z 轴运动，如图 1-13 所示。

4．骨骼动画工具

　　Flash CS4 革命性的引入了骨骼动画工具，骨骼动画工具可以大大地提高动画制作的效率。它不但可以控制原件的联动，更可以控制单个形状的扭曲及变化。但是相比以骨骼动画出名的 2D 动画软件 Anime Studio Pro，Flash 还有相当多的地方需要改进，比如目前骨骼工具还不能直接作用于位图等，如图 1-14 所示。

图 1-13　3D 变形　　　　　　　　　　　　图 1-14　骨骼动画工具

5．Deco 工具与喷涂刷工具

Flash CS4 中新增了两个绘图工具——Deco 工具与喷涂刷工具。使用 Deco 工具可以快速创建类似于万花筒的效果，使用喷涂刷工具可以在指定区域随机喷涂元件，特别适合添加一些特殊效果，比如星光、雪花、落叶等画面元素，极大地拓展了 Flash 的表现力，如图 1-15 所示。

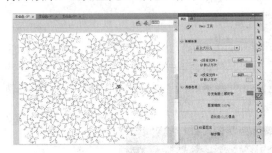

图 1-15　Deco 工具与喷涂刷工具

6．动画编辑器

动画编辑器针对基于对象的动画进行编辑，它与 Adobe 公司的 After Effects 软件类似，可以对动画元件的属性实现全面控制，并可对动画属性的各个细节进行细致调整，如图 1-16 所示。

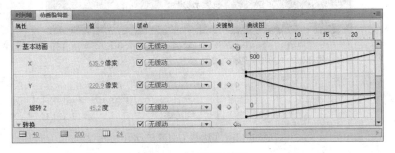

图 1-16　动画编辑器

7．动画预设

动画预设和 Photoshop 中使用的样式比较类似，可以快速地为动画对象应用 Flash CS4 内置的各种动画效果，同时用户也可以将自己制作的动画效果自定义为动画预设，以便在日后制作类似的动画效果时进行随时调用，如图 1-17 所示。

8．文件信息面板

新增的文件信息面板允许用户为制作的动画文件添加各类文档信息，如文件标题、作者姓名、版权说明、关键字等，对于团队协同创建项目具有很大的帮助，如图 1-18 所示。

图 1-17　动画预设面板

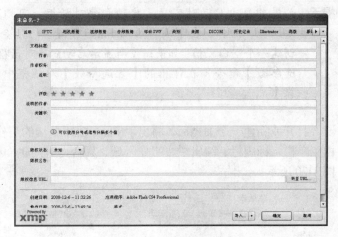

图 1-18　文件信息面板

9．H 264 支持

Flash CS4 支持了以 H264 为基准的高清编解解码的 F4V 格式，这样 Adobe Flash Player 9 播放器也可完美支持。

10．针对 AIR 进行创作

在 Flash CS4 安装程序中加入了 Adobe AIR 作为可选安装组件，成功安装后，在 "文件" 菜单下可以看到多了一项 AIR 设置，通过 AIR 设置可以轻松地创建 AIR 程序，Adobe AIR 的发布方式提供了更多的想象空间，借助发布到 Adobe AIR 运行时的全新功能，可实现交互式桌面体验。

Flash　　　　　　　　　　　　　　　　　　　　　　　　　　　　　**CS 4**

1.2　Flash CS4 工作界面

单击任务栏 开始 |【程序】| Adobe Flash CS4 Professional 命令或者双击桌面上的快捷图标 Fl，都可以启动 Flash CS4 软件，默认情况下，每次启动时，系统自动弹出启动向导对话框，如图 1-19 所示，用于快速访问最近使用过的文件、创建不同类型的文件以及使用教程资源等。

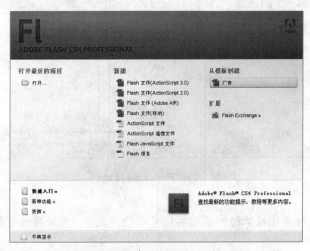

图 1-19　Flash CS4 启动向导对话框

提示 如果想每次启动时不显示启动向导对话框，可以勾选对话框左下方的【不再显示】复选框，这样，在下次再启动 Flash CS4 时，不会显示该启动向导对话框，而会自动创建一个空白文档；如果想重新显示启动向导对话框，可以通过菜单栏中的【编辑】|【首选参数】命令，在弹出的【首选参数】对话框中将【启动时】选项设置为【欢迎屏幕】。

打开或新建一个文档后，将出现 Flash CS4 默认的工作界面，Flash CS4 默认的工作界面是由菜单栏、标题栏、编辑栏、工作区域、舞台、时间轴面板、属性面板、工具面板所组成，如图 1-20 所示。

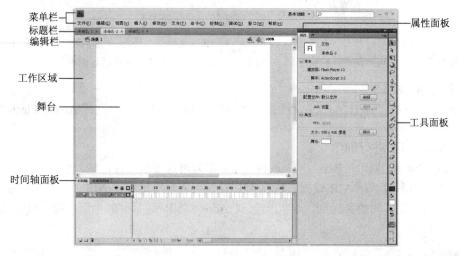

图 1-20　Flash CS4 工作界面

掌握并熟悉工作界面是进行 Flash 操作的基础，接下来便对工作界面中各个组成部分的作用及使用方法进行讲述。

1.2.1 菜单栏

菜单栏处于 Flash 工作界面的最上方，其中包含了 Flash CS4 的所有菜单命令、工作区布局按钮、关键字搜索，以及用于控制工作窗口的 3 个按钮——最小化、最大化（向下还原）、关闭，如图 1-21 所示。

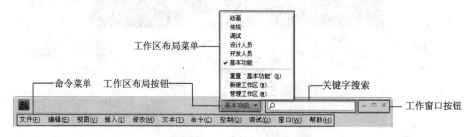

图 1-21　Flash CS4 菜单栏

提示 用户的屏幕分辨率比较低的时候菜单栏将以两行显示，如果屏幕分辨率高的时候则以一行显示。

1．命令菜单

命令菜单包括 Flash 中的大部分操作命令，自左向右分别为【文件】、【编辑】、【视图】、【插入】、【修改】、【文本】、【命令】、【控制】、【调试】、【窗口】和【帮助】。

（1）【文件】：该菜单主要用于操作和管理动画的文件，包括比较常用的新建、打开、保存、导入、导出、发布等。

（2）【编辑】：该菜单主要用于对动画对象进行编辑操作，如复制、粘贴等。

（3）【视图】：该菜单主要用于控制工作区域的显示效果，如放大、缩小以及是否显示标尺、网格和辅助线等。

（4）【插入】：该菜单主要用于向动画中插入元件、图层、帧、关键帧、场景等。

（5）【修改】：该菜单主要用于对对象进行各项修改，包括变形、排列、对齐以及对位图、元件、形状进行各项修改等。

（6）【文本】：该菜单主要用于对文本进行编辑，包括大小、字体、样式等属性。

（7）【命令】：该菜单主要用于管理与运行通过历史面板保存的命令。

（8）【控制】：该菜单主要用于控制影片播放，包括测试影片、播放影片等。

（9）【调试】：该菜单主要用于调试影片中的 ActionScript 脚本。

（10）【窗口】：该菜单主要用于控制各种面板的显示与隐藏，包括时间轴、工具面板、工具栏以及各浮动面板等。

（11）【帮助】：该菜单提供了 Flash CS4 的各种帮助信息。

2．工作区布局按钮

工作区布局按钮是 Flash CS4 新增的功能，主要用于设置 Flash CS4 工作界面的布局。单击工作区布局按钮可以弹出工作布局菜单，在此菜单中包含了六种默认的布局方式与自定义布局方式的相关菜单，六种默认的布局方式分别为"动画"、"传统"、"调试"、"设计人员"、"开发人员"、"基本功能"，可以根据不同创作者的工作习惯而设置，例如程序人员可以选择"开发人员"的工作布局、习惯于 Flash CS4 版本之前布局方式的老用户可以选择"开发人员"，Flash CS4 默认工作布局为"基本功能"。

3．关键字搜索

关键字搜索为用户提供了快速查询帮助信息的通道，如果需要查找某一方面的帮助内容，直接在此输入框中输入相关帮助信息的关键字，然后敲击 Enter 回车键，即可通过在线帮助系统找到自己所需查找的帮助信息。

4．工作窗口按钮

工作窗口按钮共有三个——最小化、最大化（或向下还原）、关闭，分别用于控制 Flash CS4 工作窗口的最小化、最大化或还原窗口以及关闭 Flash 操作。

1.2.2　标题栏

标题栏用于显示 Flash CS4 中打开文档的名称，在标题栏中如果有多个打开的文档，那么当前编辑的文档名称将以高亮显示，并且需要编辑哪个文档时，只要在该文档的名称上单击，即可切换到此文档的编辑窗口中。

1.2.3　编辑栏

编辑栏处于标题栏的下方，用于控制场景与元件编辑窗口的切换，以及场景与场景、元件与元件之间的切换，并且还可以通过单击右侧的 100% 按钮，在弹出的下拉列表中设置舞台窗口的显示比例，如图 1-22 所示。

图 1-22　编辑栏

1.2.4　工作区域和舞台

舞台是指 Flash 中心的白色区域，它是动画对象展示的区域，也就是最终导出影片、影片实际显示的区域。如果动画对象在舞台外，那么在最终导出影片中将不会显示出来，根据动画的需求，可以对 Flash 舞台的宽度、高度、背景颜色等进行设置。

工作区域包含舞台，是整个制作动画的区域，其中白色的舞台区域是动画实际显示的区域，而除舞台之外的其他工作区域，即外面灰色的区域，动画对象在影片播放时不会被显示。

1.2.5　【时间轴】面板

【时间轴】面板是进行动画创作的面板，包括两部分——左侧的图层操作区域与右侧的帧操作区域，如图 1-23 所示。

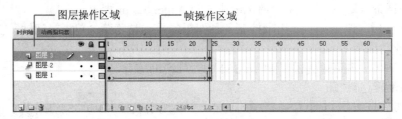

图 1-23　【时间轴】面板

图层操作区中的图层由上到下排列，上面图层中的对象会叠加到下面图层的上方，在图层操作区，可以对图层进行各项操作，如创建图层、删除图层、显示和锁定图层等。

帧操作区域对应左侧的图层操作区域，每一个图层对应一行帧系列。在 Flash CS4 中，动画是按照时间轴由左向右顺序播放的，每播放一格即是一帧，一帧对应一个画面，在对动画进行编辑操作时也就是对帧操作区域的帧进行编辑，如插入帧、删除帧、复制帧、粘贴帧、创建补间动画等。

1.2.6　【工具】面板

【工具】面板是制作 Flash 动画过程中使用最频繁的面板，提供了绘制图形与编辑图形的各种工具。

1.2.7　【属性】面板

【属性】面板是一个非常实用而又比较特殊的面板，在【属性】面板中并没有固定的参数选项，它会随着选择对象的不同而出现不同的选项设置，这样就可以很方便地设置对象属性。如图 1-24 所示是选择【椭圆】工具后出现的该工具相关设置的【属性】面板。

1.2.8　其他面板

在 Flash CS4 中还有很多面板并不能展现在工作界面中，如果需要使用它们时，可以单击菜单栏中【窗口】菜单下的相应命令将其打开，打开的面板将浮动于工作界面之上，如图 1-25 所示。

图 1-24　【属性】面板

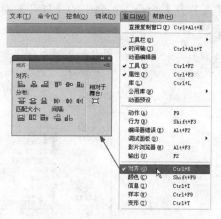

图 1-25　打开的【对齐】面板

1.3　Flash CS4 基本操作

　　了解了 Flash CS4 工作界面后，先不要急于马上进行动画的操作，首先需要掌握一些最基本的 Flash 操作，以便为日后学习相关工具操作、对象编辑以及动画的创建时打下扎实的基础。

1.3.1　Flash CS4 文档管理

　　对 Flash 文档的管理也就是对 Flash 文件的各项管理操作，包括新建文档、打开文档、关闭文档与保存 Flash 文档。

1．从启动向导创建与打开 Flash 文档

　　启动 Flash CS4 后，首先弹出 Flash 启动向导对话框，通过它不仅可以打开最近编辑过的 Flash 文档，还可创建新的项目以及通过模板文件创建所需的工作项目等，如图 1-26 所示。

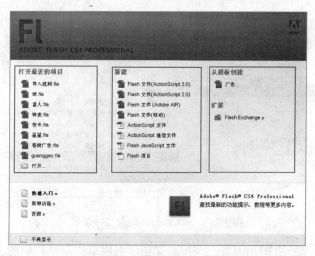

图 1-26　启动向导对话框

　　（1）打开最近的项目：在【打开最近的项目】一栏可以显示最近编辑过的 8 个 Flash 文档，单击相应的 Flash 文档名称，即可打开相应文档。如果需要打开其他的 Flash 文档，可以单击下

方的【打开】命令，在弹出的【打开】对话框选择所要打开的 Flash 文档名称即可，如图 1-27 所示。

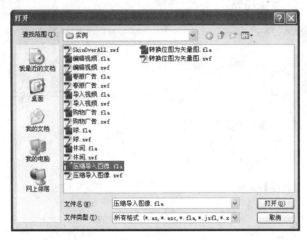

图 1-27　【打开】对话框

（2）新建：在【新建】一栏中可以选择所要创建的 Flash 文档类型，用户可以选择创建 ActionScript 3.0 脚本的 Flash 文档，也可以选择创建 ActionScript 2.0 脚本的 Flash 文档。创建的第一个 Flash 文件默认名称为"未命名-1"，如果继续创建 Flash 文档，则名称依次为"未命名-2"、"未命名-3"～"未命名-…"，依此类推。此外用户还可以通过其他类型的 Flash 项目创建出相应的文档，如选择"ActionScript 文件"命令，将可以创建出新的 Flash 脚本文件。

2．通过菜单命令打开与创建 Flash 文档

除了可以使用启动向导对话框打开或创建 Flash 文档外，还可以通过单击菜单栏中的相关命令打开已有的 Flash 文档或创建出新的 Flash 文档。

（1）打开最近编辑过的 Flash 文档：单击菜单栏中的【文件】|【打开最近的文件】命令后，会弹出最近编辑过的 10 个文档的菜单，如图 1-28 所示，选择其中相应的 Flash 文档名称，即可在 Flash 工作界面中将相应的文档打开。

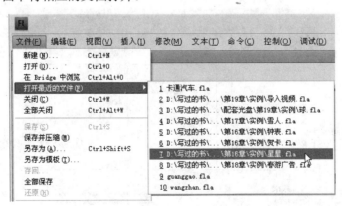

图 1-28　弹出的打开最近文件菜单

（2）打开文档：如果想打开其他的 Flash 文档，可以单击菜单栏中的【文件】|【打开】命令，弹出【打开】对话框，从中可以选择所要打开的 Flash 文档。

（3）创建新文档：如果想要在当前编辑的工作文档中创建一个新的 Flash 文档，可以单击菜单栏中的【文件】|【新建】命令，弹出【新建文档】对话框，在此对话框中选择所需的 Flash

文档类型文件，然后单击 确定 按钮，从而创建该类型的 Flash 文档，如图 1-29 所示。

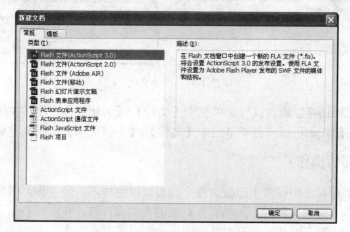

图 1-29 【新建文档】对话框

3．保存文档

Flash 动画制作完成后需要将其文件保存，以便日后进行编辑修改，此外在编辑动画的过程中，为防止因发生意外而造成数据丢失，也需要随时对制作的文件进行保存，同时也可以将编辑的文件另存为一个新的文件，也就是对此文件进行备份。

保存 Flash 文档的操作非常简单，首先单击菜单栏【文件】|【保存】命令，弹出【另存为】对话框，在此对话框【保存在】下拉列表中选择动画文件保存的路径，在【文件名】输入框中输入保存文件的名称，然后单击 保存(S) 按钮，即可将制作的动画文件保存，如图 1-30 所示。

图 1-30 【另存为】对话框

对于已经保存过的文件如果需要将其备份，可以单击菜单栏中的【文件】|【另存为】命令，此时也会弹出【另存为】对话框，在此对话框中设置新文件的名称与保存路径，然后单击 保存(S) 按钮，即可将此文件另存一份，同时 Flash 中编辑的文件也会变为新保存的文件。

4．关闭文档

Flash 文档不需要使用时可以将其关闭，关闭的方法非常简单，只需单击编辑栏中 Flash 文档名称右侧的小叉号按钮，如果此时 Flash 文档没有保存，则会弹出一个提示框，用于询问用户是否保存编辑的文档，选择 是(Y) 按钮，则先执行保存文件的命令，然后自动关闭文档，选择 否(N) 按钮时，不保存文件直接关闭文档，如图 1-31 所示。

图 1-31 关闭文档

对于 Flash 文档还可以通过执行菜单栏中【文件】|【关闭】命令将其关闭。如果需要将全部的 Flash 文档关闭，则可以执行菜单栏中【文件】|【全部关闭】命令来完成。

1.3.2 Flash 面板操作

Flash CS4 工作界面中有多个面板，每个面板可以完成不同的工作，例如可以通过【时间轴】面板制作动画、通过【属性】面板设置对象的相关属性等，在实际工作中这些面板并不是全部都打开，Flash 的工作界面也无法显示这么多的面板，所以在工作界面中合理安排这些面板就显得尤为重要。在 Flash CS4 中用户可以根据工作需要对这些面板进行打开/关闭、合并/分离、收缩/展开等操作，还可以将面板拖曳到界面中的任意位置处，以及与其他面板进行随意地组合。

1．打开/关闭面板

Flash CS4 工作界面中只有几个常用的面板，如果需要打开相关的面板进行操作，只需单击菜单栏中【窗口】菜单下相关的命令即可，例如需要打开【颜色】面板，那么执行菜单栏中【窗口】|【颜色】命令即可，如图 1-32 所示。

对于不需要使用的面板可以将其关闭，关闭面板可以通过单击【窗口】菜单下的面板命令完成，也可以单击面板右上方的叉号按钮将其关闭，如图 1-33 所示。

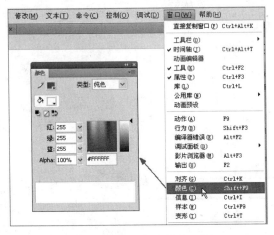
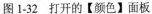

图 1-32 打开的【颜色】面板

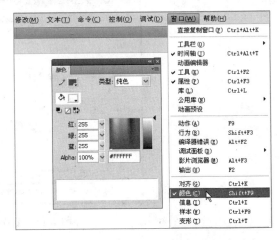

图 1-33 关闭面板

2．收缩/展开面板

为节省工作空间，可以将不常用的面板暂时收缩起来，需要使用时再将其展开。面板的收缩/展开操作非常简单，只需单击面板右上方双向的小箭头即可，当面板收缩起时，面板会以图标文字的形式进行显示，如图 1-34 所示。

当面板为收缩的状态时，单击面板的名称，此时在面板一侧会弹出展开状态的面板，如图 1-35 所示，此时单击面板右上方的双向小箭头，或在工作区域的别处单击鼠标，则展开的面板又会缩回到收缩的面板中。

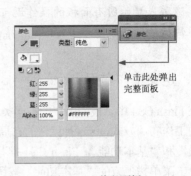

图 1-34　面板收缩与展开　　　　　　　　　　图 1-35　弹出面板

3．移动/合并/分离工作面板

Flash 工作界面中的面板是按照默认方式排列的，当然，用户也可以按照自己的需要安排各个面板的布局，从而打造自己个性化的工作空间。

当把鼠标移至面板标签的右侧或上方时，单击并拖曳鼠标左键，则整个面板将随着鼠标也被拖曳，松开鼠标左键后，则面板被拖曳到松开鼠标的位置处，拖曳过程中该面板将以半透明形式显示。如果拖曳到其他面板处，当其他面板以蓝色显示时，松开鼠标左键，则面板与其他面板合并到一起，构成一个面板组，如图 1-36 所示。

图 1-36　移动/合并面板

同样，用户也可以将合并后的面板组一个个单独分离出来，只需要在其面板标签处单击并拖曳鼠标左键，将其拖曳到工作区域中，即可进行分离。

4．隐藏/显示所有面板

在 Flash CS4 中，众多面板为动画创作带来很大方便，但是这些面板也会占用很大的屏幕空间，为了使用最大的工作空间，在不使用面板时，可以将工作界面中所有面板都隐藏。隐藏所有面板可以单击菜单栏中【窗口】|【隐藏面板】命令，此时工作界面中所有面板都会被全部隐藏，如图 1-37 所示。如果再显示这些面板，只需单击菜单栏中【窗口】|【显示面板】命令即可。

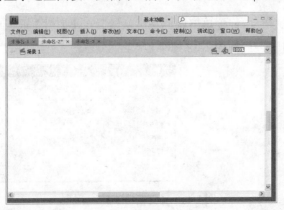

图 1-37　隐藏所有面板

提示 隐藏或显示所有面板的操作还可以通过按键盘中的 F4 键进行快速切换，这样可以更加快捷地隐藏或显示 Flash 工作界面中的各个面板。

1.3.3 定义工作布局

在 Flash CS4 中，根据用户的不同类型定义了六种默认的工作布局，不同的用户可以选择适合自己的工作布局方式，这六种默认的布局方式分别为"动画"、"传统"、"调试"、"设计人员"、"开发人员"和"基本功能"，Flash CS4 推荐的工作布局为"基本功能"。这六种默认的工作布局可以通过单击菜单栏上方的"基本功能"按钮，在弹出的菜单中进行选择，如图 1-38 所示。

此外，Flash 还提供了自定义工作布局的功能，允许用户定义适合自己工作方式的工作布局，自定义工作布局时需要首先单击菜单栏上方的"基本功能"按钮，在弹出菜单中选择【新建工作区】命令，此时会弹出【新建工作区】对话框，在此对话框【名称】输入栏中为自己的工作布局定义合适的名称，然后单击 确定 按钮，即可保存自定义的工作布局，同时定义的工作布局名称会显示"基本功能"菜单的最上方，如图 1-39 所示。

图 1-38 选择的工作布局

图 1-39 【新建工作区】对话框

对于自定义的工作区布局，用户也可以对其进行重命名与删除等管理操作，可以首先单击"基本功能"菜单中"管理工作区"命令，此时会弹出【管理工作区】对话框，在此对话框中选择需要管理的自定义工作布局的名称，如果单击 重命名... 按钮，可以对自定义的工作布局进行重新命名的操作，如果单击 删除 按钮，可以将自定义的工作布局删除。

1.3.4 设置影片属性

在制作 Flash 动画时，首先需要确定动画的尺寸、动画背景的颜色以及动画播放的帧频速度等影片属性，只有这些影片属性确定后，方可在工作界面中进行动画的创作。对于动画的影片属性可以通过【文档属性】对话框进行设置，该对话框可以通过多种方法将其打开，下面分别介绍：

方法一：在工作区域空白位置单击鼠标左键，然后在【属性】面板中单击 编辑... 按钮，可以弹出【文档属性】对话框，如图 1-40 所示。

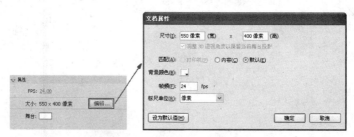

图 1-40 【文档属性】对话框

方法二：在工作区域空白位置单击鼠标右键，在弹出的菜单中选择【文档属性】命令，同样可以弹出【文档属性】对话框，如图 1-41 所示。

图 1-41 通过鼠标右键弹出的【文档属性】对话框

方法三：单击菜单栏中【修改】|【文档】命令或按 Ctrl+J 组合键，同样可以弹出【文档属性】对话框。

在 Flash CS4【文档属性】对话框中各个选项的设置如下：

（1）【尺寸】：用于设置舞台宽度与高度的参数值，其单位为像素。

（2）【背景颜色】：单击右侧的 █▼ 色块，在弹出的颜色调色板中进行选择，从而设置舞台的背景颜色。

（3）【帧频】：用于设置动画的播放速度，其单位为 fps，是指每秒钟动画播放的帧数，也就是说每秒钟动画可以播放多少个画面，其参数值越大，动画的播放速度越快，同时动画也播放得越流畅，默认的参数为 30fps。

（4）【标尺单位】：单击该处，在弹出的下拉列表中可以选择用于设置舞台宽高的单位标尺，系统默认为"像素"。

Flash 1.4 实例指导：创建一个 Flash 动画文件 CS4

动画制作人员在创建 Flash 动画时，首先需要创建一个动画文档，并对该文档的一些基本属性进行设置，然后将动画文件保存，最后才开始制作动画。接下来通过这个制作流程来创建一个用于动画创作的 Flash 文件，通过本实例的学习，读者可以将前面讲解的 Flash CS4 基本操作进行巩固，并将学习的知识应用于实际操作中。

创建一个 Flash 动画文件——具体步骤

步骤1 启动 Flash CS4，在启动向导对话框中单击"新建"栏目中的"Flash 文件（ActionScript 3.0）"命令，如图 1-42 所示，从而创建出一个新的文档，默认名称为"未命名-1"。

步骤2 在工作区域空白位置单击鼠标右键，选择弹出菜单中的【文档属性】命令，在弹出【文档属性】对话框中设置【宽】参数为 600 像素，【高】为 400 像素，背景颜色为"黑色"（颜色值为 #000000），帧频为 30，其他保持默认的参数，如图 1-43 所示。

图 1-42 启动向导对话框

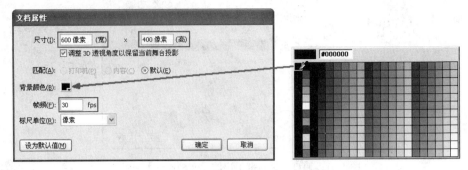

图 1-43 【文档属性】对话框的参数设置

步骤3 单击 确定 按钮，完成对文档属性的各项设置，此时舞台的宽度变为 600 像素，高度为 400 像素，舞台的背景颜色为黑色。

步骤4 单击菜单栏中的【文件】|【保存】命令，弹出【另存为】对话框，在此对话框【保存在】下拉列表中选择 Flash 动画文件所要保存的路径，在【文件名】输入框中输入"Flash 动画文件"，如图 1-44 所示。

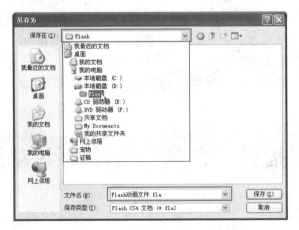

图 1-44 【另存为】对话框

步骤5 单击【另存为】对话框中 保存(S) 按钮，将制作的动画文件保存。

至此一个 Flash 动画文件创建完成，接下来就可以在刚刚创建的动画文件中进行动画的创作，同时在刚刚保存的文件路径中会出现一个名称为"Flash 动画文件.fla"的动画文件。

Flash   **CS 4**

1.5 实例指导：设计自己的工作布局

Flash CS4 中有六种默认的工作布局，用户可以根据自己的工作习惯选择自己喜欢的工作布局，但是这六种默认的工作布局不一定都能够满足用户的工作需求，这时就需要自定义符合个人习惯的工作布局。接下来便通过前面所学来设计一个自定义工作布局，在此实例中会把动画创作过程中常用的【工具】面板放置在工作界面的左侧，并将常用的【信息】面板、【颜色】面板、【变形】面板组成一个面板组，放置在工作界面右侧【属性】面板的下方，然后将整体工作布局保存为命令形式，以便在工作布局改变后可以快速切换到自定义的工作布局界面中。

设计自己的工作布局——具体步骤

步骤 1 启动 Flash CS4,在启动向导对话框中单击"新建"栏目中的"Flash 文件(ActionScript 3.0)"命令，创建出一个新的文档，默认名称为"未命名-1"。

步骤 2 将鼠标置于【工具】面板右上方标签文字所在处，按住鼠标不放，将其向工作界面的最左侧处拖曳，当拖曳的【工具】面板在工作界面的最左侧出现一个淡蓝色的阴影时松开鼠标左键，则【工具】面板被移动到了工作界面的最左侧，如图 1-45 所示。

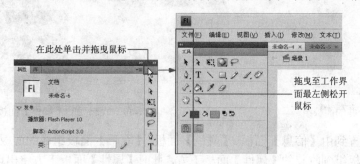

图 1-45　移动【工具】面板的位置

步骤 3 将光标放置在【工具】面板与工作区域之间的分界线处，当显示为↔图标时按住鼠标向左拖曳，从而可以改变【工具】面板的宽度，将其以两列显示，如图 1-46 所示。

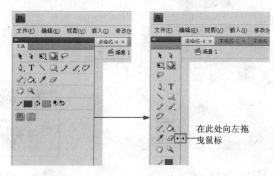

图 1-46　改变【工具】面板的宽度

步骤 4 分别单击菜单栏中的【窗口】|【信息】、【窗口】|【颜色】、【窗口】|【变形】命令，依次打开【信息】面板、【颜色】面板与【变形】面板。

步骤 5 将光标放置到【颜色】面板标签或标签的右侧，然后按住鼠标拖曳【颜色】面板到【信息】面板标签处，此时在【信息】面板四周出现淡蓝色的边框，松开鼠标左键，则【颜色】面板与【信息】面板组成一个面板组，如图 1-47 所示。

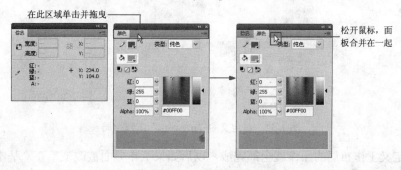

图 1-47　合并面板

步骤6 按照同样的方法将【变形】面板与【信息】面板、【颜色】面板组成一个面板组，如图 1-48 所示。

步骤7 在【属性】面板标签右侧单击鼠标左键，则此时的【属性】面板将向上收起，如图 1-49 所示。

在这个区域单击鼠标

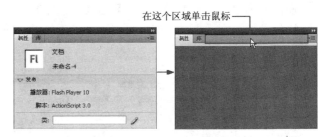

图 1-48　合并的面板组　　　　　　　　　　图 1-49　收起后的【属性】面板

步骤8 将光标放置到由【信息】面板、【颜色】面板、【变形】面板组成的面板组标签上方，然后拖曳面板组到收起的【属性】面板下方，此时【属性】面板下方将出现淡蓝色的阴影，松开鼠标左键，则面板组被移动到【属性】面板的下方，如图 1-50 所示。

步骤9 单击菜单栏上方"基本功能"按钮，选择弹出菜单中的【新建工作区】命令，在弹出的【新建工作区】对话框中设置【名称】为"mywork"，如图 1-51 所示。

在这两个区域单击并拖曳鼠标

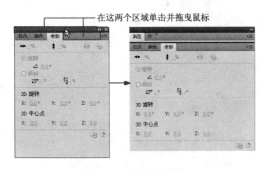

图 1-50　移动面板组　　　　　　　　　　图 1-51　【新建工作区】对话框

步骤10 单击 确定 按钮，从而将自定义的工作布局保存为"mywork"工作布局，此时的工作界面如图 1-52 所示。

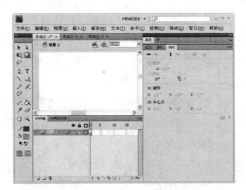

图 1-52　自定义的"mywork"工作布局

　　至此自定义工作布局的操作就全部完成，以后如果工作界面被改变，在"基本功能"菜单中选择"mywork"命令，即可恢复到定义好的工作布局中。

◄◄ **第 2 篇**

起 跑 篇

第 2 章

绘 制 图 形

内容介绍

　　Flash CS4 中提供了丰富的绘图工具用于绘制图形对象，Flash 绘图工具相比其他图形编辑软件具有简单、实用、矢量化的特色，用户可以轻松地使用这些绘图工具创建 Flash 动画对象。在本章中将详细介绍 Flash CS4 中各种绘图工具的功能，并通过实例对各种绘图工具的操作方法进行实际演练。

学习重点

- Flash 图形基础知识
- 认识【工具】面板
- 绘制图形工具
- 实例指导：绘制房子图案
- 路径工具
- 实例指导：绘制苹果图形
- 颜色填充
- 实例指导：绘制气球
- Deco 工具
- 辅助绘图工具
- 文本工具
- 实例指导：制作情人节贺卡
- 综合应用实例：绘制"明月"图形

2.1 Flash 图形基础知识

Flash 是以矢量图形为基础的动画创作软件，使用自带的绘图工具可以完成大部分 Flash 动画对象的创建，但是与其他专业的图形编辑与图形绘制软件相比，Flash 图形工具并不能完成复杂图形的创建，为了弥补自身绘图功能不够强大的弱点，Flash 允许导入外部矢量图形或位图，这样为更好地创作 Flash 动画带来了极大的便利性。

为了使读者能够更好地学习 Flash 的绘图功能，首先对 Flash 中一些基础知识进行学习，包括矢量图与位图的区别、Flash 软件所支持导入的图形格式以及 Flash 中导入不同图形文件的方法等。

2.1.1 矢量图与位图

计算机中的图像主要分为两种，一种是"位图"，又被称为"点阵图"（Bitmap images），另一种为"矢量图"（Vector graphics）。在 Flash 中可以使用矢量图，也可以使用位图，位图主要是通过外部导入的方式导入到 Flash 中，而矢量图可以在 Flash 中使用绘图工具绘制，也可以导入外部的矢量图形文件。

（1）矢量图：矢量图也叫面向对象绘图，是用数学方式描述的曲线及曲线围成的色块制作的图形，它们是在计算机内部中表示成一系列的数值而不是像素点，这些值决定了图形如何在屏幕上。用户所作的每一个图形、打印的每一个字母都是一个对象，每个对象都决定其外形的路径，一个对象与别的对象相互隔离，因此，可以自由地改变对象的位置、形状、大小和颜色，同时，由于这种保存图形信息的办法与分辨率无关，因此无论放大或缩小多少，都有一样平滑的边缘、一样的视觉细节和清晰度。因此，在 Flash 中矢量图适合绘制轮廓清晰的图形（例如人物、动物以及各种卡通画）来充当各种动画角色。

（2）位图：位图又称像素图，与矢量图形相比，位图的图像更容易模拟照片的真实效果，其工作方式就像是用画笔在画布上作画一样。如果将这类图形放大到一定的程度，就会发现它是由一个个小方格组成的，这些小方格被称为像素点，像素点是图像中最小的元素，一幅位图图像包括的像素可以达到百万个，因此，位图的大小和质量取决于图像中像素点的多少，通常情况下，每平方英寸的面积上所含像素点越多，颜色之间的混合也越平滑，同时文件也就越大。

矢量图与位图相比，具有生成文件小、放大不失真等优点，适合进行标志设计、图案设计、文字设计、版式设计等；而位图生成的文件较大，放大后会失真，从而出现锯齿，所以位图适合表现色彩丰富的图像，如图 2-1 所示。

放大矢量图

放大位图

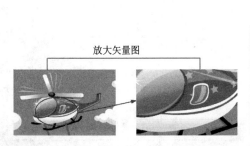

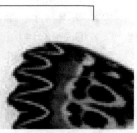

图 2-1 放大的矢量图与位图

2.1.2 导入外部图像

Flash CS4 作为是一款矢量动画制作软件，不仅可以使用矢量图作为动画对象，也可以使用位图作为动画对象，而且支持计算机中大部分图形格式，如.jpg、.gif、png、bmp、ai、psd、tif 等。对于一些简单的图形，Flash 完全可以自行应付，但是对于一些需要细节表现的图形，则需要通过外部导入的方式将其他软件编辑的图形导入到 Flash 中进行编辑。Flash CS4 导入外部图像的步骤如下：

步骤1 首先单击菜单栏中的【文件】|【导入】|【导入到舞台】命令，可以弹出【导入】对话框。

步骤2 在【导入】对话框【查找范围】下拉列表中选择需要导入的外部图像的路径，然后在下方的文件列表框中选择需要导入的文件，此时需要导入文件的名称自动显示在【文件名】输入框中，如图 2-2 所示。

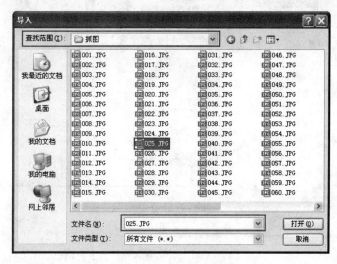

图 2-2 【导入】对话框

步骤3 最后单击 打开① 按钮，则选择图像将会导入到 Flash 的舞台中。

提示 使用【导入到舞台】命令进行外部图像的导入时，如果导入图像是一个序列，则会弹出一个提示框，用于询问用户是否将整个图像序列都导入到 Flash 中。另外，由于导入外部图像的格式不同，出现导入图像提示框也将会不同，但是对于常用的 jpg、gif、png 等图像文件，则可以直接导入 Flash 中。

2.1.3 导入 psd 文件

psd 是图像设计软件 Photoshop 的专用格式，它可以存储成 RGB 或 CMYK 模式，还能够自定义颜色数并加以存储，并且可以保存 Photoshop 的层、通道、路径等信息，所以 Photoshop 图像软件被应用到很多图像处理领域。Flash CS4 与 Photoshop 软件有着紧密的结合，允许将 Photoshop 编辑的 psd 文件直接导入到 Flash 中，同时可以保留许多 Photoshop 功能，并且允许设置在 Flash 中保持 psd 文件的图像质量和可编辑性。在进行 psd 文件导入时，不仅可以选择将每个 Photoshop 图层导入为 Flash 图层、单个的关键帧或者单独一个平面化图像，而且还可以将 psd 文件封装为影片剪辑。

导入 Photoshop psd 文件的操作与导入一般图像的方法类似，都是通过菜单栏中的【文

件】|【导入】|【导入到舞台】命令进行图像导入。但是与导入常用的 jpg、gif、png 图像不同，导入 psd 格式文件时会先弹出 psd 文件的相应对话框，在其中需要设置导入的图层及导入的图层的方式，之后方可将所需的 psd 文件中相关的图层导入到 Flash CS4 中，具体操作步骤如下：

步骤1 单击菜单栏中的【文件】|【导入】|【导入到舞台】命令，弹出【导入】对话框。

步骤2 在【导入】对话框【查找范围】下拉列表中选择本书配套光盘"第 2 章/素材"目录下的"xiaoji.psd"文件。

步骤3 单击 打开⑩ 按钮，将弹出【将"xiaoji.psd"导入到舞台】对话框，如图 2-3 所示。

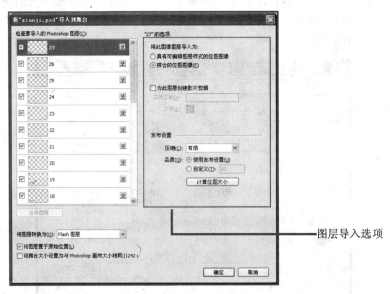

图 2-3 【将"xiaoji.psd"导入到舞台】对话框

（1）【检查要导入的 Photoshop 图层】：用于显示导入的 psd 文件的图层，可以在此下拉列表中选择需要导入的图层。

（2）【图层导入选项】：在【检查要导入的 Photoshop 图层】下方选择需要导入的某个图层后，在右侧会显示关于该层的导入选项设置。

（3）【将图层转换为】：共有两个选项，如果选择【Flash 图层】选项，那么将导入 Photoshop文件中的每个图层转换为 Flash 文档中的图层；如果选择【关键帧】选项，那么将导入文档中的每个图层转换为 Flash 文档中的关键帧。

（4）【将图层置于原始位置】：勾选该项，则 psd 文件的内容保持它们在 Photoshop 中的准确位置，如果不勾选该项，则导入的 psd 文件将位于舞台中间位置处。

（5）【将舞台大小设置为与 Photoshop 画布大小相同】：勾选该项，则 Flash 舞台大小调整为与创建 psd 文件所用的 Photoshop 文档相同大小。默认情况下，此选项为不勾选状态。

步骤4 选择需要导入的图层，单击 确定 按钮，即可将选择的图层导入到 Flash CS4 中。

2.1.4 导入 Illustrator 文件

Illustrator 软件是 Adobe 公司的一款功能极其强大的矢量图形绘制与编辑软件，生成的文件格式为".ai"，可以直接导入到 Flash CS4 中进行使用，做到 Illustrator 与 Flash CS4 应用软件的有效结合，从而进一步提升 Flash CS4 矢量图形编辑功能，导入 Illustrator 文件的具体步骤如下：

步骤1 单击菜单栏中的【文件】|【导入】|【导入到舞台】命令，弹出【导入】对话框。

步骤2 在【导入】对话框【查找范围】下拉列表中选择本书配套光盘"第 2 章/素材"目录下的"octopod.ai"文件。

步骤3 单击 打开(0) 按钮，将弹出【将"octopod.ai"导入到舞台】对话框，如图 2-4 所示。

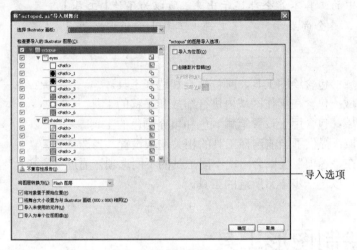

图 2-4 【将"octopod.ai"导入到舞台】对话框

（1）【检查要导入的 Illustrator 图层】：用于显示导入的 AI 文件的图层。

（2）【导入选项】：选择【检查要导入的 Illustrator 图层】处需要导入的某个图层后，在右侧会显示关于导入的选项设置。

（3）【将图层转换为】：共有三个选项，分别为"Flash 图层"、"关键帧"、"单一 Flash 图层"。选择"Flash 图层"选项，导入的每个图层转换为 Flash CS4 中相对应的图层；选择"关键帧"选项，导入的每个图层转换为 Flash CS4 中的关键帧；如果选择"单一 Flash 图层"选项，导入的所有图层转换为 Flash CS4 中的单个平面化图层。

（4）【将对象置于原始位置】：勾选该项，则 AI 文件的内容保持它们在 Illustrator 中的准确位置，如果不勾选该项，则导入的 AI 文件将位于舞台中间位置处。

（5）【将舞台大小设置为与 Illustrator 画板相同】：勾选该项，则 Flash 舞台大小调整为与创建 AI 文件所用的 Illustrator 画板相同的大小。系统默认时，此选项为不勾选状态。

（6）【导入未使用的元件】：勾选该项，则在 Illustrator 画板上无实例的所有 AI 文件库元件都将导入到 Flash 库中，系统默认为不勾选状态。

（7）【导入为单个位图图像】：勾选该项，可以将 AI 文件导入为单个位图图像，不过此时上方的【检查要导入的 Illustrator 图层】和【导入选项】都为不可用状态。

步骤4 选择需要导入的图层，单击 确定 按钮即可将选择的图层导入到 Flash CS4 中。

Flash CS 4
2.2 认识【工具】面板

【工具】面板提供了制作 Flash 动画的各种基本工具，通过它们可以绘制图形、填充图形颜色、选择和编辑动画对象，并且可以更改舞台的视图区域等。Flash CS4 的【工具】面板分为 4 个区域——绘制编辑图形的"工具"区域、辅助编辑的"查看"区域、设置颜色的"颜色"区域以及不同工具不同选项的"选项"工具区域，如图 2-5 所示。

> **提示** 在"基本功能"工作布局中系统默认时，【工具】面板在工作界面最右侧呈 1 列显示。如果用户分辨率较低，则【工具】面板中的工具不能全部显示出来，所以为了使【工具】面板中各工具全部显示，在这里将【工具】面板调整为 2 列显示。

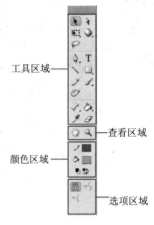

图 2-5 【工具】面板

（1）工具区域：包含绘图工具、颜色填充和选择工具。

（2）查看区域：包含在工作区域内进行缩放和平移的工具。

（3）颜色区域：包含用于设置笔触颜色和填充颜色的工具。

（4）选项区域：提供了当前选择工具的相关选项设置。当选择不同的工具时，在"选项"区域会出现不同工具的不同选项，通过不同的选项设置可以进一步丰富所选的工具。

2.3 绘制图形工具 `Flash` `CS4`

图形工具是 Flash 软件最基本的工具，通过它们可以绘制各种笔触线段与填充颜色图形，包括"线条工具"、"铅笔工具"、"矩形工具"、"椭圆工具"、"多角星形工具"、"刷子工具"和"喷涂刷工具"。

2.3.1 线条工具

【线条工具】用于绘制直线类型的线段，其快捷键为"N"。通过【线条工具】不仅可以绘制任何方向的直线段，还可以绘制封闭的直线化图形。

1. 使用线条工具绘制图形

使用【线条工具】绘制线段非常简单，单击【工具】面板中的【线条工具】按钮，将光标放置在舞台中，此时光标以"+"图标显示，表示【线条工具】被激活，将光标放置在舞台的合适位置处，确定绘制直线条的起始点，然后按住鼠标拖曳到另一个位置处后释放鼠标，即可绘制出两点间的一条直线段，如图 2-6 所示。

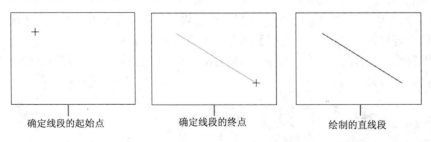

确定线段的起始点　　　　确定线段的终点　　　　绘制的直线段

图 2-6 绘制的直线段

> **提示** 在绘制直线段的同时，如果按住 Shift 键，可以绘制出水平、垂直或者倾斜 45° 角的直线段；如果按住 Alt 键，则以起始点为中心向两侧绘制直线段。

2．线条工具的选项设置

选择【工具】面板中的【线条工具】╲后，在【工具】面板下方的"选项"区域将出现两个选项按钮，分别为【对象绘制】◎和【贴紧至对象】๓，如图2-7所示。

（1）【对象绘制】◎：选择该选项按钮后，Flash 将每个绘制的图形创建为独立的对象，且多个图形在叠加时不会自动合并，分离或重新排列叠加图形时，也不会改变它们的外形，这种模式被称为对象绘制模式，当对象绘制模式的图形被选择后，其周围会出现一个蓝色边框；如果不选择该选项，那么绘制的多个重叠图形会自动进行合并，在选择其中的任一图形并移动时，都会改变下方的图形，该模式被称为合并绘制模式，如图2-8所示。

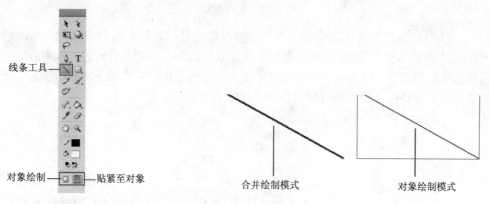

图2-7　【线条工具】的选项　　　　图2-8　合并绘制模式与对象绘制模式的图形选择状态

（2）【贴紧至对象】๓：选择该选项按钮后，在绘制线条时，如果靠近其他图形或辅助线时会自动吸附到其他图形或辅助线上。

3．线条工具的属性设置

在【工具】面板中选择【线条工具】╲后，在【属性】面板中将显示【线条工具】╲的相关属性设置，通过这些属性可以设置绘制线条的颜色、粗细、样式、线条端点显示方式等属性，如图2-9所示。

图2-9　【线条工具】╲的属性设置

（1）【笔触颜色】：用于设置绘制线条的颜色，单击【笔触颜色】╱ ■按钮，可弹出一个颜色设置调色板，在其中可以直接选取一种颜色作为绘制线条的颜色，也可以在上方的输入框中输入颜色 RGB 值进行颜色设置，输入的格式为#RRGGBB，并且在右上角处还可以设置颜色的 Alpha 透明值。如果想要对绘制的线条进行更详细设置，可以单击右上角处的◎按钮，在弹出的【颜色】对话框中可以进一步对线条的颜色进行详细设置，如图2-10所示。

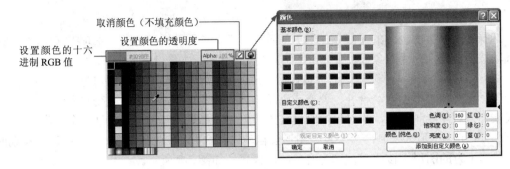

图 2-10　颜色设置

（2）【笔触】：用于设置绘制线条的笔触高度，即线条的粗细，可以通过左右拖动滑动条上的"滑杆"进行设置，取值范围为 0.1～200，拖动滑杆时输入框中的数值会随当前滑杆的位置而改变，自左向右的数值越来越大，当然也可以在滑动条右侧的输入框中直接输入笔触高度的参数值，对其进行精确设置，如图 2-11 所示。

图 2-11　调整线条的笔触高度

（3）【样式】：单击【笔触样式】按钮，在弹出的下拉列表中可以设置绘制线条的样式，共有 7 种，自上向下分别为【极细】、【实线】、【虚线】、【点状线】、【锯齿状】、【点刻线】和【斑马线】，系统默认情况下以【实线】的笔触样式显示，不同的笔触样式产生的效果不同，如图 2-12 所示。

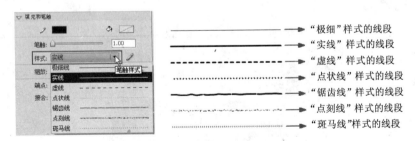

图 2-12　不同笔触样式的效果

> **提示**　使用【极细】笔触样式绘制的线条，不管将它放大多少倍，始终都保持相同的笔触高度（粗细），而其他笔触样式的笔触高度会随着视图的放大而放大，在【笔触高度】输入框中不能设置【极细】笔触样式的宽度，如果设置数值，则会自动转为【实线】笔触样式。

（4）【端点】：用于设置绘制线段的端点样式，线段端点的样式有【无】、【圆角】和【方型】3 种类型，其形态如图 2-13 所示。其中【无】是对齐路径终点；【圆角】是添加一个超出路径端点半个笔触宽度的圆头端点；而【方型】则是添加一个超出路径半个笔触宽度的方头端点。

（5）【接合】：用于设置两条直线段相接时端点的接合方式。线段的接合方式有【尖角】、【圆角】和【斜角】3 种类型，如图 2-14 所示。

图 2-13　三种端点类型的形态　　　　　　图 2-14　3 种不同的接合形态

提示　选择【线条工具】╲时可以通过【属性】面板设置将要绘制线段的相关属性，也可以选择已经绘制完成的线段，通过【属性】面板再次编辑绘制线段的属性。

2.3.2　铅笔工具

【铅笔工具】✐与【线条工具】╲比较类似，通过它们都可以绘制笔触线条。但是两者相比，【铅笔工具】✐更加灵活，可以按照用户的意愿随意地绘制各种直线与曲线。

1．使用铅笔工具与选项设置

使用【铅笔工具】✐不仅可以绘制直线，也可以绘制曲线，使用方法也很简单，只需选择【工具】面板中【铅笔工具】✐，然后在舞台中拖曳鼠标，即可按照拖曳的轨迹绘制出相应的线段。

选择【铅笔工具】✐后，在【工具】面板下方"选项"区域处会出现两个选项，分别为【对象绘制】○和【铅笔模式】╮。单击【铅笔模式】╮图标，在弹出的下拉列表中可以选择绘制线段的 3 种模式，分别为【伸直】╮、【平滑】Ｓ 和【墨水】✐，如图 2-15 所示。

（1）【伸直】╮：选择该模式，在绘制线段时，系统会自动将线段细节部分转成直线，同时锐化其绘制拐角处，使绘制的曲线形成折线效果，因此，该模式适合绘制有棱角的图形。当绘制的轨迹接近矩形和圆形时，会自动转换为矩形和圆形，如图 2-16 所示。

图 2-15　铅笔工具的三种模式

图 2-16　"伸直"模式的效果

（2）【平滑】⑤：选择该模式，在绘制线段时系统将尽可能地消除矢量线边缘的棱角，使绘制的线段更加趋向于光滑，使用此模式适合绘制平滑的图形，如图 2-17 所示。

（3）【墨水】⑤：选择该模式，所绘制的线段将最大限度地保持绘画原样，使用此模式适合绘制手绘效果的图形，如图 2-18 所示。

图 2-17　"平滑"模式的效果　　　　　　图 2-18　"墨水"模式的效果

2．铅笔工具的属性设置

无论使用【铅笔工具】☑绘制直线还是曲线时，都可以通过【属性】面板设置绘制图形的笔触颜色、笔触高度、笔触的样式、精细度等，其设置方法与【线条工具】☑类似，只是【铅笔工具】☑与【线条工具】☑相比多了一个用于设置笔触平滑度的选项，如图 2-19 所示。

【平滑】：用于设置【铅笔工具】☑绘制线条的平滑度，此选项只有在选择【铅笔工具】☑的【平滑】⑤模式后才能激活，在其他模式下不起作用。将鼠标放置到【平滑】右侧的参数时，出现双向箭头，按住鼠标向左移动，则参数值变小，绘制的线段越趋近于直线化；按住鼠标向右移动，则参数值变大，绘制的线段越趋于曲线。此外也可以直接在参数

图 2-19　【铅笔工具】☑的属性设置

位置处单击鼠标，出现文本输入框，然后直接输入平滑度的参数，参数的数值范围为 0～100，如图 2-20 所示。

鼠标指向参数　　　鼠标向左移动　　　鼠标向右移动　　　直接输入参数

图 2-20　设置平滑参数

2.3.3　矩形工具与椭圆工具

【矩形工具】▢和【椭圆工具】◯分别用于绘制矩形图形和椭圆图形，其快捷键分别为 R 和 O。在【工具】面板【矩形工具】▢位置处按住鼠标左键一小段时间会弹出一个工具列表，在此列表中可以切换当前绘制工具为【矩形工具】▢或【椭圆工具】◯，如图 2-21 所示。

1．使用矩形工具及其属性设置

使用【矩形工具】▢可以绘制出矩形或圆角矩形图形，绘制方法非常简单，只需在【工具】面板中单击【矩形工具】▢，然后在舞台中单击并拖曳鼠标，随着鼠标拖曳即可绘制出矩形图形，绘制的矩形图形由外部笔触线段和内部填充颜色所构成，如图 2-22 所示。

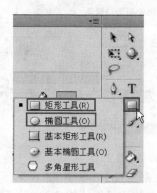

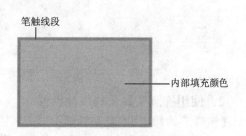

图 2-21 选择的矩形工具或椭圆工具　　　　图 2-22 绘制的矩形图形

提示 　使用【矩形工具】▢绘制矩形时，如果按住 Shift 键的同时进行绘制，可以绘制正方形；
　　　　如果按住 Alt 同时进行绘制，可以从中心向周围绘制矩形；如果按住 Alt+Shift 组合的同
　　　　时进行绘制，可以从中心向周围绘制正方形。

　　在【工具】面板中选择【矩形工具】▢后，在【属性】面板中将出现【矩形工具】▢的相
关属性设置，如图 2-23 所示。

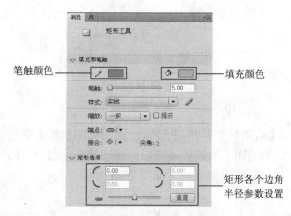

图 2-23 【属性】面板

　　在【属性】面板中可以设置矩形的外部笔触线段的属性、填充颜色属性以及矩形选项的相
关属性设置。其中外部笔触线段的属性设置与【线条工具】＼的属性设置相同，【属性】面板
中【矩形选项】用于设置矩形 4 个边角半径的角度值。

　　（1）【矩形边角半径】：用于指定矩形的边角半径。可以在每个文本框中输入矩形边角内径
的参数值进行设置。

　　（2）【锁定】🔗与【解锁】🔗：如果当前显示为【锁定】🔗状态，那么只设置一个边角半径
的参数，则所有的边角半径参数值随之进行调整，同时也可以通过移动右侧 ▭▭▭▭▭ 的滑竿
的位置统一调整矩形边角半径的参数值；如果在【锁定】🔗处单击，将其以【解锁】🔗图标显
示，那么就会取消锁定，右侧 ▭▭▭▭▭ 的滑竿变为不可编辑，不能再通过滑竿调整矩形边角
半径的参数，但是可以对矩形的 4 个边角半径参数值分别进行单独设置，如图 2-24 所示。

　　（3）【重置】：单击 重置 按钮，则矩形边角半径参数值都重置为 0，绘制的矩形各个边角都
为直角。

图 2-24　设置不同边角半径时的圆角矩形

2．使用椭圆工具及其属性设置

【椭圆工具】 ●用于绘制椭圆图形，其使用方法与【矩形工具】 ▢基本类似，不再赘述。在【工具】面板中选择【椭圆工具】 ●后，在【属性】面板中将出现【椭圆工具】 ●的【椭圆选项】属性设置，如图 2-25 所示。

图 2-25　【椭圆工具】 ●的属性设置

（1）【开始角度】与【结束角度】：用于设置椭圆图形的起始角度值与结束角度值。如果这两个参数都为 0 时，则绘制的图形为椭圆或圆形；通过调整它们的不同参数，则可以轻松地绘制出扇形、半圆形及其他具有创意的形状，如图 2-26 所示。

图 2-26　不同【开始角度】与【结束角度】参数时的图形

（2）【内径】：用于设置椭圆的内径，其参数值范围为 0～99。如果参数值设置为 0 时，则依据【开始角度】与【结束角度】绘制没有内径的椭圆或扇形图形；如果参数值为其他参数，则绘制的图形是有内径的椭圆或扇形图形，如图 2-27 所示。

图 2-27　不同【内径】参数的图形

（3）【闭合路径】：用于确定椭圆的路径是否闭合。如果绘制的图形为一条开放路径，则生成的图形不会填充颜色，仅绘制笔触。默认情况下选择闭合路径。

（4）【重置】：单击 重置 按钮，【椭圆工具】◯ 的【开始角度】、【结束角度】和【内径】参数全部重置为 0。

2.3.4 基本矩形工具与基本椭圆工具

【基本矩形工具】▢、【基本椭圆工具】◯与【矩形工具】▢、【椭圆工具】◯类似，同样用于绘制矩形或椭圆图形。不同之处就在于，使用【矩形工具】▢、【椭圆工具】◯绘制的矩形与椭圆图形不能再通过【属性】面板设置矩形边角半径和椭圆图形的开始角度、结束角度、内径等属性，而在动画制作过程中，通过【基本矩形工具】▢、【基本椭圆工具】◯绘制的矩形与椭圆图形则可以继续通过【属性】面板随时的自由设置这些属性，如图 2-28 所示。

2.3.5 多角星形工具

【多角星形工具】◯用于绘制星形或者多边形，此工具如果在【工具】面板中没有显示，则可以在【矩形工具】▢所在的位置处按住鼠标一小段时间，在弹出的下拉列表中即可进行选择。

当选择【多角星形工具】◯后，在【属性】面板的【工具设置】选项中单击 选项... 按钮，可以弹出【工具设置】对话框，用于相关选项设置，如图 2-29 所示。

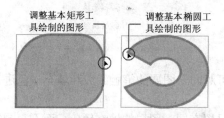

图 2-28　调整绘制的图形

图 2-29　【工具设置】对话框

（1）【样式】：用于设置绘制图形的样式，有【多边形】和【星形】两种，如图 2-30 所示。

图 2-30　绘制的多边形与星形

（2）【边数】：用于设置绘制的多边形或星形的边数。

（3）【星形顶点大小】：用于设置星形顶角的锐化程度，数值越大，星形顶角越圆滑，反之，星形顶角越尖锐。

2.3.6 刷子工具

【刷子工具】🖌用于绘制毛笔绘图效果的图形，应用于绘制对象或者内部填充，其使用方法与【铅笔工具】✏类似，但是使用【铅笔工具】✏绘制的图形是笔触线段，而使用【刷子工具】🖌绘制的图形是填充颜色。

在【工具】面板中选择【刷子工具】🖌工具后，在下方的"选项区域"将出现【刷子工具】🖌的相关选项设置，如图 2-31 所示。

（1）【对象绘制】：选择该项，可以使用对象模式绘制图形。

（2）【锁定填充】：选择该项，用于设置填充的渐变颜色是独立应用还是连续应用。

（3）【刷子模式】：选择该项，用于设置刷子工具的各种模式。

（4）【刷子大小】：选择该项，用于设置刷子工具的笔刷大小。

（5）【刷子形状】：选择该项，用于设置刷子工具的形状。

1．使用刷子模式

【刷子模式】用于设置【刷子工具】绘制图形时的填充模式。单击该按钮，可以弹出如图 2-32 所示的下拉列表。

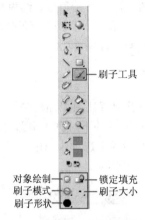

对象绘制—— 锁定填充
刷子模式—— 刷子大小
刷子形状——

图 2-31 刷子工具的选项设置

■ 标准绘画
颜料填充
后面绘画
颜料选择
内部绘画

图 2-32 刷子模式

（1）【标准绘画】：使用该模式时，绘制的图形可对同一图层的笔触线段和填充颜色进行填充，如图 2-33 所示。

（2）【颜料填充】：使用该模式时，绘制的图形只填充同一图层的填充颜色，而不影响笔触线段，如图 2-34 所示。

图 2-33 标准绘画模式

图 2-34 颜料填充模式

（3）【后面绘画】：使用该模式时，绘制的图形只填充舞台中空白区域，而对同一图层的笔触线段和填充颜色不进行填充，如图 2-35 所示。

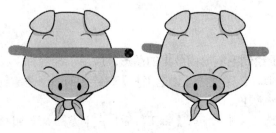

图 2-35 后面绘画模式

（4）【颜料选择】：使用该模式时，绘制的图形只填充同一图层中被选择的填充颜色区域，如图 2-36 所示。

图 2-36　颜料选择模式

（5）【内部绘画】：使用该模式时，绘制的图形只对刷子工具开始时所在的填充颜色区域进行填充，但不对笔触线段进行填充。如果在舞台空白区域中开始填充，则不会影响任何现有填充区域，如图 2-37 所示。

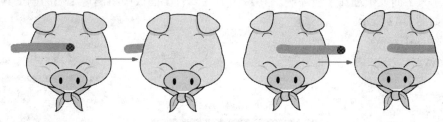

图 2-37　内部绘画模式

2．刷子工具的锁定填充功能

【锁定填充】用于锁定填充的区域，选择此工具后，当【刷子工具】的填充颜色为渐变颜色或位图时，使用【刷子工具】绘制的各个图形填充颜色的区域是相同的，如图 2-38 所示。

3．刷子工具的属性设置

选择【刷子工具】后，可以在【属性】面板中设置【刷子工具】的属性，对于【刷子工具】除了设置常规的"填充与笔触"属性外，还有一个"平滑"的属性设置，用于设置绘制图形的平滑模式，此参数值越大，绘制的图形越平滑，如图 2-39 所示。

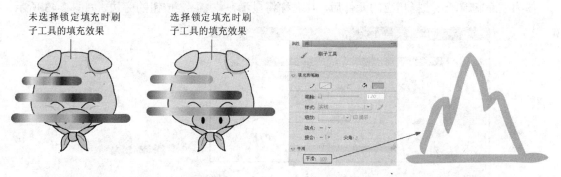

未选择锁定填充时刷子工具的填充效果　　选择锁定填充时刷子工具的填充效果

图 2-38　锁定填充时的绘制效果　　　　图 2-39　刷子工具的平滑属性设置

2.3.7　喷涂刷工具

【喷涂刷工具】的作用类似于粒子喷射器，使用它可以将粒子点形状图案填充到舞台中。默认情况下，【喷涂刷工具】使用圆形小点作为喷涂图案。当然也可以将影片剪辑或图形元件作为喷涂图案进行图形填充。

1. 使用喷涂刷工具

默认情况下，【喷涂刷工具】在【工具】面板中并不显示，需要使用时，在【刷子工具】位置处按住鼠标一小段时间，在弹出的下拉列表中可以将其选择，如图 2-40 所示。

选择【喷涂刷工具】后，可以使用它在舞台中进行图案填充，具体操作步骤如下：

步骤1 单击【工具】面板中【喷涂刷工具】。

步骤2 在【属性】面板中可以选择喷涂点的填充颜色，或者单击 编辑... 按钮，从库中选择自定义元件，从而将库中的任何影片剪辑或图形元件作为喷涂点使用。

步骤3 在舞台中要显示图案的位置单击或者拖曳鼠标左键即可为图案填充喷涂点，如图 2-41 所示。

图 2-40　喷涂刷工具

2. 喷涂刷工具属性设置

在【工具】面板中选择【喷涂刷工具】后，【属性】面板中将出现【喷涂刷工具】的属性设置，如图 2-42 所示。

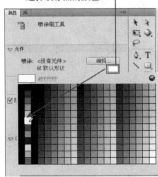

图 2-41　使用喷涂刷工具喷涂图案　　　　图 2-42　【喷涂刷工具】的属性设置

（1） 编辑... ：单击该按钮，在弹出的【交换元件】对话框中可以选择影片剪辑或图形元件作为喷涂刷粒子，选择相应的元件后，其名称将显示在 编辑... 按钮的旁边，如图 2-43 所示。

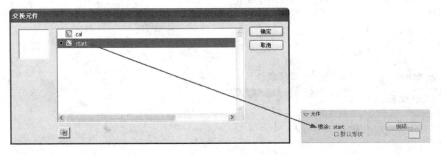

图 2-43　【交换元件】对话框

（2）【颜色选取器】：用于选择【喷涂刷工具】喷涂的填充颜色。如果选择的是库中的元件作为喷涂粒子时，将禁用颜色选取器。

（3）【缩放】：用于设置喷涂粒子的元件的宽度。例如，输入值为 10%，则将使元件宽度缩小 10%；输入值为 200%，则将使元件宽度增大 200%。

（4）【随机缩放】：用于设定填充的喷涂粒子按随机缩放比例进行喷涂。

（5）【宽度】与【高度】：用于设置喷涂刷填充图案时的宽度与高度。

（6）【画笔角度】：用于设置喷涂刷填充图案的旋转角度。

2.4 实例指导：绘制房子图案

通过前面章节的学习，相信读者已经掌握了 Flash CS4 中一些基本图形工具的操作方法，下面通过绘制一个"房子图案"的实例，对这些工具的操作进行巩固，其实例的最终效果如图 2-44 所示。

绘制房子图案——具体步骤

步骤1 启动 Flash CS4，创建出一个新的文档，默认名称为"未命名-1"。

步骤2 在【工具】面板中选择【矩形工具】 □，并在其下的"选项区域"处选择【对象绘制】 □选项，然后在【属性】面板中设置【笔触颜色】 ╱ ■ 为"取消颜色"，【填充颜色】 ◇ ■ 为"绿色"（颜色值"#008737"），并单击【矩形选项】中的 重置 按钮，使绘制的矩形各个边角半径全部为 0，即设置绘制矩形的边角为直角，此时【属性】面板如图 2-45 所示。

图 2-44 绘制的房子图案

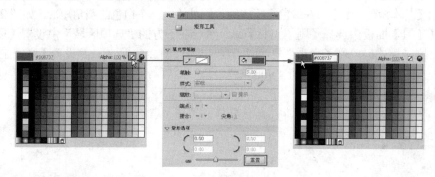

图 2-45 【属性】面板

步骤3 使用【矩形工具】 □在舞台中绘制一个矩形，如图 2-46 所示。

步骤4 在【工具】面板中选择【多角星形工具】 ○，并在其下"选项区域"中选择【对象绘制】 □选项，然后在【属性】面板中设置【笔触颜色】 ╱ ■ 为"取消颜色"，【填充颜色】 ◇ ■ 为"绿色"（颜色值"#008737"），并单击【工具设置】中的 选项... 按钮，在弹出的【工具设置】对话框中设置【样式】的选项为"多边形"，【边数】参数为 3，如图 2-47 所示。

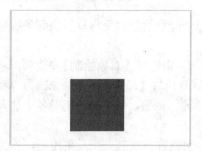

图 2-46 绘制的矩形

图 2-47 【工具设置】对话框

步骤5　单击 ▭确定 按钮，完成对【多角星形工具】▭的属性设置，然后在舞台中绘制一个三角形，并将其移至绿色矩形的上方，如图 2-48 所示。

步骤6　在【工具】面板中选择【选择工具】▶，然后将光标放置在三角形上面顶点的位置，当光标变为↖图标时按住鼠标向下拖曳，改变三角形的顶点位置，拖曳到合适的位置时松开鼠标，此时三角形的形状被改变，如图 2-49 所示。

图 2-48　绘制的三角形

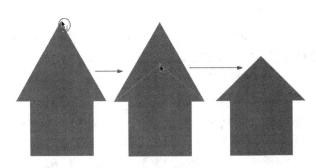

图 2-49　改变三角形的形状

步骤7　在【工具】面板中选择【基本矩形工具】▭，然后在【属性】面板中设置【笔触颜色】✎ ▬ 为 "取消颜色"，【填充颜色】△ ▬ 为 "白色"，【矩形选项】中取消矩形边角半径的锁定，然后设置左上角与右上角的【矩形边角半径】参数值为 30，如图 2-50 所示。

步骤8　使用【基本矩形工具】▭在绿色矩形中间位置处绘制一个白色的圆角矩形，如图 2-51 所示。

步骤9　在【工具】面板中选择【刷子工具】✐，然后在下方的 "选项区域" 中设置【刷子工具】的 "刷子模式"、"刷子大小" 与 "刷子形状"，如图 2-52 所示，并设置【刷子工具】✐的填充颜色为 "绿色"（颜色值 "#008737"）。

图 2-50　基本矩形工具的属性设置

图 2-51　绘制的圆角矩形

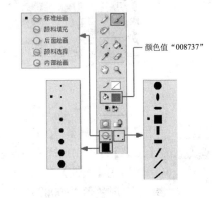

图 2-52　刷子工具的选项设置

步骤10　按住键盘的 Shift 键的同时，在白色的圆角矩形处分别绘制水平与垂直的两条绿色粗线条，如图 2-53 所示。

步骤11　选择【矩形工具】▭，在【工具】面板 "选项区域" 中选择【对象绘制】▢选项，然后在【属性】面板中设置【笔触颜色】✎ ▬ 为 "取消颜色"，【填充颜色】△ ▬ 为 "绿色"（颜色值 "#008737"），并单击【矩形选项】中的 重置 按钮，使绘制的矩形各个边角半径全部为 0。

步骤12　使用【矩形工具】▭在绘制的绿色三角形右侧中间位置，绘制一个长条矩形，作为房子的烟囱，如图 2-54 所示。

步骤13 在【工具】面板中选择【线条工具】，在【属性】面板中设置【笔触颜色】为 "绿色"（颜色值"#008737"），【笔触大小】参数为5，【端点】选项为"方形"，如图 2-55 所示。

步骤14 按住键盘 Shift 键的同时，在绿色的烟囱图形上方绘制三条垂直平行的直线段，如图 2-56 所示，到此房子图案全部绘制完成。

图 2-53　绘制的绿色粗线条　　图 2-54　绘制的绿色矩形　　图 2-55　属性设置　　图 2-56　绘制的直线段

2.5 路径工具

Flash CS4 中的路径工具包括【钢笔工具】和【部分选取工具】，其中【钢笔工具】用于绘制矢量路径，【部分选取工具】用于调整矢量路径，在本节中将对这两个路径工具进行详细讲解。

2.5.1 关于路径

在 Flash 中绘制线条或形状时，都会创建一个路径。创建的路径由一个或多个直线段或曲线段组成。线段的起始点和结束点由锚点表示。路径可以是闭合的，如绘制的圆形；也可以是开放的，有明显的终点，如绘制的波浪线。对于绘制的图形，可以通过拖动图形上路径的锚点、锚点方向线末端的方向点或路径本身改变图形的形状，如图 2-57 所示。

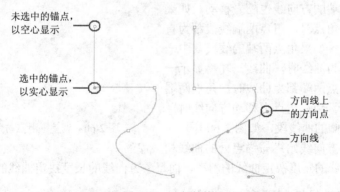

图 2-57　路径的构成

1. 锚点

路径的锚点有两种——角点和平滑点。角点是指突然改变路径方向的锚点，角点两端的线段可以为直线段，也可以是曲线段；平滑点是指路径平滑过渡的锚点，平滑点两端的线段都为曲线段，如图 2-58 所示。

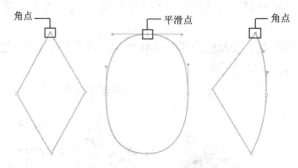

图 2-58　角点与平滑点

2. 方向线与方向点

在 Flash 中选择连接曲线段的锚点或曲线段本身时，连接曲线段的锚点会显示方向手柄，方向手柄由方向线组成，方向线在方向点处结束。方向线的角度和长度决定了曲线段的形状和大小。移动方向点的同时也将会改变曲线形状。方向线只用于调节图形的形状，不会显示在图形中，如图 2-59 所示。

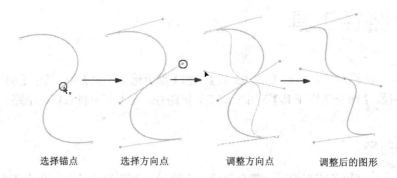

选择锚点　　　　选择方向点　　　　调整方向点　　　　调整后的图形

图 2-59　方向线与方向点

如果选择路径的锚点为平滑点时，那么平滑点两端将显示两条方向线，移动其中一个方向线上的方向点，另一端的方向线也随之移动。如果选择路径的锚点为角点时，角点两端线段都为直线不会出现方向线；如果角点两端的线段其中一端为直线、另一端为曲线时，曲线一端将显示一条方向线；如果角点两端都为曲线时，角点两端将显示两条方向线。当在角点上移动方向线时，只调整与方向线同侧的曲线段，如图 2-60 所示。

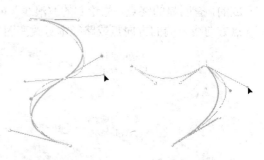

图 2-60　调整平滑点与角点的方向线

选择锚点上的方向线始终与锚点处的曲线相切。其中每条方向线的角度决定曲线的斜率，而每条方向线的长度决定曲线的高度或深度。

2.5.2　使用钢笔工具绘制图形

使用【钢笔工具】可以绘制直线路径或曲线路径，绘制过程中通过调整路径锚点或锚点方向线上的方向点，可以精确地绘制路径的形状，从而绘制出复杂的线段与图形，下面通过具体操作学习使用【钢笔工具】绘制路径的操作步骤如下：

步骤1 单击【工具】面板中的【钢笔工具】◇按钮，将光标放置在舞台中，此时光标以 ◇（右下角为×）图标显示，表示该按钮处于选择状态。

步骤2 在舞台合适位置处单击，确定绘制路径的第一个锚点——起始点，移动鼠标到合适位置处再次单击确定第二个锚点，此时两个锚点连接成一条线段，如图 2-61 所示。

创建第一个节点　　　两个节点间创建的直线

图 2-61　创建的线段

步骤3 再次将光标移动到其他合适位置处，按住鼠标左键拖曳，拖出锚点的方向线，然后拖动方向线上的方向点，创建出两个锚点间的曲线，如图 2-62 所示。

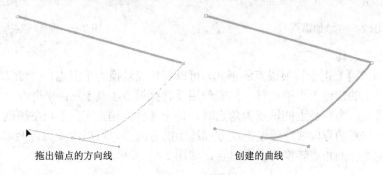

拖出锚点的方向线　　　创建的曲线

图 2-62　创建的曲线

步骤4 将光标放置在第一个锚点处，当光标显示为 ◇（右下角为小圆圈）图标时单击，可以创建一个封闭的路径，如图 2-63 所示。

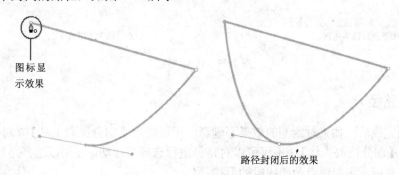

图标显示效果

路径封闭后的效果

图 2-63　创建封闭的路径

2.5.3　锚点工具

在【工具】面板的【钢笔工具】◇按钮位置处按住一小段时间，弹出一个下拉列表，如图 2-64 所示。其中【添加锚点工具】◇、【删除锚点工具】◇、【转换锚点工具】⌐分别用于增加、删除与调整路径的锚点，下面分别介绍。

图 2-64　弹出的工具列表

1．添加锚点工具

【添加锚点工具】◇用于在路径上添加锚点，其操作方法非常简单，只需在【工具】面板中选择【添加锚点工具】，此时光标以（右下角为+号）图标显示，然后将光标放置到路径处单击鼠标左键，即可在路径上添加一个锚点，如图 2-65 所示。

2．删除锚点工具

【删除锚点工具】用于删除路径上锚点，其操作方法非常简单，只需在【工具】面板中选择【删除锚点工具】，此时光标以（右下角为-号）图标显示，然后将光标放置到需要删除锚点的位置处单击鼠标左键，即可将路径上的该锚点删除，如图 2-66 所示。

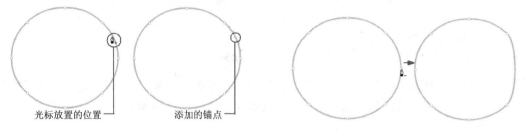

图 2-65　添加锚点　　　　　　　　　　　　　图 2-66　删除锚点

3．转换锚点工具

【转换锚点工具】用于转换锚点的形式，可以将角点转换为平滑点，也可以将平滑点转换为角点。当路径上的锚点为平滑点时，只需使用【转换锚点工具】在平滑点上单击，即可将平滑点转换为角点；当路径上的锚点为角点时，使用【转换锚点工具】在锚点上单击并拖曳鼠标，可以拖出锚点的方向线，通过拖动方向线上的方向点，可以改变锚点两端曲线的形状，松开鼠标后，则路径的角点转换为了平滑点，如图 2-67 所示。

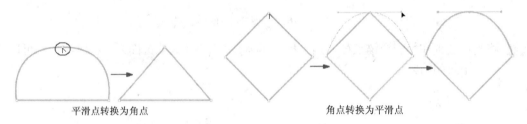

平滑点转换为角点　　　　　　　　　　　　　　角点转换为平滑点

图 2-67　转换锚点

2.5.4　调整路径

路径绘制完成后，如果对绘制的效果不满意，可以使用【部分选取工具】对其进行细致的调整。通过【部分选取工具】不仅可以对路径进行选择或移动，还可以选择路径上的锚点、改变锚点的位置或者调整锚点两侧线段的形状。

（1）选择路径：在【工具】面板中选择【部分选取工具】后，在绘制的路径上单击鼠标即可将其选择。

（2）移动路径：如果将光标放置到绘制的路径上单击并拖曳，可以将其移动。

（3）选择锚点：使用【部分选取工具】选择绘制的路径，然后将光标放置到锚点上单击鼠标左键，可以将路径上的锚点选择，此时路径上的锚点以实心矩形显示；如果使用【部分选取工具】在绘制的路径上单击并拖曳鼠标，在拖曳范围内的锚点将全部被选择，如图 2-68 所示。

（4）移动锚点：选择锚点后，使用【部分选取工具】可以将锚点的位置改变，同时随着锚点位置的移动，路径的形状也发生改变。

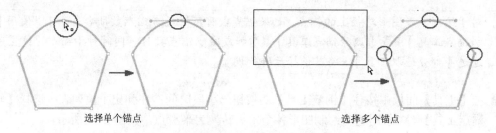

选择单个锚点　　　　　　　　　　　选择多个锚点

图 2-68　选择锚点

提示 选择锚点后，如果按键盘上的方向键可以精确地以像素来移动锚点的位置，每按一次方向键则锚点移动一个像素，如果按住 Shift 键同时再按键盘方向键，则锚点可以一次移动 10 个像素的位置。

（5）调整平滑点：使用【部分选取工具】选择的锚点为平滑点时，在平滑点的两端将出现平滑点的方向线，然后通过调整方向线上的方向点可以改变路径的形状；如果调整方向线的同时按住键盘 Alt 键，可以调整平滑点一侧的方向线。

Flash

2.6 实例指导：绘制苹果图形

CS 4

　　【钢笔工具】与【铅笔工具】都可以绘制笔触线段，其中【铅笔工具】可以按照绘制者的意愿随意地绘制线段，使用起来方便简单，但是使用它绘制图形时需要绘制者有一定的绘图基础，否则很难绘制出自己所要的效果；但是使用【钢笔工具】则不同，它可以精确地控制绘制线段的曲线方式以及线段位置，并通过各种锚点工具以及【部分选取工具】对图形的调整，从而绘制出完美的图形。接下来通过一个"苹果图形"的绘制实例，来巩固前面所学内容，其最终效果如图 2-69 所示。

绘制苹果图形——具体步骤

步骤1 启动 Flash CS4，创建出一个新的文档，默认名称为"未命名-1"。

步骤2 在【工具】面板中选择【钢笔工具】，然后使用【钢笔工具】在舞台中心处单击鼠标左键，确定苹果图形路径的第一个锚点位置，然后继续在舞台其他位置单击鼠标，确定苹果图形的各个锚点位置，绘制到最后一个锚点时即可大体将苹果图形各个锚点的位置都确定好，如图 2-70 所示。

图 2-69　绘制的苹果图形

第一个锚点
的位置

图 2-70　确定各个锚点的位置

提示　对于绘制苹果图形路径上的锚点，如果锚点数目不够或者锚点数目略多，可以使用【添加锚点工具】或【删除锚点工具】增加或减少锚点数目。同时对于锚点的位置可以通过【部分选取工具】将其选择后进行调整。

步骤 3　在【工具】面板中按住【钢笔工具】按钮一小段时间，在弹出下拉列表中选择【转换锚点工具】，使用它将绘制图形各个角点转换为平滑点，如图 2-71 所示。

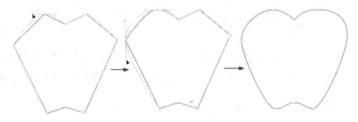

图 2-71　转换角点为平滑点

步骤 4　在【工具】面板中选择【部分选取工具】，使用【部分选取工具】对绘制的苹果图形路径进行细致的调整。

步骤 5　继续使用【钢笔工具】绘制出苹果图形上方的小树枝图形路径的各个锚点，然后通过【转换锚点工具】将中间的两个锚点转换为平滑点，最后通过【部分选取工具】细致调整图形的形状，如图 2-72 所示。

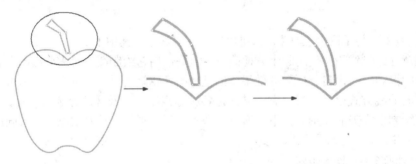

图 2-72　绘制的苹果树枝

步骤 6　按照前述的方法继续绘制出苹果的叶子，如图 2-73 所示，到此苹果图形就全部绘制完成。

图 2-73　绘制苹果的叶子

提示　在前面这个苹果实例的制作过程中，只是提供了绘制图形路径的一个思路，读者不必拘泥于这种绘制路径的方式，完全可以创造一条适合自己的绘制图形路径的方法。

2.7 颜色填充

在 Flash CS4 中，绘制的图形通常由外部的轮廓线段与内部填充颜色所构成，可以通过各种颜色工具以及颜色面板对图形与线段设置丰富的色彩形式，在本节中将对各种颜色工具以及颜色面板进行详细讲解。

2.7.1 墨水瓶工具与颜料桶工具

【墨水瓶工具】与【颜料桶工具】都是颜色填充工具，其中【墨水瓶工具】用于为笔触线段填充颜色，而【颜料桶工具】用于为图形填充颜色。

【墨水瓶工具】与【颜料桶工具】在【工具】面板中处于同一个位置，默认情况显示的为【颜料桶工具】，可以通过按住【颜料桶工具】一小段时间，在弹出工具列表中选择【墨水瓶工具】，如图 2-74 所示。

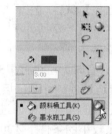

图 2-74　颜料桶工具或墨水瓶工具

1. 使用墨水瓶工具

使用【墨水瓶工具】可以为图形填充笔触颜色或者改变笔触大小及笔触样式等，具体操作步骤如下：

步骤1 在【工具】面板中选择【墨水瓶工具】。

步骤2 在【属性】面板中选择合适的笔触颜色、笔触大小以及笔触样式，如图 2-75 所示。

步骤3 将光标放置到需要填充笔触线段的图形处，单击鼠标左键即可为其填充笔触线段，如图 2-76 所示。

图 2-75　【属性】面板

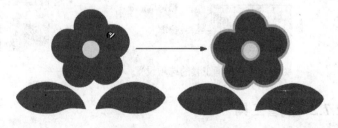

图 2-76　填充笔触线段

除了可以使用【墨水瓶工具】改变笔触线段的颜色，当然也可以通过在【工具】面板下方选择相应的笔触颜色进行设置，如图 2-77 所示。

2. 使用颜料桶工具

使用【颜料桶工具】可以对闭合区域进行颜色填充，如果闭合的区域是空白的，则可以为其内部进行颜色填充,如果有填充色,则可以改变其颜色。选择【颜料桶工具】◇后,可以在【属性】面板或【工具】面板下方的【填充颜色】处进行颜色选择,然后将光标放置到图形处单击鼠标左键,即可为图形填充颜色,如图2-78所示。

图2-77　选择的笔触颜色　　　　　　　　　　　　图2-78　为图形填充颜色

3．颜料桶工具的选项设置

在【工具】面板中选择【颜料桶工具】◇后,在下方出现【颜料桶工具】◇的选项,包括【空隙大小】○与【锁定填充】▣,其中按【空隙大小】○一小段时间,会弹出一个下拉列表,提供了填充封闭区域的各种方式,如图2-79所示。

使用【颜料桶工具】◇填充图形时,有时无法进行填充,是因为对象的轮廓有空隙造成的,此时可以通过选择【空隙大小】○的合适选项进行颜色填充。

(1)【不封闭空隙】:用于在没有空隙的条件下才能进行颜色填充。

(2)【封闭小空隙】:用于在空隙比较小的条件下才可以进行颜色填充。

(3)【封闭中等空隙】:用于在空隙比较大的条件下也可以进行颜色填充。

(4)【封闭大空隙】:用于在空隙很大的条件下进行颜色填充。

选择【颜料桶工具】◇时,如果将【锁定填充】▣选项激活,则可以对图形填充的渐变颜色或位图进行锁定,使填充看起来好像填充至整个舞台,如图2-80所示。

图2-79　颜料桶工具的选项设置　　　　　　　　图2-80　锁定填充

2.7.2　滴管工具

【滴管工具】✑用于从图形中提取内部填充色或笔触线段的颜色,从而可以轻松地将吸取的颜色复制到另一个对象上。

(1)吸取填充颜色:单击【工具】面板中的【滴管工具】✑按钮后,此时在舞台中光标显示为✑吸管形状,当将光标移动到某个图形填充颜色处时,光标显示为✑(右下角为小刷子)图标时单击,即可提取该区域的颜色,相应地【工具】面板中的"颜色"选项显示当前提取的图形颜色，如图 2-81 所示。

（2）吸取笔触颜色：单击【工具】面板中的【滴管工具】✐按钮后，此时在舞台中光标显示为✐吸管形状，将光标移动到某个线条处时，光标显示为✐（右下角为小铅笔）图标，此时只需要单击即可提取该笔触的颜色，相应地【工具】面板中的"颜色"选项显示当前提取的笔触颜色，如图 2-82 所示。

吸取的颜色

| 图 2-81　吸取的填充颜色 | 图 2-82　吸取的笔触颜色 |

2.7.3　橡皮擦工具

【橡皮擦工具】✐主要用于擦除图形的填充颜色或笔触线段，可以擦除对象的局部，也可以将对象全部擦除。使用【橡皮擦工具】✐擦除对象的操作很简单，只需使用【橡皮擦工具】✐在图形上拖曳，鼠标经过的图形区域将被删除，如图 2-83 所示。

原　图　　　　　　　　　　　橡皮擦经过　　　　　　　　　橡皮擦擦除后图形

图 2-83　使用橡皮擦擦除对象

在【工具】面板中选择【橡皮擦工具】✐按钮，在下方会显示【橡皮擦工具】✐的相关选项，共有 3 个部分，分别为【橡皮擦模式】◔、【水龙头】✑和【橡皮擦形状】●。

1．橡皮擦模式

单击【橡皮擦模式】◔按钮，在弹出的下拉列表中可以设置擦除的模式，共有 5 种，如图 2-84 所示。

（1）【标准擦除】：选择该项时，以常规模式进行图像擦除，只要是鼠标经过的地方的图形将被全部擦除。

（2）【擦除填色】：选择该项时，只对填充颜色进行擦除，不会对笔触线段产生影响。

（3）【擦除线条】：选择该项时，只对笔触线段进行擦除，不会对其他地方产生影响。

（4）【擦除所选填充】：选择该项时，只对处于选择状态的填充颜色进行擦除，不会对其他的笔触线段和未选择的填充颜色有所影响。

（5）【内部擦除】：选择该项时，只擦除图形笔触线段以内的填充色，而不影响笔触线段。

使用该模式时，只有鼠标起点位于填充区域内，才可以达到所需要的擦除效果，否则不产生作用，如图 2-85 所示。

图 2-84　橡皮擦模式　　　　　　　　图 2-85　　橡皮擦的各种擦除模式

2．水龙头

选择【水龙头】🔲按钮后，在图形上单击鼠标，可以一次性擦除相连区域的填充颜色或笔触线段，如图 2-86 所示。

3．橡皮擦形状

单击【橡皮擦形状】●按钮，在弹出的下拉列表中可以设置橡皮擦的不同形态，如图 2-87 所示。

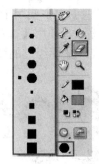

图 2-86　使用【水龙头】🔲擦除图形　　　　　图 2-87　橡皮擦形状

2.7.4　颜色面板

通过前面的操作，读者了解到通过【工具】面板中"颜色区域"或【属性】面板可以为图形或笔触线段进行颜色设置，当然，在 Flash CS4 还提供了另外一种颜色设置方式，就是【颜色】面板，该面板提供了丰富的颜色填充模式与颜色设置方式，通过它可以方便设置单色、渐变颜色以及位图填充效果。如果当前 Flash CS4 界面中没有显示该面板，可以通过单击菜单栏中【窗口】|【颜色】命令将其打开，如图 2-88 所示。

（1）【笔触颜色】🖋🔲：用于设置图形笔触线段的颜色。

（2）【填充颜色】🎨🔲：用于设置图形内部填充的颜色。

（3）【黑白颜色】🔳：单击该按钮，可以快速切换到默认的黑白色，即外部笔触线段颜色为黑色，内部填充颜色为白色。

（4）【不填充颜色】▨：单击该按钮，可以将笔触线段或内部填充颜色设置为无色，再次单击，又可以恢复到原来的设置。

（5）【交换颜色】🔁：单击该按钮，可以将笔触线段和内部填充颜色快速互换。

（6）【红绿蓝颜色值】：用于分别单独设置填充颜色的红色、绿色与蓝色的颜色值。

（7）【Alpha】：用于设置选择颜色的透明值。

（8）【颜色的填充类型】：单击右侧的 [纯色 ▼] 按钮，弹出一个颜色填充样式的下拉列表，如图 2-89 所示。其中"无"选项用于不设置任何颜色；"纯色"选项用于设置单色填充；"线性"选项用于设置线性渐变颜色填充；"放射状"选项用于设置放射状渐变颜色填充；"位图"选项用于设置图形的填充为位图。

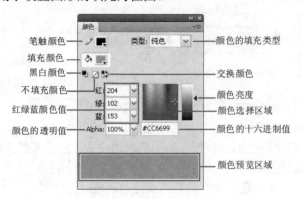

图 2-88 【颜色】面板

图 2-89 颜色的填充类型

（9）【颜色选择区域】：在这个区域可以通过单击，从而快捷的选择所要设置的颜色。

（10）【颜色亮度】：用于设置选择颜色的亮度，可通过上下拖动黑色小三角进行颜色亮度的调整。

（11）【颜色的十六进制值】：可以直接在此处输入颜色的十六进制进行颜色设置。

（12）【颜色预览区域】：在此区域可以预览设置颜色的效果。

1．填充单色

在【颜色】面板的【颜色的填充类型】中选择"纯色"，此时可以进行单一颜色的设置，如图 2-90 所示。

2．填充线性渐变颜色

在【颜色】面板的【颜色的填充类型】中选择"线性"，此时可以进行线性渐变颜色的设置，如图 2-91 所示。

图 2-90 将图形颜色设置为纯色　　　　图 2-91 将图形颜色设置为线性渐变颜色

（1）【线性】：线性渐变颜色是指一种颜色到另外一种颜色的直线化过渡。

（2）【溢出】：用于设置超出颜色填充范围的颜色填充方式，单击该处，弹出用于选择的 3 种模式，自上向下分别为【扩展】、【镜像】和【重复】。其中【扩展】为默认模式，用于将所指定的颜色应用于渐变末端之外；【镜像】模式以反射镜像效果进行填充，指定的渐变色从渐变的开始到结束，再以相反顺序从渐变结束到开始，再从渐变的开始到结束，直到填充完毕；

【重复】模式则从渐变的开始到结束重复渐变，直到填充完毕。如图 2-92 所示。

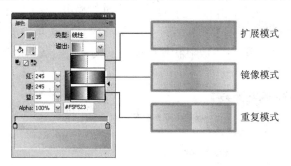

图 2-92　线性渐变颜色的溢出模式

（3）【线性 RGB】：勾选该项，创建 SVG 兼容的（可伸缩的矢量图形）线性渐变。

（4）【颜色调节节点】：用于调整线性渐变颜色的颜色值、渐变颜色的位置。默认条件下，线性渐变颜色有两个颜色调节节点，可以设置两种颜色的过渡。如果想增加多个颜色的过渡，可以通过在颜色调节点所在的横条上单击，从而增加颜色调节节点并对其进行颜色设置，从而增加渐变颜色的数目；如果需要将多余的颜色调节节点删除，只需将颜色渐变节点拖曳到【颜色】面板外，即可将其删除，同时颜色调节节点对应的渐变颜色也将被删除，如图 2-93 所示。

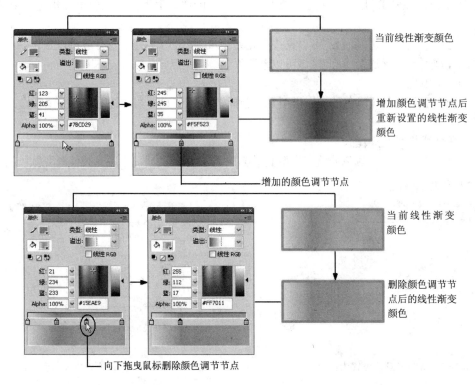

图 2-93　增加与删除颜色调节点

3．填充放射状渐变颜色

在【颜色】面板的【颜色的填充类型】中选择"放射状"，此时可以设置放射状渐变颜色，如图 2-94 所示。

放射状渐变颜色的设置与线性渐变颜色的设置基本相同，这里不再赘述。

4．填充位图

在【颜色】面板的【颜色的填充类型】中选择"位图"，此时可以将 Flash 中导入的位图填充到选择的图形中，如图 2-95 所示。

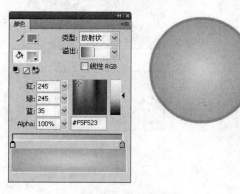

图 2-94　放射状渐变

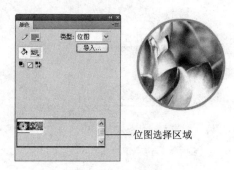

位图选择区域

图 2-95　填充位图

（1）【导入】：单击 导入... 按钮，在弹出的【导入到库】对话框中可以选择导入到 Flash 的图像文件。

（2）【位图选择区域】：在此区域可以显示 Flash 中导入的位图，单击其中的位图预览，即可为图像填充相对应的位图。

提示　如果 Flash 中没有导入的位图，在【颜色的填充类型】中选择"位图"选项时会先弹出【导入到库】对话框，用于选择导入到 Flash 中的位图图形。

2.7.5　渐变变形工具

【渐变变形工具】用于对对象进行各种方式的填充变形处理，包括填充的渐变颜色或位图的方向、中心位置、范围大小等。系统默认情况下，该按钮为隐藏状态，可以在【任意变形工具】处按住鼠标一小段时间，然后在弹出工具列表中即可进行选择，如图 2-96 所示。

1．调整线性渐变颜色

为图形填充线性渐变颜色后，选择【渐变变形工具】，然后在图形上单击鼠标左键，此时将出现【渐变变形工具】的调整状态，显示 3 个控制点——中心点、方向节点和范围节点，如图 2-97 所示。

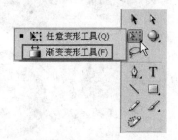

图 2-96　渐变变形工具

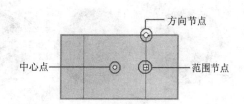

方向节点

中心点　　　　　范围节点

图 2-97　线性渐变颜色的调整状态

（1）【中心点】：用于调整线性渐变颜色的中心位置。

（2）【方向节点】：用于控制线性渐变颜色的渐变方向。

（3）【范围节点】：用于控制线性渐变颜色的范围。

使用【渐变变形工具】调整线性渐变颜色的效果如图 2-98 所示。

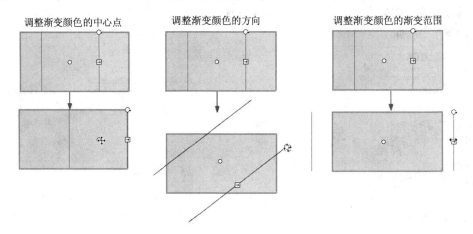

图 2-98 调整线性渐变颜色

2．调整放射状渐变颜色

为图形填充放射状渐变颜色后，选择【渐变变形工具】，然后在图形上单击鼠标左键，此时将出现【渐变变形工具】的调整状态，显示 5 个控制点——中心点、焦点、宽度节点、范围节点、方向节点等，如图 2-99 所示。

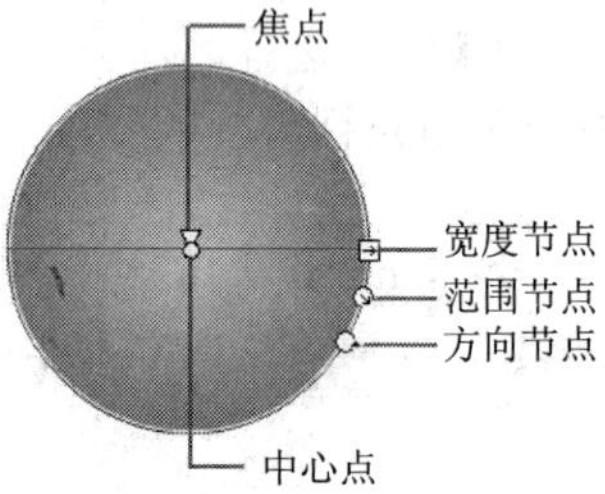

（1）【中心点】：用于调整放射状渐变颜色的中心位置。

（2）【焦点】：用于调整放射状渐变颜色的焦点位置，焦点只能在中心线上左右移动。

（3）【宽度节点】：用于调整放射状渐变颜色的渐变宽度。

（4）【范围节点】：用于控制放射状渐变颜色的渐变范围。

（5）【方向节点】：用于控制放射状渐变颜色的渐变方向。

图 2-99 放射状渐变颜色的调整状态

使用【渐变变形工具】调整放射状渐变颜色的效果如图 2-100 所示。

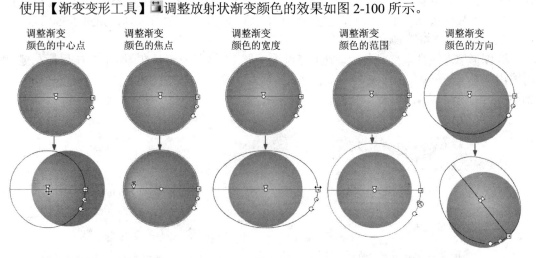

图 2-100 调整放射状渐变颜色

3．调整填充的位图

为图形填充位图后，选择【渐变变形工具】，然后在图形上方单击鼠标左键，此时将出现【渐变变形工具】🔲的调整状态，显示 7 个控制点——包括中心点、水平倾斜节点、垂直倾斜节点、宽度节点、高度节点、范围节点、方向节点，如图 2-101 所示。

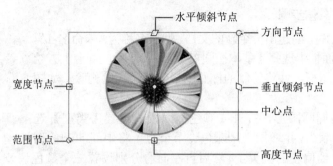

图 2-101　位图填充的调整状态

（1）【中心点】：用于调整填充位图的中心位置。

（2）【水平倾斜节点】：可以调整填充的位图进行水平倾斜。

（3）【垂直倾斜节点】：可以调整填充的位图进行垂直倾斜。

（4）【宽度节点】：用于调整填充的位图的宽度。

（5）【高度节点】：用于调整填充的位图的高度。

（6）【范围节点】：用于调整填充的位图的缩放比例。

（7）【方向节点】：用于调整填充的位图的旋转方向。

使用【渐变变形工具】🔲调整填充位图的效果如图 2-102 所示。

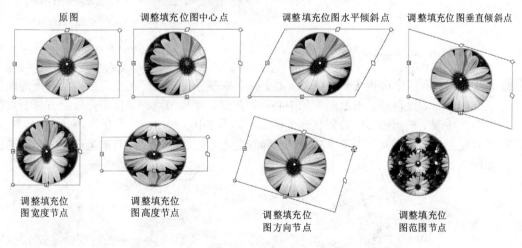

图 2-102　调整填充位图

提示　如果填充的位图大小小于图形的填充范围，则填充的位图在填充图形中将平铺显示。

Flash　　　　　　　　　　　　　　　　　　　　　　　　　　　　　　　　CS 4

2.8　实例指导：绘制气球

在 Flash 中，使用各种颜色填充工具，并结合【颜色】面板与【渐变变形工具】🔲可以为图形设置丰富的颜色效果。下面通过绘制一个"气球"的实例对前面学习的颜色相关操作进行巩固，其最终效果如图 2-103 所示。

绘制气球——具体步骤

步骤1 启动 Flash CS4，创建出一个新的文档，默认名称为"未命名-1"。

步骤2 在【工具】面板中选择【基本椭圆工具】，然后在舞台上方绘制一个椭圆图形，并将绘制的椭圆图形的笔触线段删除，如图 2-104 所示。

步骤3 选择绘制的椭圆图形，打开【颜色】面板，设置【类型】选项为"放射状"，并增加一个颜色调节节点，将中间的颜色调

图 2-103 绘制的气球

节节点移动到偏左的位置上，然后自左向右分别设置三个颜色调节节点的颜色值依次为"#FEFAC4"、"#FFE600"、"#F89724"，此时的椭圆图形与【颜色】面板如图 2-105 所示。

图 2-104 绘制的椭圆图形

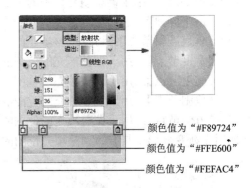

颜色值为"#F89724"

颜色值为"#FFE600"

颜色值为"#FEFAC4"

图 2-105 设置放射状渐变颜色

步骤4 在【工具】面板中选择【渐变变形工具】，在椭圆图形上单击出现放射状渐变的调整状态，然后通过调整放射状渐变的中心点、焦点、宽度节点、范围节点以及方向节点位置，从而改变椭圆图形的放射状渐变形式，如图 2-106 所示。

步骤5 继续使用【基本椭圆工具】在绘制的椭圆左上方处绘制一个没有笔触线段的小圆形，如图 2-107 所示。

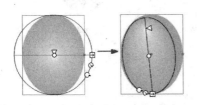

图 2-106 调整椭圆图形的放射状渐变颜色

绘制的圆形

图 2-107 绘制的小圆形

步骤6 选择绘制的小圆形，打开【颜色】面板，设置【类型】选项为"放射状"，并在两个颜色调节节点中心位置增加一个颜色调节节点，然后自左向右分别设置三个颜色调节节点的颜色都为"白色"，并设置最右侧颜色调节点的【Alpha】参数值为 0%，此时的椭圆图形与【颜色】面板如图 2-108 所示。

步骤7 使用相同的方法在刚刚绘制的白色放射状渐变圆形右上方处再绘制一个更小一些的圆形，如图 2-109 所示。

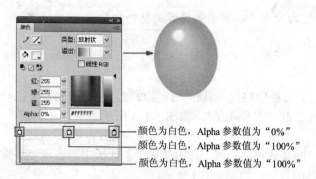

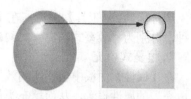

颜色为白色，Alpha 参数值为 "0%"

颜色为白色，Alpha 参数值为 "100%"

颜色为白色，Alpha 参数值为 "100%"

图 2-108 为绘制的圆形设置放射状渐变　　　　图 2-109 绘制的小白色放射状渐变圆形

步骤8 在【工具】面板中选择【铅笔工具】 ，并在【铅笔模式】中选择【平滑】 模式，然后在【属性】面板中设置【笔触颜色】为 "深红色（#CC3300）"，【笔触高度】参数值为3，如图 2-110 所示。

步骤9 使用【铅笔工具】 在绘制的气球下方绘制出绑缚气球的线，如图 2-111 所示，到此气球全部绘制完毕。

绘制的线段

图 2-110 【属性】面板　　　　　　　　图 2-111 绘制的气球的线

Flash

CS 4

2.9 Deco 工具

使用【Deco 工具】 可以将创建的图形形状转变为复杂的几何图案，还可以将库中创建的影片剪辑或图形元件填充到应用的图形中，从而创建出类似万花筒的效果。

2.9.1 使用 Deco 工具填充图形

在【工具】面板中选择【Deco 工具】 后，将光标放置到需要填充图形处，单击鼠标即可为其填充图案，如图 2-112 所示。

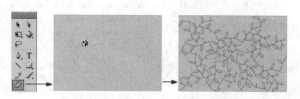

图 2-112 使用 Deco 工具填充图形

提示 如果使用【Deco工具】 在舞台空白处单击，则图案将填满整个舞台。

2.9.2　Deco 工具的属性设置

选择【Deco 工具】 后，在【属性】面板中将出现其相关属性设置，其中绘制效果包括三种，分别为"藤蔓式填充"、"网格填充"和"对称刷子"，如图 2-113 所示。

1.藤蔓式填充

在【属性】面板中选择绘制效果为"藤蔓式填充"时，此时【属性】面板中将出现"藤蔓式填充"的属性设置，从而填充类似藤蔓的效果，如图 2-114 所示。

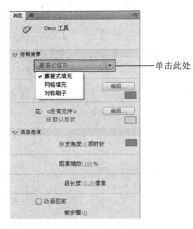

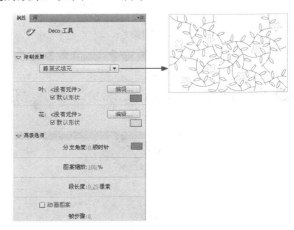

图 2-113　绘制效果的下拉列表　　　　　　　　图 2-114　藤蔓式填充

（1）叶：用于设置藤蔓式填充的叶子图形，如果在【库】中有制作好的元件，可以将制作的元件作为叶子的图形。

（2）花：用于设置藤蔓式填充的花图形，如果在【库】中有制作好的元件，可以将制作的元件作为花的图形。

（3）分支角度：用于设置藤蔓式填充的枝条分支的角度值。

（4）图案缩放：用于设置填充图案的缩放比例大小。

（5）段长度：用于设置藤蔓式填充中每个枝条长度。

2.网格填充

在【属性】面板中选择绘制效果为"网格填充"时，此时在【属性】面板中将出现"网格填充"的属性设置，从而填充类似网格的效果，如图 2-115 所示。

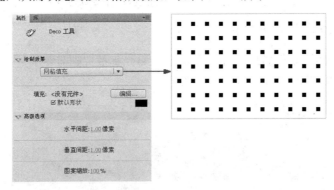

图 2-115　网格填充

（1）填充：用于设置网格填充的网格图形，如果在【库】中有制作好的元件，可以将制作的元件作为网格的图形。

（2）水平间距：用于设置网格填充图形各个图形间的水平间距。

（3）垂直间距：用于设置网格填充图形各个图形间的垂直间距。

（4）图案缩放：用于设置网格填充图形的大小比例。

3.对称刷子

在【属性】面板中选择绘制效果为"对称刷子"时，此时在【属性】面板中将出现"对称刷子"的属性设置，从而填充类似万花筒的效果，如图 2-116 所示。

（1）模块：用于设置对称刷子填充效果的图形，如果在【库】中有制作好的元件，可以将制作的元件作为填充的图形。

（2）高级选项：用于设置填充图形的填充模式，包括 4 个选项，分别为"跨线反射"、"跨点反射"、"绕点旋转"与"网格平移"。

图 2-116　对称刷子

Flash　　　　　　　　　　　　　　　　　　　　　　　　　　CS 4

2.10　辅助绘图工具

使用 Flash 软件绘制矢量图形时，除了前面介绍的各种绘图工具外，还经常使用到一些辅助绘图工具，比如【手形工具】 与【缩放工具】 等。值得注意的是，使用辅助绘图工具的操作只是针对于视图（即在窗口中所看到的图像的大小）进行的调整，而与实际大小无关。

2.10.1　手形工具

【手形工具】 的作用就是通过平移舞台，在不改变舞台缩放比率的情况下，查看对象的不同部分。该处的移动与【选择工具】 截然不同，【选择工具】 是对对象位置进行改变，而【手形工具】 则是对舞台中的显示空间进行改变，与舞台下方和右侧的拖动滚动条作用相同。

单击【工具】面板中的【手形工具】 按钮，将光标放置在舞台中，此时舞台中的光标以 图标显示，在舞台中任意位置处按住鼠标左键向任意方向拖曳，此时显示内容会跟随鼠标的移动而改变，如图 2-117 所示。

图 2-117　使用【手形工具】查看对象

（1）快速双击【手形工具】 按钮，可以将窗口最大化显示图形。

（2）在使用其他工具绘制图形时，按住键盘中空格键都可以切换为【手形工具】，此时舞台中的光标以 图标显示，从而通过拖动鼠标快速查看绘制图形的情况。

2.10.2　缩放工具

【缩放工具】顾名思义是用于缩小或放大视图，从而便于查看编辑操作。选择【缩放工具】后，在【工具】面板下方将出现【缩放工具】的两个选项——【放大】和【缩小】。其中，放大选项的快捷键是"Ctrl"键+"+"键，缩小选项的快捷键是"Ctrl"键+"–"键，选择相应的选项，在舞台上单击鼠标，就可以放大或缩小视图，如图 2-118 所示。

原始图形　　　　　　放大图形显示　　　　　缩小图形显示

图 2-118　放大、缩小图形显示

（1）【放大】：单击该按钮，将光标放置在舞台中，此时光标显示为 图标，在需要放大的位置处单击，以原来的两倍放大显示。

（2）【缩小】：单击该按钮，将光标放置在舞台中，此时光标显示为 图标，在需要缩小的位置处单击，以原来的 1/2 缩小显示。

（3）区域放大：如果想要放大舞台中的某个特定区域，单击【缩放工具】，在舞台中按住鼠标左键拖曳，创建一个矩形选取框，大小合适后，释放鼠标，从而将选取框中的区域内容放大，无论当前【工具】面板下方激活的是【放大】还是【缩小】选项。

（4）快速双击【缩放工具】按钮，将窗口以 100% 的比例显示图形。

（5）放大或缩小的快速切换：在使用【缩放工具】进行缩小或放大视图时，可以通过按住 Alt 键进行放大或缩小的快速切换。

Flash　　　　　　　　　　　　　　　　　　　　　　　　　　　　　　　**CS 4**
2.11　文本工具

在 Flash CS4 中可以通过多种方式使用文本，可以创建包含静态文本的文本字段，也还可以创建动态文本字段和输入文本字段。此外 Flash 还提供了多种处理文本的方法，例如可以水平或垂直放置文本；设置字体、大小、样式、颜色和行距等属性。所有这些关于文本的操作都可以通过【工具】面板中的【文本工具】完成。

2.11.1　创建文本

在 Flash 软件中创建文本的方法很简单，首先选择【工具】面板中的【文本工具】T 按钮，然后在舞台中创建文本输入框，在光标闪动位置处输入所需的文本，输入完成后在输入文本框外的任意位置处单击鼠标，既而创建出文本。在 Flash 中文本输入框有两种状态，分别为"无宽度限制的文本输入框"与"有宽度限制的文本输入框"。

1. 无宽度限制的文本输入框

无宽度限制的文本输入框是指文本输入框会随着输入文字的增加而加长，创建步骤如下：

步骤1 单击【工具】面板中的【文本工具】T 按钮，将光标放置在舞台中，此时光标以 ⊹ 图标显示，表示该按钮处于选择状态。

步骤2 在舞台所要输入文字处单击鼠标左键，出现一个文本输入框，在此文本输入框中即可输入文本。

通过该方法创建的文本输入框，其右上角处有一个小圆形，表示该文本输入框没有宽度限制，文本输入框的宽度会随着输入文字的增加而增宽，如图 2-119 所示。

图 2-119　无宽度限制文本输入框

2. 有宽度限制的文本输入框

有宽度限制的文本输入框是指文本输入框会根据输入文字的增加而自动换行，步骤如下：

步骤1 单击【工具】面板中【文本工具】T 按钮，将光标放置在舞台中，同样此时光标以 ⊹ 图标显示，表示该按钮处于选择状态。

步骤2 在舞台合适位置处拖曳鼠标左键，创建出一个文本输入框，在此文本输入框中即可输入文本。

通过该方法创建的文本输入框右上角处有一个矩形，表示该文本输入框有宽度限制，文本输入框的宽度是固定不变的，当输入的文字宽度超过文本输入框的宽度时会自动换行，如图 2-120 所示。

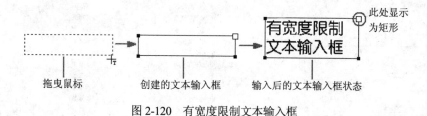

图 2-120　有宽度限制文本输入框

提示　文本输入框为有宽度限制文本输入框时，双击有宽度限制文本输入框中的小矩形图形，可以将有宽度限制的文本框转换为无宽度限制的文本框；同样将光标放置在无宽度限制的文本框的小圆形图形处，当光标显示为双向箭头↔时，拖曳文本输入框，又可以将无宽度限制的文本框转换为有宽度限制的文本框。

2.11.2　文本的类型

在 Flash CS4 中可以创建三种类型的文本，分别为静态文本、动态文本和输入文本。这三种类型的文本可以在【属性】面板最上方的下拉列表中进行选择，如图 2-121 所示。

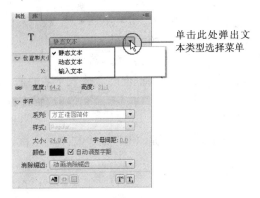

单击此处弹出文本类型选择菜单

图 2-121　三种类型的文本

（1）静态文本：系统默认时的输入文本类型，是不会动态更改字符的文本，使用该文本类型创建的文字在动画播放过程中不能进行编辑和改变。

（2）动态文本：该文本类型是可动态更新的文本，可以在动画制作过程中或者在动画播放过程中进行变化，此类型文本通常需要与 ActionScript 配合进行设置。

（3）输入文本：使用该文本类型，用户可以在表单或调查表中输入文本，它可以在动画播放的过程中随时输入文字。

2.11.3　文本的字符属性

在 Flash 中选择输入文本后，在【属性】面板中可设置文本的各项属性，其中【字符】选项用于设置文本的字符属性，包括文字的字体、大小、颜色、显示效果等，如图 2-122 所示。

（1）【系列】：用于设置文字的字体。单击右侧下拉列表按钮，弹出一个用于提供所有字体的下拉列表，在列表中即可选择所需的字体，如图 2-123 所示。

图 2-122　文本的字符属性

图 2-123　字体的下拉列表

（2）【样式】：用于设置文字的倾斜、加粗、加粗倾斜样式，如图 2-124 所示。

提示　如果选择的文字的字体为中文字体，则样式下拉列表为灰色，表示字体的样式不可设置。只有有限的一些英文字体才能设置字体的样式，如"Arial"、"Arial Black"、"Arial Narrow"等英文字体。

（3）【大小】：用于设置文字字体的大小，可以在文字字体大小数值处双击，在出现的文字输入框中输入文字的字体大小数值；也可以将光标放置到文字字体大小数值处，在出现图标

时，通过向左或向右拖曳鼠标改变文字的字体大小数值，越向左方向拖曳，字体的大小数值越小，越向右方向拖曳，字体的大小数值越大。

（4）【字母间距】：用于设置选择的文字之间的距离，此参数值越大，则文字之间的间距越大，此参数值越小，则文字之间的间距越小。

（5）【颜色】：用于设置选择文字的字体颜色。

（6）【自动调整字距】：此选项用于对字体的内置字距进行微调。

（7）【消除锯齿】：用于设置文字显示的清晰程度，相当于 Photoshop 中的字体反锯齿模式，单击该处，在弹出的下拉列表中可以选择消除锯齿的模式，如图 2-125 所示。

图 2-124　设置字体的样式

图 2-125　设置文字消除锯齿的模式

1）使用设备字体：选择此项，则在生成的 swf 动画中不会包含此字体，如果用户的计算机中没有此字体，则使用 Flash 系统内置的 3 种设备字体：named _sans（类似于 Helvetica 或 Arial 字体）、_serif（类似于 Times Roman 字体）和_typewriter（类似于 Courier 字体）来替代。由于此种模式没有包含字体，所以会减小生成动画文件的体积。

2）位图文本（无消除锯齿）：此选项会关闭消除锯齿功能，不对文本进行平滑处理，将用尖锐边缘显示文本。位图文本的大小与导出大小相同时，文本比较清晰，但对位图文本缩放后，文本显示效果比较差。

3）动画消除锯齿：此选项用于创建较平滑的动画。

4）可读性消除锯齿：此选项是使用新的消除锯齿引擎，改进了字体（尤其是较小字体）的可读性。如果使用"可读性消除锯齿"设置，必须将 Flash 内容发布到 Flash Player 8 以上的版本。

5）自定义消除锯齿：选择此项后会弹出【自定义消除锯齿】对话框，在此对话框中可以设置选择文字的字体粗细，以及文字显示的清晰度，如图 2-126 所示。

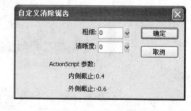

图 2-126　【自定义消除锯齿】对话框

2.11.4　文本的段落属性

文本的段落属性包括段落中文本的对齐方式、行距、缩进、页边距、排列等，文本的段落属性同样可以通过【属性】面板来完成，如图 2-127 所示。

（1）【格式】：用于设置选择文本的对齐方式，包括【左对齐】▤、【居中对齐】▤、【右对齐】▤与【两端对齐】▤。

（2）【间距】：包括两个参数设置项——【缩进】▤和【行距】▤。【缩进】▤用于设置文本框中首行文字的缩进距离；【行距】▤用于设置文本框中每行文字之间的行间距。

（3）【边距】：包括两个参数设置项——【左边距】▤和【右边距】▤。【左边距】▤用于设置文本框中的文字距离文本框左边缘的距离；【右边距】▤用于设置文本框中的文字距离文本框右边缘的距离。

（4）【方向】：单击该按钮，在弹出的下拉列表中可以选择创建文本的方向，有【水平】、【垂直，从左向右】和【垂直，从右向左】3 个选项，如图 2-128 所示。

图 2-127　文本的段落属性

图 2-128　文本的方向

2.12 实例指导：制作情人节贺卡

文字是 Flash 动画中的重要元素，用于信息的传递，在 Flash 动画中往往起到画龙点睛的作用。下面通过一个"情人节贺卡"的实例巩固前面所学的创建与编辑文本知识，其最终效果如图 2-129 所示。

图 2-129　制作的情人节贺卡

制作情人节贺卡——具体步骤

步骤1 单击菜单栏中的【文件】|【打开】命令，打开本书配套光盘"第 2 章/素材"目录下的"情人节贺卡.fla"文件，如图 2-130 所示。

图 2-130　打开的"情人节贺卡.fla"文件

步骤2 在【工具】面板中选择【文本工具】T，然后在舞台中单击创建文本输入框，并输入"情人节快乐！"文字。

步骤3 选择输入的文字，在【属性】面板中设置文字的字体为"方正水柱简体"，字体大小为36 点，字母间距为 5，文字颜色为"红色"，并设置文本的文本方向为"垂直，从左向右"，然后将设置的文字放置到舞台的左侧，如图 2-131 所示。

提示 "方正水柱简体"是作者本人系统中安装的字体，如果读者的系统中没有"方正水柱简体"这个字体，可以选择一个其他的字体进行替代。

步骤4 继续选择【工具】面板的【文本工具】T，在【属性】面板中设置文字字体为"方正准圆简体"，字体大小为 18 点，字母间距为 2，文字颜色为"红色"，文本的行距为 30 点，并设置文本的文本方向为"垂直，从左向右"，如图 2-132 所示。

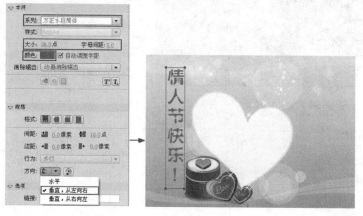

图 2-131 设置文字的属性

图 2-132 文本的属性

步骤5 使用【文本工具】T在"情人节快乐！"文字右侧创建一个高度与其略小些的文本输入框，然后输入文字内容，如图 2-133 所示。

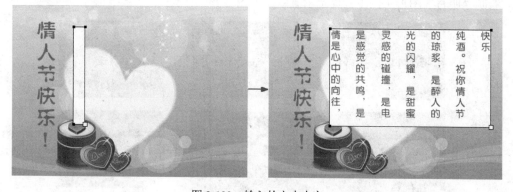

图 2-133 输入的文本内容

"情人节贺卡"的实例全部制作完毕，本实例中有两段文字，一个是标题文本，一个是内容文本。如果读者细心可以发现，标题文本的文本属性是在输入文字后再进行设置的，内容文本的文本属性是在选择【文本工具】T时就进行设置的，对于使用哪种方式进行设置，完全取决于个人的喜好。

2.13 综合应用实例：绘制"明月"图形

在本节中将通过【工具】面板中各种绘图工具与文本工具的结合使用来绘制一个"明月"实例，其最终效果如图2-134所示，通过本实例的学习读者可以掌握【工具】面板中各工具的综合应用技巧。

图2-134 绘制的"明月"图形

绘制"明月"图形——步骤提示

（1）绘制"明月"图形的背景；

（2）使用【喷涂刷工具】绘制天上的星星；

（3）绘制散发光晕的月亮图形；

（4）绘制地上的树木和栅栏图形；

（5）绘制地面图形；

（6）输入图形中的文字内容对其进行编辑；

（7）测试与保存Flash动画文件。

绘制"明月"图形实例步骤提示示意图，如图2-135所示。

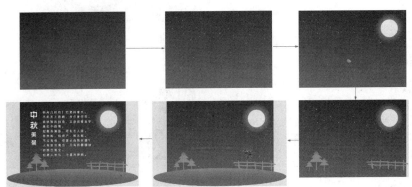

图2-135 "明月"图形的步骤提示

绘制"明月"图形——具体步骤

步骤1 启动Flash CS4，创建一个新的文档。

步骤2 在工作区域中单击鼠标右键，选择弹出菜单的【文档属性】命令，在弹出【文档属性】

对话框中设置【宽】为 500 像素，【高】为 350 像素，如图 2-136 所示。

步骤 3 单击 [确定] 按钮，完成文档属性的各项设置。

步骤 4 在【工具】面板中选择【基本矩形工具】▢，在【属性】面板中设置【笔触颜色】 ✎ ▬ 为 "无色"，然后绘制一个比舞台区域略大一些的矩形。

步骤 5 单击菜单栏中【窗口】|【颜色】命令，展开【颜色】面板。然后在其中选择【填充颜色】 🖌 ▬，【类型】参数为 "线性"，设置左侧颜色调节点颜色的参数值为 "#170B5F"，右侧颜色调节点颜色的参数值为 "#035FA0"，如图 2-137 所示。

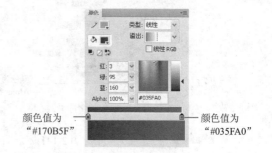

颜色值为 "#170B5F"   颜色值为 "#035FA0"

图 2-136　【文档属性】对话框　　　　　图 2-137　【颜色】面板的设置

步骤 6 在【工具】面板中选择【颜料桶工具】🪣，然后按住 Shift 键的同时，在矩形处由上向下垂直拖曳，为矩形填充线性渐变颜色，如图 2-138 所示。

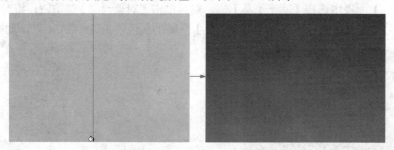

图 2-138　为矩形填充线性渐变颜色

步骤 7 单击【工具】面板中选择【喷涂刷工具】📷，然后在【属性】面板的【元件】选项中设置【颜色】为 "白色"，将【随机缩放】的复选框勾选，并在【画笔】选项中设置【宽度】参数为 160 像素，【高度】参数为 90 像素，如图 2-139 所示。

步骤 8 使用【喷涂刷工具】📷在矩形上方自左向右多次单击，为图形绘制出星星图形，如图 2-140 所示。

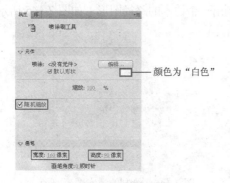

颜色为 "白色"

图 2-139　喷涂刷工具的属性　　　　　图 2-140　绘制的星星图形

步骤9 在【工具】面板中选择【基本椭圆工具】，设置【基本椭圆工具】的【笔触颜色】为"无色"，【填充颜色】为任意颜色，然后在矩形的右上方绘制一个略大些的圆形。

步骤10 选择绘制的圆形，然后在【颜色】面板中选择【填充颜色】，【类型】参数为"放射状"，设置左侧颜色调节点颜色为"白色"，【Alpha】参数值为70%，右侧颜色调节点颜色也为"白色"，【Alpha】参数值为0%，此时圆形为自中心向外侧由白色到白色透明的放射状渐变，如图2-141所示。

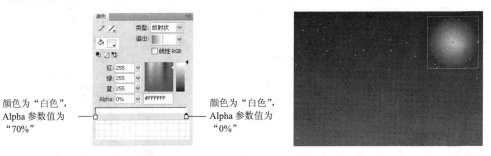

颜色为"白色"，
Alpha参数值为
"70%"

颜色为"白色"，
Alpha参数值为
"0%"

图 2-141 【颜色】面板的参数

步骤11 继续选择【基本椭圆工具】，在【属性】面板中设置【笔触颜色】为"无色"，【填充颜色】为"黄色"，然后绘制一个比上一个圆形小一些的圆形，将其作为月亮图形，如图2-142所示。

步骤12 在【工具】面板中选择【刷子工具】，然后单击【对象绘制】按钮，将对象绘制模式激活，并在【工具】面板中设置【填充颜色】的颜色值为"#0EA3C7"，如图2-143所示。

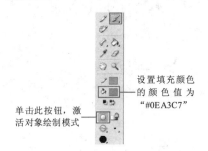

设置填充颜色
的颜色值为
"#0EA3C7"

单击此按钮，激
活对象绘制模式

图 2-142 绘制的月亮图形

图 2-143 选择刷子工具

步骤13 使用【刷子工具】在舞台区域外绘制出一个栅栏图形，然后将栅栏图形放置在矩形的右下方，如图2-144所示。

步骤14 在【工具】面板中选择【钢笔工具】，然后单击【对象绘制】按钮，将对象绘制模式激活，然后使用【钢笔工具】在舞台区域外绘制出一个树木的路径图形，如图2-145所示。

图 2-144 绘制的栅栏图形

图 2-145 绘制的树木图形路径

步骤15 在【工具】面板中选择【颜料桶工具】 🖌 ,并设置【填充颜色】 🖌 ▆ 的颜色值为 "#0EA3C7" ,然后使用【颜料桶工具】 🖌 在树木图形中单击为其填充颜色,注意在此需要将树木图形的外部笔触颜色删除,然后将绘制的树木图形放置在矩形图形的左侧,如图 2-146 所示。

步骤16 按照相同的方法再绘制两个树木图形,并放置在刚刚绘制树木图形的两侧,如图 2-147 所示。

图 2-146 绘制的树木图形

图 2-147 绘制的多个树木图形

步骤17 在【工具】面板中选择【基本椭圆工具】 ◯ ,设置【笔触颜色】 🖊 ▆ 为 "无色" 、【填充颜色】 🖌 ▆ 为任意颜色,然后在下方绘制一个椭圆图形,如图 2-148 所示。

步骤18 选择绘制的椭圆图形,然后在【颜色】面板中选择【填充颜色】 🖌 ▆ ,【类型】参数为 "线性" ,设置左侧颜色调节点的颜色值为 "#1B9ECA" ,右侧颜色调节点颜色值为 "#523F8E" ,如图 2-149 所示。

图 2-148 绘制的椭圆图形

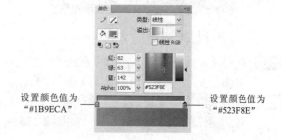

设置颜色值为 "#1B9ECA"　　设置颜色值为 "#523F8E"

图 2-149 【颜色】面板的参数

步骤19 在【工具】面板中选择【颜料桶工具】 🖌 ,然后按住键盘的 Shift 键的同时,在椭圆图形由上向下垂直拖曳,为其填充线性渐变颜色,如图 2-150 所示。

步骤20 在【工具】面板中选择【渐变变形工具】 🖳 ,在椭圆图形上单击鼠标左键,然后改变线性渐变颜色的填充范围,并向上移动渐变颜色中心点的位置,如图 2-151 所示。

步骤21 在【工具】面板中选择【文本工具】 T ,然后在舞台中单击创建文本输入框,并输入 "中秋美景" 文字。

图 2-150 填充线性渐变颜色

步骤22 选择输入的文字,在【属性】面板中设置文字的字体为 "方正水柱简体" ,字母间距为 12,文字颜色为 "白色" ,并设置文本的文本方向为 "垂直,从左向右" ,然后分别设置 "中秋" 文字的字体大小为 36 点,设置 "美景" 文字的字体大小为 25 点,然后将 "中秋美景" 文字放置到矩形的左侧,如图 2-152 所示。

图 2-151　改变线性渐变颜色的填充方式

步骤23　继续选择【工具】面板中的【文本工具】T，在【属性】面板中设置文字的字体为"方正准圆简体"，字体大小为 12 点，字母间距为 6 点，文字颜色为"白色"，文本的行距为 8 点，并设置文本的文本方向为"水平"，如图 2-153 所示。

图 2-152　输入并调整的文字

图 2-153　文本工具的属性

步骤24　使用【文本工具】T在"中秋美景"文字右侧创建一个文本输入框，然后在文本输入框中输入文字内容，如图 2-154 所示。

步骤25　单击菜单栏中【窗口】|【测试影片】命令，弹出影片测试窗口，在影片测试窗口中可以看到制作的 Flash 动画效果，如图 2-155 所示。

图 2-154　输入的文字内容

图 2-155　测试影片窗口

步骤26　最后单击菜单栏中的【文件】|【保存】命令，在弹出的【另存为】对话框中选择合适的保存路径，并将文件保存为"明月.fla"。

　　至此整个"明月"全部绘制完成，本实例旨在带领大家学习【工具】面板中各个绘图工具的使用方法与技巧，在实际操作过程中读者也可以试着使用其他的工具或方法来完成"明月"图形的绘制，只有熟练地掌握各个工具的使用方法，才能更好地综合应用这些工具完成以后的作品。

第 3 章

编 辑 图 形

内容介绍

　　编辑图形是 Flash 的基础操作，包括选择对象、移动对象、改变对象形状、排列组合对象、剪切复制对象等，在本章中将针对如何编辑图形对象这一内容进行详细讲解。

学习重点

- ▶ 选择对象
- ▶ 变形对象
- ▶ 实例指导：绘制花朵图形
- ▶ 控制对象位置与大小
- ▶ 3D 图形
- ▶ 调整图形形状
- ▶ 合并对象
- ▶ 实例指导：制作 Logo 标志
- ▶ 编辑对象
- ▶ 综合应用实例：绘制"新年台历"

Flash

3.1 选择对象

选择对象是编辑对象的一个基础操作，所有对对象的编辑操作都需要先将其选择。在 Flash CS4 中提供了多种选择对象的方式，包括选择单个对象、多个对象以及选择对象的某一部分等。

3.1.1 选择工具

顾名思义【选择工具】就是选择对象，但是 Flash 中的【选择工具】不仅可以选择对象、移动对象、复制对象，而且使用它还可以快速改变图形形状，从而满足 Flash 绘图的需要。

1. 选择合并模式绘制的图形

【选择工具】主要用于选择对象，根据对象类型的不同，可以对对象做出不同的选择操作，例如在合并模式下绘制的图形可以对其笔触线段或填充色进行单独选择，而对象绘制模式下绘制的图形只能对其进行整体选择。

通过前面章节的学习了解到，合并模式是多个图形重叠会自动进行合并的绘制模式，在【工具】面板中如果不选择【对象绘制】按钮而绘制的图形通常都为合并模式。在合并模式下绘制的图形有个特性，就是使用【选择工具】可以对绘制图形的笔触线段或填充色甚至图形其中的某一部分进行选择。

（1）选择笔触线段：在合并模式下绘制的图形，如果单击其中的一条笔触线段，可以将这条笔触线段选择，如果在笔触线段处双击，则可以选择连续的笔触线段，如图 3-1 所示。

（2）选择填充色：在合并模式下绘制的图形，单击图形的填充色，可以将其选择；如果双击填充色，可以将填充色和外面的笔触线段同时选择，如图 3-2 所示。

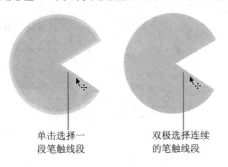

单击选择一段笔触线段　　双极选择连续的笔触线段

图 3-1　选择笔触线段

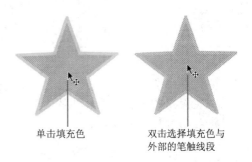

单击填充色　　双击选择填充色与外部的笔触线段

图 3-2　选择填充颜色

（3）使用选取框选择：使用【选择工具】在舞台中拖曳不松开鼠标，此时会创建一个选取框，在选取框中的图形部分会被选择，没有在选取框的图形部分不会被选择；如果选取框将整个图形选择，则将全部图形都选择，如图 3-3 所示。

2. 选择多个对象

对于不是合并模式绘制的图形或外部导入的对象，使用【选择工具】选择时非常简

图 3-3　选取框选择图形

单，只需在所需选择的对象上单击或使用【选择工具】 ▶ 绘制选取框选择对象的其中一部分即可将其选择。

如果需要选择的是多个对象，此时可以通过两种方式进行选择，一种是对多个对象一个一个选取，另一种就是使用选取框将其全部选择。

（1）单击选择多个对象：选择【选择工具】 ▶ ，然后按住 Shift 键在对象上单击，每在一个对象上单击即可将其选择。

（2）选取框选择多个对象：使用【选择工具】 ▶ 在需要选择的对象上拖曳画出一个选取框，松开鼠标后，在选取框范围内的对象将全部被选择。

3．取消选择与移动对象

当使用【选择工具】 ▶ 选择对象后，如果想取消选择，只需在舞台空白处单击鼠标左键，即可取消对象的选择。如果选择的是多个对象，想取消其中某个对象的选择时，只需按住键盘 Shift 键，在这个对象上单击即可取消这个对象的选择。

当对象被选择后，使用【选择工具】 ▶ 在对象上按住鼠标拖曳，松开鼠标后，则对象被移动到松开鼠标的位置。

4．使用选择工具调整图形

【选择工具】 ▶ 除了可以进行选择对象外，还可以对图形进行调整操作，包括调整图形各个端点的位置、调整图形的形状等。

在【工具】面板中选择【选择工具】 ▶ 后，将光标放置到图形的端点处时，当光标变为 ⌐ 形状时单击并拖曳鼠标，则可以改变图形端点的位置，从而改变图形的形状，如图 3-4 所示。

图 3-4 改变图形端点位置

在【工具】面板中选择【选择工具】 ▶ 后，将光标放置到图形的边缘处时，当光标变为 ⌐ 形状时拖曳鼠标，则图形的形状随着鼠标移动而发生改变，如图 3-5 所示。

图 3-5 改变图形的形状

3.1.2 套索工具

【套索工具】 ◌ 用于选择不规则的图形区域，通常用于选取合并模式下的图形。当选择【套索工具】 ◌ 后，在舞台中拖曳鼠标绘制一个封闭的区域，松开鼠标则绘制区域的图形会被选择，如图 3-6 所示。

在【工具】面板中选择【套索工具】 ◌ 后，在【工具】面板下方的"选项"区域中会显示

【套索工具】 ●的选项设置，分别为【魔术棒】 ╲、【魔术棒设置】 ╲和【多边形模式】 ✓，如图 3-7 所示。

套索工具的
选取范围

图 3-6　套索工具选择图形　　　　　　　　　　图 3-7　套索工具的选项

（1）【魔术棒】 ╲：用于选择颜色相近的连续区域。当选择【魔术棒】 ╲后，只需使用【魔术棒】 ╲在图形上单击，即可将图形中相近的颜色选择，如图 3-8 所示。

提示　　使用【魔术棒】 ╲只能对经过【分离】命令分离后的外部导入位图进行颜色区域的选择，而对于 Flash 中绘制的图形以及导入的矢量图形【魔术棒】 ╲不能进行颜色区域的选择。

（2）【魔术棒设置】 ╲：用于对魔术棒颜色选择区域作精确的调整。单击该按钮，弹出如图 3-9 所示的【魔术棒设置】对话框。【阈值】用于设置选取区域内邻近颜色的相近程度，值越大选择颜色就越多，值越小选择的颜色就越少。【平滑】用于定义选取范围的平滑程度。

魔术棒选
择的区域

图 3-8　魔术棒选择图形　　　　　　　　　　图 3-9　【魔术棒设置】对话框

（3）【多边形模式】 ✓：用于在图形上创建多边形的选择区域。通过依次单击，可创建出多边形的直线段，当多边形将要封闭时，双击鼠标即可结束多边形选区的创建，如图 3-10 所示。

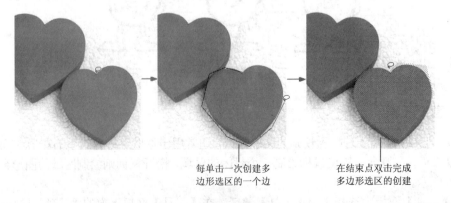

每单击一次创建多
边形选区的一个边

在结束点双击完成
多边形选区的创建

图 3-10　创建多边形选区

3.2　变形对象

在 Flash CS4 中变形对象有多种方式，可以使用【任意变形工具】完成，也可以通过【变形】面板完成，这两种变形对象的方式具有各自不同的特点，在本节中将对这两种变形方式进行详细地讲解。

3.2.1　使用任意变形工具变形对象

【任意变形工具】用于改变对象形状，可以对对象进行任意的缩放、旋转、倾斜等操作。当使用【任意变形工具】选择对象后，在对象的中心位置出现一个空心的圆点，表示对象变形的中心点。四周将出现八个矩形点，用于控制对象的缩放、旋转、倾斜操作，如图 3-11 所示。

1．旋转对象

使用【任意变形工具】选择对象后，将光标放置到对象四周矩形点上，当光标变为⌒形状时按住鼠标向四周旋转，则对象也随着鼠标进行旋转，如图 3-12 所示。

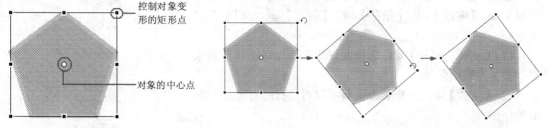

图 3-11　使用任意变形工具选择对象　　　　　图 3-12　旋转对象

2．缩放对象

使用【任意变形工具】选择对象后，将光标放置到对象四周矩形点上，当光标变为双向倾斜的箭头时按住鼠标向外或向内拖曳，则对象随着鼠标进行缩放，如果此时按住键盘 Shift 键拖曳鼠标，则对象随着鼠标移动进行等比例缩放；将光标放置在垂直边框中心处的矩形点，当光标变为水平方向的双向箭头时按住鼠标拖曳，则对象随着鼠标移动进行水平方向的缩放；将光标放置在水平边框中心处的矩形点，当光标变为垂直方向的双向箭头时按住鼠标拖曳，则对象随着鼠标移动进行垂直方向的缩放，如图 3-13 所示。

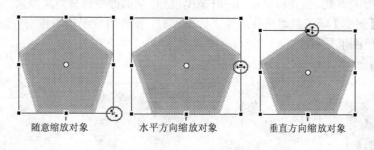

随意缩放对象　　　　　　水平方向缩放对象　　　　　垂直方向缩放对象

图 3-13　缩放对象

3．倾斜对象

使用【任意变形工具】选择对象后，将光标放置到上下两个边框中心的矩形点，当光标变为水平两个方向上的箭头 ⇌ 时，按住鼠标向左或向右拖曳，则对象随着鼠标移动进行水平方向的倾斜；将光标放置到左右两个边框中心的矩形点，光标变为垂直两个方向上的箭头 ⥮，此时按住鼠标向上或向下拖曳，则对象随着鼠标移动进行垂直方向的倾斜，如图3-14 所示。

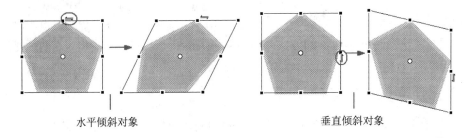

水平倾斜对象　　　　　　　　　　垂直倾斜对象

图 3-14　倾斜对象

3.2.2　任意变形工具的选项设置

在【工具】面板中选择【任意变形工具】后，在【工具】面板下方的"选项"中将出现相关选项，包括【旋转与倾斜】、【缩放】、【扭曲】、【封套】，如图 3-15 所示。

（1）【旋转与倾斜】：选择此按钮后可以对选择的对象进行旋转与倾斜的操作。

（2）【缩放】：选择此按钮后可以对选择的对象进行缩放的操作。

（3）【扭曲】：选择此按钮后将光标放置到对象四周的矩形点上，拖曳鼠标，随着鼠标移动对象也跟着发生扭曲，如图3-16 所示。

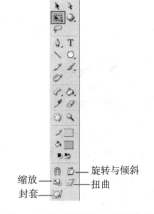

缩放 —　　　　　　— 旋转与倾斜
　　　　　　　　　　— 扭曲
封套 —

图 3-15　任意变形工具的选项

（4）【封套】：【封套】的作用也是用于改变选择对象的形状，但是与【扭曲】不同，它是通过改变选择对象周围的控制手柄来改变形状的。使用【任意变形工具】选择对象后，在单击【工具】面板下方的【封套】按钮，此时在对象的周围会出现一个带有 8 个控制点的变形框，但是中间位置处不再出现一个小圆圈，而且各控制点会出现其控制手柄，将光标放置在控制点处，当光标显示为⤡时拖曳鼠标，从而改变选择对象原来的形状，如图3-17 所示。在使用【封套】工具对选择对象进行变形时，操作时变形框中控制点以黑色方块显示，控制手柄以黑色圆形显示。

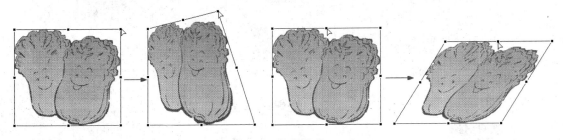

图 3-16　扭曲图形

3.2.3 使用变形面板精确变形对象

使用【任意变形工具】▥可以对对象进行任意变形的操作，但是不能精确地控制对象缩放的比例大小、旋转角度以及倾斜角度等。在 Flash CS4 中提供了一个【变形】面板，使用【变形】面板可以对对象进行精确的变形操作。如果当前工作界面没有显示该面板，可以单击菜单栏中【窗口】|【变形】命令将其打开，如图 3-18 所示。

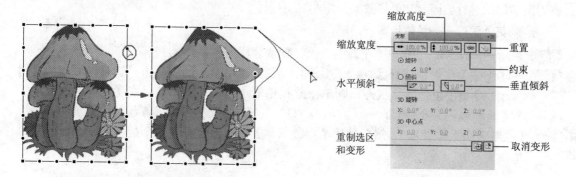

图 3-17 使用封套改变图形形状 　　　　　　　　图 3-18 【变形】面板

（1）【缩放宽度】：用于设置选择对象宽度的百分比。

（2）【缩放高度】：用于设置选择对象高度的百分比。

（3）【约束】：当图标显示为▦，表示锁定宽度与高度的百分比，此时调整对象的宽度或高度的任一参数，高度或宽度的参数也会发生相应变化；在【约束】▦图标处单击，图标变为▦显示，表示解除宽度与高度的锁定，改变其中宽度或高度任意一个参数，其余的参数不会发生任何改变。

（4）【重置】：当对象进行缩放的操作后，【重置】▥图标被激活，单击此按钮，对象恢复到缩放前的状态。

（5）【旋转】：用于设置选择对象的旋转角度。

（6）【倾斜】：用于设置选择对象的水平倾斜与垂直倾斜的角度值。

（7）【重制选区和变形】：单击此按钮，使对象进行复制的同时再应用变形，如图 3-19 所示。

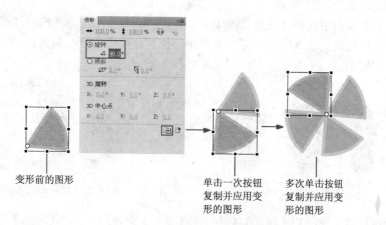

变形前的图形　　　　　单击一次按钮　　　多次单击按钮
　　　　　　　　　　　复制并应用变　　　复制并应用变
　　　　　　　　　　　形的图形　　　　　形的图形

图 3-19 复制并应用变形图形

（8）【取消变形】：单击该按钮，可以将应用变形的对象恢复到原来的状态。

Flash

3.3 实例指导：绘制花朵图形

前面讲解了 Flash 中的选择对象与变形对象的方法，下面通过一个"花朵图形"的绘制实例对所讲知识进行巩固，其最终效果如图 3-20 所示。

绘制花朵图形——具体步骤

步骤1 启动 Flash CS4，创建出一个新的文档，默认名称为"未命名-1"。

步骤2 在【工具】面板中选择【椭圆工具】〇，如果【工具】面板下方"选项"区域的【对象绘制】〇按钮是选择状态，则单击此按钮取消它的选择，然后在【属性】面板中设置【笔触颜色】✐ ■为"橙色（#FFCC32）"，【填充颜色】 ■为"红色（#F0000）"，【笔触大小】参数为 3，然后使用【椭圆工具】〇在舞台绘制一个椭圆图形，如图 3-21 所示。

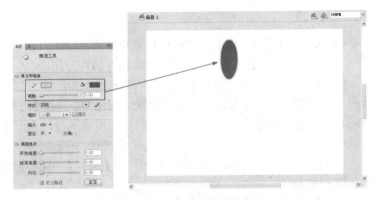

图 3-20 绘制的花朵图形　　　　　　　　图 3-21 绘制的椭圆图形

步骤3 在【工具】面板中选择【选择工具】▶，然后将光标放置到椭圆图形的左上方，当光标变为 ▶₃ 形状时向左侧拖曳鼠标，从而将椭圆图形进行变形，同样方法将椭圆图形右上方进行变形，如图 3-22 所示。

步骤4 在【工具】面板中选择【任意变形工具】⊠，然后将刚刚变形的椭圆图形选择，此时在椭圆图形四周将出现 8 个矩形点，其中中心位置出现一个空心的圆点，然后将空心的圆点拖曳到椭圆图形下方中间的位置处，如图 3-23 所示。

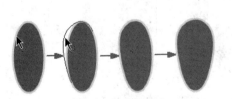

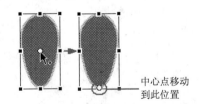

中心点移动
到此位置

图 3-22 变形的椭圆图形　　　　　　　　图 3-23 移动中心点的位置

步骤5 单击菜单栏中【窗口】|【变形】命令，将【变形】面板打开，在【变形】面板中设置【旋转】参数为 60，然后单击【重制选区和变形】□按钮 5 下，复制出 5 个椭圆图形，并且每个复制的图形依次旋转 60°，如图 3-24 所示。

步骤6 在【工具】面板中选择【椭圆工具】◯，如果【工具】面板下方"选项"区域的【对象绘制】◯按钮是选择的状态，则单击此按钮取消它的选择，然后在【属性】面板中设置【笔触颜色】✎ ▅▅为"橙色（#FFCC32）"，【填充颜色】◈ ▅▅为"黄色（#FFF00）"，【笔触大小】参数为3，然后舞台空白位置绘制一个略小些的正圆形，如图3-25所示。

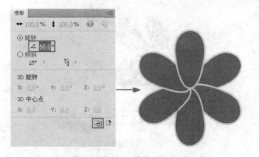

图 3-24　复制并应用旋转的图形

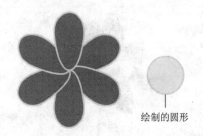

绘制的圆形

图 3-25　绘制的圆形

步骤7 使用【选择工具】▶将绘制的黄色圆形框选，然后将选择的黄色圆形拖曳到刚才复制椭圆图形的中心位置处，如图3-26所示。

步骤8 在【工具】面板中选择【刷子工具】✑，在【工具】面板中设置【填充颜色】◈ ▅为"绿色（#00CC00）"，然后在舞台空白位置绘制出花朵的花茎，如图3-27所示。

图 3-26　圆形移动的位置

图 3-27　绘制的花茎图形

步骤9 在【工具】面板中选择【墨水瓶工具】◈，在【工具】面板中设置【笔触颜色】✎▢为"橙色（#FFCC32）"，然后在刚刚绘制的花茎上方单击，为花茎图形填充上黄色笔触颜色，如图3-28所示。

步骤10 使用【任意变形工具】▦将绘制的花朵图形框选，在【工具】面板的"选项"区域中将【扭曲】◁按钮选择，然后将花朵图形进行扭曲变形，如图3-29所示。

填充笔触颜色

图 3-28　为花茎图形填充笔触颜色

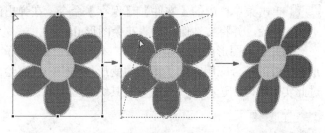

图 3-29　扭曲后的花朵图形

步骤11 使用【选择工具】▶将变形后的花朵图形选择，然后将其移动到花茎图形的上方，接着继续使用【选择工具】▶将整个图形选择，然后将图形放置到舞台的中心位置，如图3-30所示。

步骤12 在【工具】面板中选择【椭圆工具】◯，在【属性】面板中设置【笔触颜色】✎▆▆为"橙色（#FFCC32）"，【填充颜色】◇▆▆为"绿色（#00CC00）"，【笔触大小】参数为 3，然后在舞台空白位置绘制一个扁一些椭圆图形，将其作为花朵的叶子，如图 3-31 所示。

绘制的椭圆图形

图 3-30　绘制图形的位置　　　　　　　　　　　　图 3-31　绘制的绿色图形

步骤13 使用【任意变形工具】▦将绘制的椭圆图形框选，然后将其向上方向进行旋转，接着将其移动到花茎的右上方，如图 3-32 所示。

步骤14 按照相同的方法继续绘制另一个花朵的叶子图形，如图 3-33 所示。

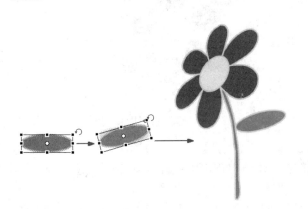

图 3-32　椭圆图形旋转后移动的位置　　　　　　图 3-33　绘制的另一个叶子图形

步骤15 单击菜单栏中的【文件】|【保存】命令，在弹出的【另存为】对话框中选择合适的保存路径，并将文件保存为"花朵图形.fla"。

　　到此花朵图形就全部绘制完毕，本实例通过【选择工具】▶、【任意变形工具】▦以及【变形】面板的综合应用完成了图形的变形与编辑，从而绘制出一个美丽的花朵图形，读者可以通过此实例学习到选择工具与变形工具综合应用的方法。

Flash **CS 4**

3.4 控制对象位置与大小

　　在 Flash 中使用【选择工具】▶、【任意变形工具】▦可以自由的改变对象的位置与大小，如果需要达到像素级的控制对象的位置与大小，则需要【属性】面板或【信息】面板进行设置。如在舞台中选择对象后，在【属性】面板或【信息】面板中出现控制对象位置与大小的参数设置，此时调整相关参数则对象的位置与大小也将被改变，如图 3-34 所示。

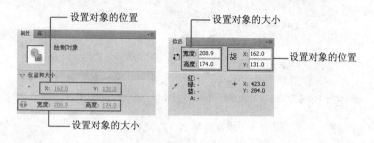

图 3-34　【属性】面板和【信息】面板

3.4.1　使用【属性】面板设置对象位置与大小

在舞台中选择绘制的图形或导入的图形对象后，在【属性】面板中出现对象的【X】、【Y】轴参数值以及【宽度】、【高度】的参数值，通过设置这些参数值可以改变对象在 X、Y 轴的位置以及对象的宽度与高度值，如图 3-35 所示。

图 3-35　通过【属性】面板改变对象位置与大小

在舞台中选择对象后，【属性】面板中 图标默认显示为断开状态时，表示解除宽度与高度的锁定，改变其中任意一个参数，另一个参数值不会随着参数值改变而改变。在 图标处单击鼠标，则此图标变换为锁定宽度与高度状态 ，表示锁定宽度与高度的百分比，改变其中任意一个参数，另一个参数值会随着参数值改变而改变。

3.4.2　使用【信息】面板设置对象位置与大小

选择舞台中绘制图形或导入图形对象后，在【信息】面板中将出现对象的【宽度】、【高度】以及【X】、【Y】轴参数值，同样通过它们可以改变对象的宽度与高度值以及 X、Y 轴的位置。

与【属性】面板不同，在【信息】面板中可以通过 图标设置对象左顶点的【X】、【Y】轴参数值或对象中心点的【X】、【Y】轴参数值。当在此图标左上方位置单击，此图标左上方变为十字图形，表示此时可以设置对象左顶点的【X】、【Y】轴参数值；当在此图标右下角位置单击，此图标右下方变为有空心的圆形，表示此时可以设置对象中心点的【X】、【Y】轴参数值，如图 3-36 所示。

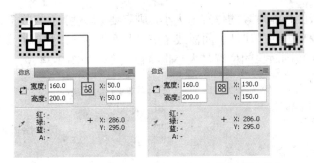

设置对象左顶点 X、Y 轴参数值　设置对象中心点 X、Y 轴参数值

图 3-36　设置对象 X、Y 轴参数值

Flash

3.5　3D 图形

CS 4

在早期的 Flash 版本中不能进行 3D 图形与动画的操作，需要借助第三方软件才能完成。但是，Flash CS4 增加了令人兴奋的 3D 功能，允许用户使用 3D 旋转和 3D 平移工具使 2D 对象沿着 X、Y、Z 轴进行三维的旋转和移动。通过组合使用这些 3D 工具，用户可以创建出逼真的三维透视效果。

3.5.1　3D 旋转工具

使用【3D 旋转工具】❂可以在 3D 空间中旋转影片剪辑实例。当使用【3D 旋转工具】❂选择影片剪辑实例对象后，在影片剪辑实例对象上将出现 3D 旋转空间，其中红色的线表示 X 轴旋转、绿色的线表示 Y 轴旋转、蓝色的线表示 Z 轴旋转，橙色的线代表可以同时绕 X 和 Y 轴旋转，如需要旋转影片剪辑实例，只需将鼠标放置到需要旋转的轴线上拖曳鼠标，则随着鼠标的移动，对象也随之改变，如图 3-37 所示。

提示　Flash CS4 中的 3D 工具只能对影片剪辑实例对象进行操作，如想对对象进行 3D 的操作，必须将对象转换成影片剪辑元件。有关影片剪辑的知识读者可以参考第 5 章的相关讲解。

---

1. 使用 3D 旋转工具旋转对象

在【工具】面板中选择【3D 旋转工具】❂后，在【工具】面板下方的"选项区域"将出现其选项设置，包括两个选项按钮——【贴紧至对象】❂和【全局转换】❂。其中【全局转换】❂按钮默认为选中状态，表示当前状态为全局状态，在全局状态下旋转对象是相对于舞台进行旋转。如果取消【全局转换】❂按钮的选中状态，表示当前状态为局部状态，在局部状态下旋转对象是相对于影片剪辑进行旋转，如图 3-38 所示。

当使用【3D 旋转工具】❂选择影片剪辑实例对象后，将光标放置到 X 轴线上时，光标变为▸×，此时拖曳鼠标则影片剪辑实例对象沿着 X 轴方向进行旋转；将光标放置到 Y 轴线上时，光标变为▸ʏ，此时拖曳鼠标则影片剪辑实例对象沿着 Y 轴方向进行旋转；将光标放置到 Z 轴线上时，光标变为▸z，此时拖曳鼠标则影片剪辑实例对象沿着 Z 轴方向进行旋转，如图 3-39 所示。

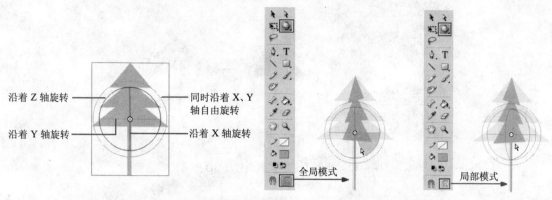

图 3-37 使用 3D 旋转工具选择的对象　　　　图 3-38 3D 状态下的全局模式与局部模式

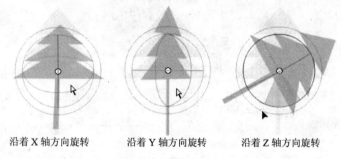

沿着 X 轴方向旋转　　　沿着 Y 轴方向旋转　　　沿着 Z 轴方向旋转

图 3-39 3D 旋转对象

2. 使用变形面板进行 3D 旋转

在 Flash CS4 中可以使用【3D 旋转工具】 对影片剪辑实例进行任意的 3D 旋转，但是如果需要精确的控制影片剪辑实例 3D 旋转，则需要使用【变形】面板进行控制。选择影片剪辑实例对象后，在【变形】面板中将出现 3D 旋转与 3D 中心点位置的相关选项，如图 3-40 所示。

（1）【3D 旋转】：在 3D 旋转选项中可以通过设置【X】、【Y】、【Z】参数，从而改变影片剪辑实例各个旋转轴的方向，如图 3-41 所示。

图 3-40 【变形】面板

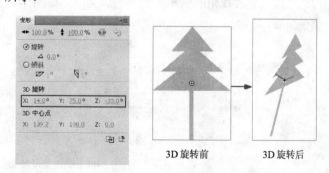

3D 旋转前　　　　　3D 旋转后

图 3-41 使用【变形】面板进行 3D 旋转

（2）【3D 中心点】：用于设置影片剪辑实例 3D 旋转中心点的位置，可以通过设置【X】、【Y】、【Z】参数从而改变影片剪辑实例中心点的位置，如图 3-42 所示。

3. 3D 旋转工具的属性设置

选择【3D 旋转工具】 后，在【属性】面板中将出现【3D 旋转工具】 的相关属性，用于设置影片剪辑实例的 3D 位置、透视角度、消失点等，如图 3-43 所示。

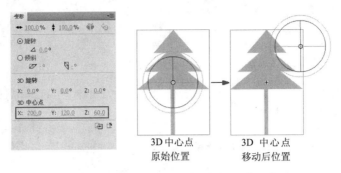

图 3-42 使用【变形】面板移动 3D 中心点

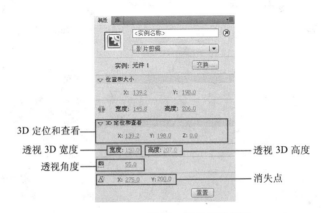

图 3-43 3D 旋转工具的属性设置

（3）【3D 定位和查看】：用于设置影片剪辑实例相对于舞台的 3D 位置，可以通过设置【X】、【Y】、【Z】参数从而改变影片剪辑实例在 X、Y、Z 轴方向的坐标值。

（4）【透视角度】：用于设置 3D 影片剪辑实例在舞台的外观视角，参数范围从 1°～180°，增大或减小透视角度将影响 3D 影片剪辑实例的外观尺寸及其相对于舞台边缘的位置。增大透视角度可使 3D 对象看起来更接近查看者。减小透视角度属性可使 3D 对象看起来更远。此效果与通过镜头更改视角的照相机镜头缩放类似，如图 3-44 所示。

图 3-44 透视角度参数设置

（5）【透视 3D 宽度】：用于显示 3D 对象的在 3D 轴上的宽度。

（6）【透视 3D 高度】：用于显示 3D 对象的在 3D 轴上的高度。

（7）【消失点】：用于控制舞台上 3D 影片剪辑实例的 Z 轴方向。在 Flash 中所有 3D 影片剪辑实例的 Z 轴都会朝着消失点后退。通过重新定位消失点，可以更改沿 Z 轴平移对象时对象的移动方向。通过设置消失点选项中的【消失点 X 位置】和【消失点 Y 位置】可以改变 3D 影片剪辑实例在 Z 轴消失的位置，如图 3-45 所示。

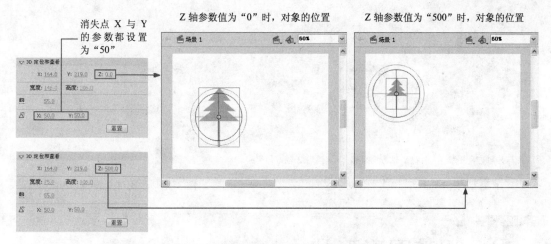

图 3-45 设置消失点参数后对象消失位置

（8）【重置】按钮：单击 重置 按钮，可以将改变的【消失点 X 位置】和【消失点 Y 位置】参数恢复为默认的参数。

3.5.2 3D 平移工具

【3D 平移工具】☈用于将影片剪辑实例对象在 X、Y、Z 轴方向上进行平移。如果在【工具】面板中没有显示【3D 平移工具】☈，可以在【工具】面板中【3D 旋转工具】●位置处按住鼠标一小段时间，在弹出下拉列表中即可选择【3D 平移工具】☈，选择【3D 平移工具】☈后，在舞台中影片剪辑实例对象上单击，此时对象将出现 3D 平移轴线，如图 3-46 所示。

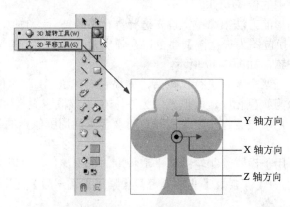

图 3-46 使用 3D 平移工具选择的对象

当使用【3D 平移工具】☈选择影片剪辑实例对象后，将光标放置到 X 轴线上时，光标变为▸ₓ，此时拖曳鼠标则影片剪辑实例对象沿着 X 轴方向进行平移；将光标放置到 Y 轴线上时，光标变为▸ᵧ，此时拖曳鼠标则影片剪辑实例对象沿着 Y 轴方向进行平移；将光标放置到 Z 轴线上时，光标变为▸ᴢ，此时拖曳鼠标则影片剪辑实例对象沿着 Z 轴方向进行平移，如图 3-47 所示。

当使用【3D 平移工具】☈选择影片剪辑实例对象后，将光标放置到轴线中心的黑色实心点时，光标变为▸图标，此时拖曳鼠标则可以改变影片剪辑实例 3D 中心点的位置，如图 3-48 所示。

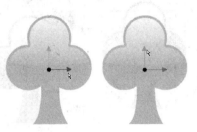
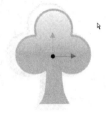

沿着 X 轴方向平移　　沿着 Y 轴方向平移　　沿着 Z 轴方向平移

图 3-47　3D 平移对象

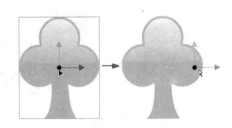

图 3-48　改变对象的 3D 中心点位置

Flash　　　　　　　　　　　　　　　　　　　　　　　　　　　　　　　CS 4

3.6　调整图形形状

使用绘图工具绘制图形后，绘制的图形与实际要求会有所差距，此时可以通过【工具】面板中的相关工具或菜单栏中相关菜单命令对绘制的图形进行优化或调整，使其更加符合绘制的需求。

3.6.1　转换位图为矢量图

虽然 Flash 是一款矢量动画软件，但是同样可以通过外部导入的方法将位图导入到 Flash 当中，不过导入的位图的容量一般较大，且放大后清晰度会有所影响，这对于 Flash 创建动画十分不利。此时可以把外部导入的位图转换成矢量图形。将位图转换为矢量图形后，矢量图形不再链接到【库】面板中的位图元件。

转换位图为矢量图形的方法很简单，首先选择舞台中外部导入的位图，然后单击菜单栏中【修改】|【位图】|【转换位图为矢量图】命令，在弹出【转换位图为矢量图】对话框中即可进行转换矢量图的相关设置，如图 3-49 所示。

（1）【颜色阈值】：当两个像素进行比较后，如果它们在 RGB 颜色值上的差异低于该颜色阈值，则两个像素被认为颜色相同，取值范围为 0～500，该值越大产生的颜色数量越少。

（2）【最小区域】：用于设置在指定像素颜色时要考虑的周围像素的数量，取值范围为 1～1000。

（3）【曲线拟合】：用于设置绘制轮廓的平滑程度，单击该处，可以弹出一个下拉列表，共有 6 项，自上向下分别为【像素】、【非常紧密】、【紧密】、【一般】、【平滑】和【非常平滑】，如图 3-50 所示。

图 3-49　【转换位图为矢量图】对话框

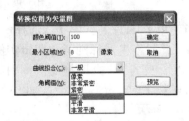

图 3-50　【曲线拟合】下拉列表

（4）【角阈值】：用于设置保留锐边还是进行平滑处理。单击该处，可以弹出一个下拉列表，共有 3 项——【较多转角】、【一般】、【较少转角】，如图 3-51 所示。

提示　如果导入位图包含复杂的形状和许多颜色,则转换后矢量图形的文件大小会比原来的位图文件大。因此,将位图转换为矢量图应注意文件大小和图像品质之间的最佳平衡点。

当设置完【转换位图为矢量图】对话框中相关参数后,单击 确定 按钮,此时导入的位图将转换为矢量图形,如图 3-52 所示。

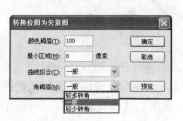

图 3-51　【角阈值】下拉列表　　　　图 3-52　位图转换矢量图

3.6.2　平滑与伸直图形

使用 Flash 绘图工具绘制图形后,往往会有些绘制曲线或直线不够光滑或者不够平直,此时可以使用【选择工具】 将绘制的图形选择,然后单击【工具】面板下方的"选项"区域的【平滑】 或【伸直】 按钮,此时绘制的图形将趋近于平滑或直线化,如图 3-53 所示。

平滑图形　　　　　　　　　　直线化图形

图 3-53　平滑与直线化图形

除了可以通过【工具】面板完成对绘制图形进行平滑与直线化的操作外,还可以通过单击菜单栏中【修改】|【形状】|【高级平滑】或【修改】|【形状】|【高级伸直】命令对图形进行更加细致的平滑或直线化的操作。

选择绘制的图形后,如果单击菜单栏中【修改】|【形状】|【高级平滑】命令,此时会弹出【高级平滑】对话框,在此对话框中可以设置图形平滑的相关参数,如图 3-54 所示。

(1)【下方的平滑角度】:用于设置图形中曲线下方的平滑角度。

(2)【上方的平滑角度】:用于设置图形中曲线上方的平滑角度。

(3)【平滑强度】:用于设置图形中曲线平滑程度,参数值越高曲线越趋近于平滑,参数值越低越趋近于原始曲线模式。

(4)【预览】:如果将此复选框勾选,则调整对话框中相关参数时,可以预览舞台中图形的变化。

选择绘制的图形后,如果单击菜单栏中【修改】|【形状】|【高级伸直】命令,此时会弹出【高级伸直】对话框,在此对话框中可以设置图形直线化的相关参数,如图 3-55 所示。

(1)【伸直强度】:用于设置图形中曲线直线化程度,参数值越高曲线越趋近于直线化,参数值越低越趋近于原始曲线模式。

(2)【预览】:如果将此复选框勾选,则调整对话框中相关参数时,可以预览舞台中图形的变化。

图 3-54 【高级平滑】对话框   图 3-55 【高级平滑】对话框

3.6.3 优化图形

优化图形就是通过减少图形中的曲线数目，将图形中多余的曲线合并，减少 Flash 的数据计算量，从而减小 Flash 动画文件的体积。在优化图形的操作时，可以首先选择需要优化的图形，然后单击菜单栏中的【修改】|【形状】|【优化】命令，在弹出的【优化曲线】对话框中即可进行设置，如图 3-56 所示。

（1）【优化强度】：用于设置图形优化的程度，通过拖曳滑块进行设置。参数值越大表示图形进行越大的优化处理。

（2）【显示总计消息】：勾选该项，在优化操作完成后显示一个指示优化程度的信息提示框，包括原来图形的曲线数目与优化后图形曲线的数目以及减少曲线数目的百分比信息。

当设置完【优化曲线】对话框的参数后，单击 确定 按钮，此时会弹出优化曲线的提示框，然后单击 确定 按钮，则选择的图形将按照优化设置进行了优化，如图 3-57 所示。

图 3-56 【优化曲线】对话框   图 3-57 优化图形

3.6.4 修改图形

修改图形是指对合并状态下的图形进行修改，包括"将线条转换为填充"、"扩展填充"以及"柔化填充边缘"，对于这三项操作可以通过菜单栏中【修改】|【形状】相应的命令完成，如图 3-58 所示。

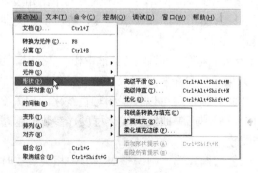

图 3-58 菜单栏中的命令

1．将线条转换为填充

使用【将线条转换为填充】命令可以把笔触线段转换为填充颜色的模式，使其不能再进行笔触线段的相关操作。当选择舞台中图形的笔触线段后，单击菜单栏中【修改】|【形状】|【将线条转换为填充】命令，则选择的笔触线段将被转换为填充颜色，将笔触线段转换为填充颜色后，从表面上看与原来并没有什么区别，但是转换为填充颜色的图形可以任意地调整形态，如图 3-59 所示。

图 3-59　将线条转换为填充后的调整图形效果

2．扩展填充

使用【扩展填充】命令可以完成图形的扩展或收缩。当选择需要扩展填充图形后，单击菜单栏中【修改】|【形状】|【扩展填充】命令，在弹出的【扩展填充】对话框中可以进行图形的扩展或收缩的参数设置，如图 3-60 所示。

（1）【距离】：用于设置填充的大小，其取值范围在 0.05～144 像素之间。

（2）【扩展】：勾选该项，图形向外进行扩展填充。

（3）【插入】：勾选该项，图形向内进行收缩填充。

当设置完【扩展填充】对话框的参数后，单击 确定 按钮，此时选择的图形将按照设置的参数进行扩展填充，如图 3-61 所示。

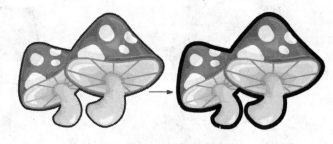

图 3-60　【扩展填充】对话框　　　　　　　　图 3-61　扩展填充图形

3．柔化填充边缘

【柔化填充边缘】命令可以使图形的边缘变得柔和，如同 Photoshop 软件中的羽化效果一样。当选择需要柔化填充边缘的图形后，单击菜单栏中【修改】|【形状】|【柔化填充边缘】命令，在弹出的【柔化填充边缘】对话框中可以进行图形柔化填充边缘的设置，如图 3-62 所示。

（1）【距离】：用于设置柔化边缘的宽度，其取值范围在 1～144 像素之间。

（2）【步骤数】：用于设置填充边缘的数目，并且填充边缘的透明值会越来越低，值越多，平滑效果越好，相对而言，绘制的速度也就越多，文件也就越大。

（3）【扩展】：勾选该项，图形向外进行柔化填充边缘。

（4）【插入】：勾选该项，图形向内进行柔化填充边缘。

当设置完【柔化填充边缘】对话框的参数后，单击 确定 按钮，此时选择的图形将按照设置的参数进行图形边缘的柔化，如图 3-63 所示。

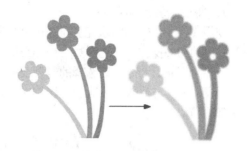

图 3-62 【柔化填充边缘】对话框　　　　　　　图 3-63 柔化填充边缘

3.7 合并对象

Flash 中有两种绘图模式——合并模式和对象绘制模式，这两种模式可以通过【工具】面板中的【对象绘制】按钮进行切换，如果要将合并模式中的图形转换为对象绘制模式，或者对多个绘制对象模式的图形进行合并操作，可以通过菜单栏中的【修改】|【合并对象】命令组中的相关命令进行设置，如图 3-64 所示。

（1）【删除封套】：单击该命令，可以对使用【封套】进行变形处理的对象去掉封套变形，如图 3-65 所示。

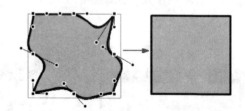

图 3-64 菜单栏中的命令　　　　　　　　　　图 3-65 删除封套前后的效果

（2）【联合】：单击该命令，可以将两个或两个以上的图形合为一个，不论其绘制模式为合并绘制还是对象绘制，联合后的对象全部为对象绘制模式，如图 3-66 所示。

（3）【交集】：单击该命令，可以将两个或两个以上的图形重合的部分创建为新的对象，如图 3-67 所示。

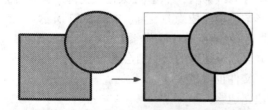

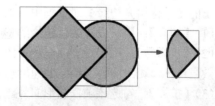

图 3-66 使用【联合】命令合并对象　　　　　图 3-67 使用【交集】命令合并对象

（4）【打孔】：单击该命令，可以删除所选对象的某些部分，这些部分由所选对象与排在所选对象前面的另一个所选对象的重叠部分来定义，如图 3-68 所示。

（5）【裁切】：使用该命令，可以使用某一对象的形状裁切另一对象，前面或最上面的对象定义裁切区域的形状，如图 3-69 所示。

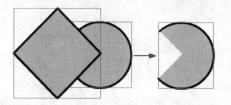

图 3-68　使用【打孔】命令合并对象

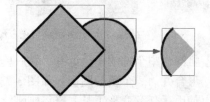

图 3-69　使用【裁切】命令合并对象

> **提示**　在【修改】|【合并对象】命令中的各命令，除了【联合】命令可应用于两种绘制模式的图形外，其他 4 种——【删除封套】、【交集】、【打孔】和【裁切】仅应用于对象绘制模式的图形中。

Flash　　　　　　　　　　　　　　　　　　　　　　　　　　　　　　　CS 4

3.8　实例指导：制作 Logo 标志

Flash 中通过对象的合并可以很容易的绘制出复杂的几何图形，然后将这些几何图形进行组合即可绘制出漂亮的图形。在本节就讲解一个使用合并对象的方式绘制 Logo 标志的实例，其最终效果如图 3-70 所示。

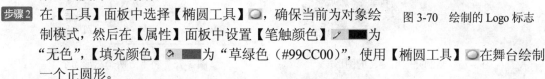

图 3-70　绘制的 Logo 标志

绘制 Logo 标志——具体步骤

步骤1 启动 Flash CS4，创建一个新文档，设置舞台宽度为 300 像素，高度为 240 像素。

步骤2 在【工具】面板中选择【椭圆工具】○，确保当前为对象绘制模式，然后在【属性】面板中设置【笔触颜色】／■为"无色"，【填充颜色】○■为"草绿色（#99CC00）"，使用【椭圆工具】○在舞台绘制一个正圆形。

步骤3 在【工具】面板中选择【矩形工具】□，确保当前为对象绘制模式，在【属性】面板中设置【笔触颜色】／■为"无色"，【填充颜色】○■为"草绿色（#99CC00）"，然后在舞台绘制一个大小为刚才绘制圆形一半的正方形。

步骤4 在【工具】面板中单击【选择工具】，选择舞台中绘制的正方形，然后将其拖曳到圆形图形的右下方，并使用键盘的方向键移动绘制的矩形，使其能够与圆形无缝的衔接起来，如图 3-71 所示。

步骤5 将绘制的圆形与正方形全部选择，然后单击菜单栏中【修改】|【合并对象】|【联合】命令，将选择的图形合并为一个图形。

步骤6 在【工具】面板中选择【椭圆工具】○，确保当前为对象绘制模式，然后在【属性】面板中设置【笔触颜色】／■为"无色"，【填充颜色】○■为"黑色"，然后使用在舞台中绘制一个小的圆形，并将其放置到联合图形的正中心，如图 3-72 所示。

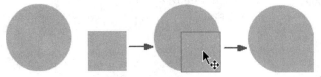

图 3-71 合并圆形与正方形　　　　　　　　图 3-72 绘制的圆形

步骤7 将舞台中全部的图形选择，然后单击【修改】|【合并对象】|【打孔】命令，此时两个图形合并为一个新的图形，如图 3-73 所示。

步骤8 使用【任意变形工具】▦将刚刚绘制的图形选择，然后将图形的中心点拖曳到图形右下角略向下的位置处，如图 3-74 所示。

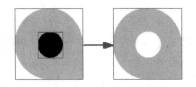

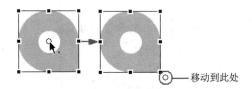

　　　　　　　　　　　　　　　　　　　　　　　　　　　　　　　　移动到此处

图 3-73 打孔后的图形　　　　　　　　　　图 3-74 移动对象中心点的位置

步骤9 展开【变形】面板，在【变形】面板中设置【旋转】参数为 90，然后单击【重制选区和变形】▣按钮 3 下，复制出 3 个相同的图形，并且每个复制的图形依次旋转 90°，如图 3-75 所示。

步骤10 使用【任意变形工具】▦分别将复制图形中左下方与右下方的图形进行缩小，如图 3-76 所示。

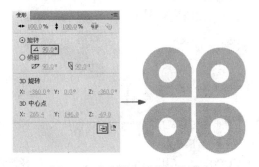

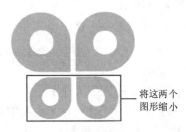

　　　　　　　　　　　　　　　　　　　　　　　　　　　　　　　　将这两个图形缩小

图 3-75 复制并应用旋转的图形　　　　　　图 3-76 将下方两个图形缩小

步骤11 分别选择下方复制的两个图形，设置左侧的图形的填充颜色为"黄色（#FFCC00）"，设置右侧的图形的填充颜色为"天蓝色（#66CCFF）"，如图 3-77 所示。

步骤12 选择【工具】面板中的【文本工具】T，在【属性】面板中设置文字的字体为"Impact"，文字颜色为"草绿色（#99CC00）"，然后在舞台中输入"COMPANY"文字。

步骤13 使用【任意变形工具】▦将输入的文字选择，然后将文字缩放为合适的大小并放置在绘制图形的下方，如图 3-78 所示。

步骤14 单击菜单栏中的【文件】|【保存】命令，在弹出的【另存为】对话框中选择合适的保存路径，并将文件保存为"Logo 标志.fla"。

　　到此 Logo 标志图形就全部绘制完毕，此实例通过【联合】、【打孔】命令，并结合【任意变形工具】▦与【变形】面板的综合应用完成了整个图形的编辑与变形，从而制作出精美的 Logo 标志，读者通过此实例可以学习到各种编辑图形工具以及图形合并的综合技巧。

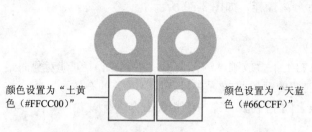

颜色设置为"土黄
色（#FFCC00）"

颜色设置为"天蓝
色（#66CCFF）"

图 3-77 改变图形的颜色

图 3-78 文字的大小和位置

Flash **CS4**

3.9 编辑对象

在 Flash CS4 中提供对多个对象进行编辑的命令与面板，包括组合分离、排列、调整叠加顺序等。

3.9.1 组合对象

组合对象是将多个对象组合为一个整体，组合后的对象将成为一个单一的对象，可以对它们进行统一操作，从而避免了因为绘制其他图形时对它们产生的误操作。

对象的组合操作很简单，只需将需要组合的对象选择，然后单击菜单栏中的【修改】|【组合】命令，即可将选择对象组合在一起，组合后对象周围会出现一个绿色边框，如图 3-79 所示。

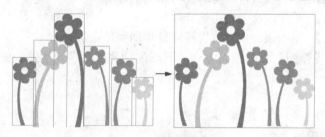

图 3-79 组合前后的显示

> **提示** 如果想要对组合为一体中的某个对象进行编辑，可以在舞台中双击该组合对象，也可以单击菜单栏中的【编辑】|【编辑所选项目】命令，进入对象的编辑状态下对其进行编辑，此时组合外的其他对象将会以灰色显示，并不能对其进行编辑。如果对组合为一体的某个对象编辑完成后，想返回到场景的编辑窗口，除了单击【时间轴】面板上方的 场景 1 按钮外，还可以单击菜单栏中的【编辑】|【全部编辑】命令，回到场景的编辑窗口中。

对于组合为一体的对象来说，如果想将其分解为原始的单独对象状态，可以单击菜单栏中的【修改】|【取消组合】命令，将对象的组合状态取消。

3.9.2 分离对象

分离对象可以将整体的图形对象打散，作为一个可编辑的图形对象进行编辑。分离对象的操作非常简单，首先选择需要分离的对象，然后单击菜单栏中的【修改】|【分离】命令，或按

键盘中的 Ctrl+B 键，即可对选择对象进行分离操作，如图 3-80 所示。

3.9.3　排列对象

排列对象是指对同一图层中各个对象的上下叠放顺序进行调整。在 Flash 中创建对象时最后创建的对象会放置到最顶层，而最先创建的对象将放置在最底层，对象的叠放顺序将直接影响到其显示效果，通过菜单栏中【修改】|【排列】命令中的相关命令进行设置，如图 3-81 所示。

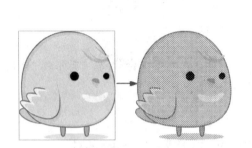

图 3-80　分离对象　　　　　　　　　图 3-81　【排列】命令组中的相关命令

（1）【移到顶层】：单击该命令，将选择对象移动到最顶层。
（2）【上移一层】：单击该命令，将选择对象向上移动一层。
（3）【下移一层】：单击该命令，将选择对象向下移动一层。
（4）【移至底层】：单击该命令，将选择对象移动到最底层。
使用【修改】|【排列】中的相关命令对图形进行叠加次序调整的效果如图 3-82 所示。

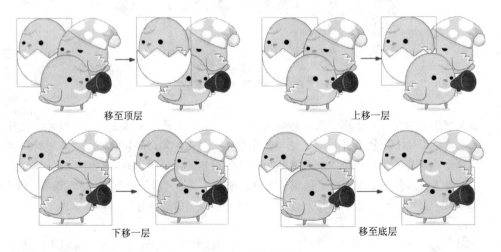

移至顶层　　　　　　　　　　　　　　上移一层

下移一层　　　　　　　　　　　　　　移至底层

图 3-82　排列对象

3.9.4　锁定对象

Flash 舞台中如果有多个对象，在编辑其中一个对象时难免会影响到其他的对象，此时可以将不需要编辑的对象锁定，被锁定的对象对其不能再进行任何操作；如需再次编辑此对象，

则解除对象的锁定即可。对象的锁定与解除锁定的操作可以通过菜单栏中的【修改】|【排列】命令组中的【锁定】与【解除全部锁定】命令完成。

3.9.5 对齐对象

对齐对象是指将选择的多个对象按照一定的方式进行对齐操作，可以通过菜单栏中的【修改】|【对齐】中相应的命令完成，也可以通过【对齐】面板进行操作。下面以【对齐】面板讲解对象对齐的具体方法。

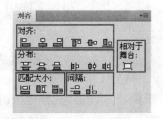

图 3-83 【对齐】面板

单击菜单栏中【窗口】|【对齐】命令或按键盘中的 Ctrl+K 键，可弹出【对齐】面板，包括【对齐】、【分布】、【匹配大小】、【间隔】以及右侧的【相对于舞台】5 部分，如图 3-83 所示。

（1）【对齐】：用于将选择的多个对象以一个基准线对齐，自左向右分别为【左对齐】、【水平中齐】、【右对齐】、【上对齐】、【垂直中齐】、【底对齐】，其中各个对齐效果如图 3-84 所示。

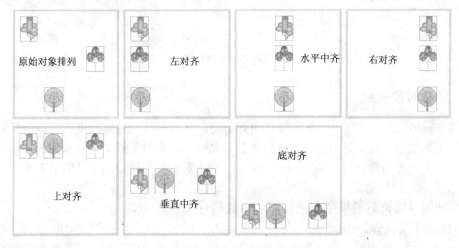

图 3-84 不同对齐方式对齐后的效果

（2）【分布】：用于设置多个对象之间保持相同间距，自左向右分别为【顶部分布】、【垂直居中分布】、【底部分布】、【左侧分布】、【水平居中分布】、【右侧分布】。

（3）【匹配大小】：用于设置多个对象保持相同的宽度与高度。自左向右分别为【匹配宽度】、【匹配高度】、【匹配宽和高】。其中各个对象匹配大小的效果如图 3-85 所示。

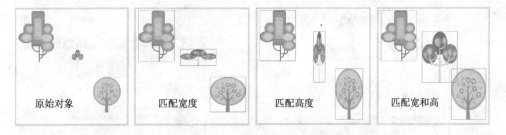

图 3-85 各个对象匹配大小的效果

（4）【间隔】：用于设置选择多个对象中相邻对象的间隔相同。自左向右分别为【垂直平均间隔】、【水平平均间隔】，其中各个间隔的效果如图 3-86 所示。

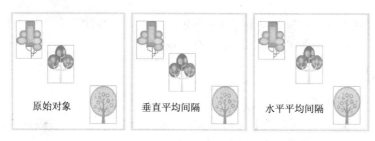

图 3-86 不同间隔对象的效果

（5）【相对于舞台】：单击该按钮，则面板左侧的对齐、分布、匹配大小和间隔操作将相对于舞台，如果不选择该按钮，则左侧的各操作仅就用于对象本身，如图 3-87 所示。

图 3-87 使用相对于舞台前后的效果

3.9.6 复制对象

制作 Flash 动画的过程中经常需要使用到剪切、复制与粘贴对象的操作。剪切是将所选内容剪切到剪贴板中，复制是将所选内容复制到剪贴板中，将对象剪切或复制到剪切板后，然后可以通过相关命令与操作将对象粘贴到舞台中。对于这些操作可以通过【编辑】菜单中相关命令或【选择工具】 完成。

1．使用【编辑】菜单命令进行剪切、复制对象

通过菜单栏【编辑】中各个命令可以完成对象的剪切、复制以及粘贴操作，如图 3-88 所示。

（1）【剪切】：单击该命令，将当前选择内容剪切到剪贴板中，以备进行粘贴的操作。

（2）【复制】：单击该命令，将当前选择内容复制到剪贴板中，以备进行粘贴的操作。

（3）【粘贴到中心位置】：单击该命令，将当前剪切或复制内容粘贴到舞台中心位置处。

（4）【粘贴到当前位置】：单击该命令，将当前剪切或复制的内容复制到舞台中原来位置处。

（5）【选择性粘贴】：可以选择粘贴对象的方式，单击该命令，可以弹出【选择性粘贴】对话框，如图 3-89 所示。

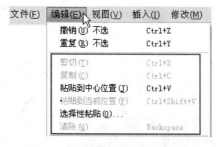

图 3-88 【编辑】菜单中各个命令

图 3-89 【选择性粘贴】对话框

（6）【清除】：单击该命令将舞台中选择的图形删除。

2. 使用【选择工具】复制对象

除了可以使用【编辑】菜单中各个命令进行剪切、复制与粘贴的操作，还可以使用【选择工具】✎快捷地进行对象的复制操作。首先使用【工具】面板中【选择工具】✎在舞台中选择对象，然后按住 Alt 键或 Crtl 键的同时拖曳鼠标，此时光标显示为✎图标，移动到合适位置后释放鼠标，此时对象被复制到释放鼠标的位置处，如图 3-90 所示。

在使用【选择工具】✎拖曳对象时，如果按住 Shift 键和 Ctrl 键，或者 Shift 键和 Alt 键，可以对对象进行水平方向、垂直方向、或 45°角方向的复制。

复制的对象

图 3-90　使用【选择工具】复制对象

3.10 综合应用实例：绘制"新年台历"

本节中将来制作一个"新年台历"实例，在本实例中使用到多种绘制图形与编辑图形的工具与操作命令，通过学习，读者可以掌握各种绘制、编辑图形工具以及操作命令的综合应用技巧，其最终效果如图 3-91 所示。

图 3-91　绘制的"新年台历"图形

绘制"新年台历"图形——步骤提示

（1）设置舞台大小与舞台背景颜色；

（2）绘制花瓣图形；

（3）绘制花蕊图形；

（4）绘制花茎与花的叶子；

（5）将花朵图形缩放合适大小放置到舞台下方；

（6）输入月份与日期文字；

（7）对输入的文字进行对齐操作；

（8）测试与保存 Flash 动画文件。

绘制"新年台历"实例步骤提示示意图如图 3-92 所示。

图 3-92 步骤提示示意图

绘制"新年台历"图形——具体步骤

步骤1 启动 Flash CS4，创建一个新文档，然后在工作区域中单击鼠标右键，选择弹出菜单中【文档属性】命令，在弹出的【文档属性】对话框中设置【宽】为 600 像素，【高】为 400 像素，背景颜色为"淡绿色（#F2F5E2）"，如图 3-93 所示。

步骤2 单击 确定 按钮，完成文档属性的各项设置。

步骤3 在【工具】面板中选择【椭圆工具】，在【属性】面板中设置【笔触颜色】为"无色"，【填充颜色】为"草绿色（#89C227）"，然后在舞台绘制一个椭圆图形，如图 3-94 所示。

图 3-93 【文档属性】对话框

图 3-94 绘制的椭圆图形

步骤4 选择【选择工具】，按住 Alt 键的同时拖曳绘制的椭圆图形，将其复制，并将复制图形的填充颜色设置为"红色"，如图 3-95 所示。

图 3-95 复制的椭圆图形

步骤5 选择复制的椭圆图形，单击菜单栏中【修改】|【形状】|【扩展填充】命令，在弹出的【扩展填充】对话框中设置【距离】为 25 像素，【方向】为"插入"，然后单击 确定 按钮，此时椭圆图形向内收缩了 25 像素，如图 3-96 所示。

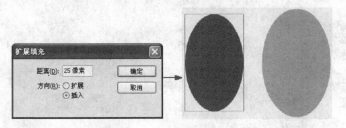

图 3-96　扩展填充的椭圆图形

步骤6 将红色的椭圆图形拖曳到绿色椭圆图形的正上方，然后在【颜色】面板中设置【类型】参数为 "线性"，并设置左侧颜色调节点的颜色为 "白色"，【Alpha】参数值为 80%；将右侧颜色调节点向左拖曳，并设置颜色为 "白色"，【Alpha】参数值为 0%。然后按住 Shift 键的同时，使用【颜料桶工具】 在红色椭圆图形处由下向上垂直拖曳，为椭圆图形填充线性渐变颜色，如图 3-97 所示。

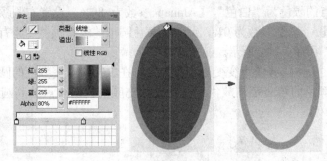

图 3-97　为椭圆图形填充线性渐变颜色

步骤7 将两个叠加的椭圆图形全部选择，使用【任意变形工具】 将选择图形缩小，然后单击菜单栏中【修改】|【组合】命令，将其组合为一体，如图 3-98 所示。

步骤8 使用【任意变形工具】 选择组合的图形，并将其中心点拖曳到组合图形正下方中心位置处，然后在【变形】面板中设置【旋转】为 60，并单击【重制选区和变形】 按钮 5 下，复制出 5 个相同的图形，并且每个复制的图形依次旋转 60°，如图 3-99 所示。

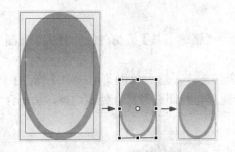

图 3-98　缩小并组合的图形

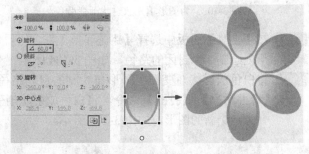

图 3-99　复制并旋转的多个椭圆图形

步骤9 在【工具】面板中选择【椭圆工具】 ，在【属性】面板中设置【笔触颜色】 为 "无色"，【填充颜色】 为 "土黄色（#F8C200）"，然后在舞台绘制一个正圆形，如图 3-100 所示。

步骤10 继续选择【椭圆工具】 ，在【属性】面板中设置【笔触颜色】 为 "无色"，【填充颜色】 为 "黄色（#FFF975）"，然后在舞台绘制一个比刚刚略小些的正圆形，然后将绘制圆形放置到刚刚绘制圆形的正上方，如图 3-101 所示。

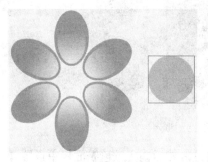

图 3-100　绘制的圆形

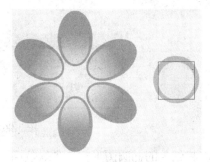

图 3-101　绘制的略小的圆形

步骤11 选择下方的黄色圆形，单击菜单栏中【编辑】|【复制】命令，再单击菜单栏中【编辑】|【粘贴到当前位置】，将复制的图形粘贴到原来的位置。

步骤12 选择粘贴的圆形，在【颜色】面板的【类型】选项中选择"放射状"，然后设置下方左侧颜色调节点的颜色为"白色"，【Alpha】参数为 80%，设置右侧颜色调节点的颜色也为"白色"，【Alpha】参数为 0%，此时土黄色圆形的填充颜色变为有白色到白色透明的放射状渐变，如图 3-102 所示。

步骤13 在【工具】面板中选择【渐变变形工具】，在放射状渐变颜色的圆形上单击，然后将放射状渐变颜色的填充范围放大，并拖曳填充颜色的中心点的到圆形的左上方，如图 3-103 所示。

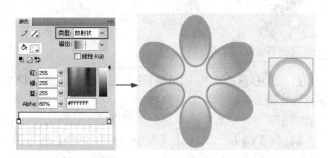

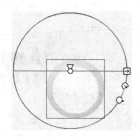

图 3-103　改变图形的填充范围填充中心点位置

图 3-102　为图形填充放射状渐变颜色

步骤14 在【工具】面板中选择【钢笔工具】，然后使用【钢笔工具】在白色放射状渐变图形处绘制一个封闭的路径，如图 3-104 所示。

步骤15 将白色放射状渐变颜色圆形与绘制的封闭路径全部选择，然后单击菜单栏中【修改】|【合并对象】|【打孔】命令，将白色放射状渐变圆形与封闭路径结合处裁切掉，从而合并为一个新的图形，如图 3-105 所示。

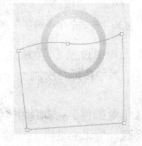

图 3-104　绘制的封闭路径

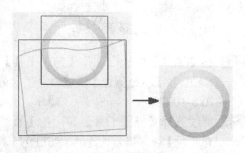

图 3-105　打孔后的图形

步骤16 将叠加到一块的土黄色图形、黄色图形以及放射状白色透明图形全部选择，单击菜单栏中【修改】|【组合】命令，将其组合，并将组合后的图形拖曳到花朵图形的中心，如图 3-106 所示。

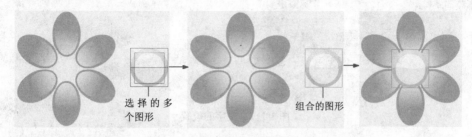

选择的多
个图形

组合的图形

图 3-106 移动的位置

步骤17 在【工具】面板中选择【刷子工具】 ✐，设置【填充颜色】 ✐▆ 为"绿色（#01973E）"，然后在舞台中绘制花茎图形，如图 3-107 所示。

步骤18 将绘制的花茎图形拖曳到花朵图形下方，然后单击菜单栏中【修改】|【排列】|【移至底层】命令，将绘制的花茎图形移至最底层位置，如图 3-108 所示。

图 3-107 绘制的花茎图形

图 3-108 花茎图形的位置

步骤19 按照同样方法，绘制出花的叶子，并将其放置到花茎图形的下方，如图 3-109 所示。

步骤20 将绘制的整个花朵图形全部选择，单击菜单栏中【修改】|【组合】命令，将花朵图形组合，然后使用【任意变形工具】 ⊞ 将其缩小，并放置到舞台右下角的位置，如图 3-110 所示。

图 3-109 绘制的叶子图形

图 3-110 组合花朵图形的位置

步骤21 在【工具】面板中选择【文本工具】 T，然后在舞台中单击创建文本输入框，并输入"1月"文字。

步骤22 选择输入的文字，在【属性】面板中设置合适的字体，文字颜色为"绿色（#99CC00）"，文字的字体大小为 36 点，然后将"1 月"文字放置到花朵图形的左侧，如图 3-111 所示。

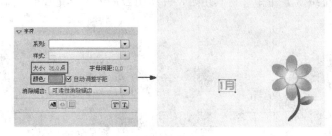

图 3-111 文字的位置

步骤23 继续选择【工具】面板中的【文本工具】**T**，在【属性】面板中设置文字的字体为"Arial"，字体大小为 12 点，文字颜色为"黑色"，然后在舞台中输入从 1～31 的数字，并将其设置为多行，如图 3-112 所示。

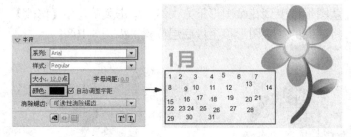

图 3-112 输入的数字

步骤24 将【对齐】面板打开，通过【对齐】面板中各个按钮将输入的数字进行对齐操作，如图 3-113 所示。

步骤25 单击菜单栏中【窗口】|【测试影片】命令，弹出影片测试窗口，在影片测试窗口中可以看到制作的 Flash 动画效果，如图 3-114 所示。

图 3-113 对齐后的数字文字

图 3-114 测试影片窗口

步骤26 关闭影片测试窗口，然后单击菜单栏中【文件】|【保存】命令，在弹出的【另存为】对话框中，将文件保存为"新年台历.fla"。

"新年台历"图形全部绘制完成，本实例旨在带领大家学习 Flash 中各种编辑图形的技巧，在实际操作过程中读者也可以试着使用不同的编辑方法完成"新年台历"图形的制作，只有熟练地掌握各种编辑图形的操作方法，才能更好地对【工具】面板中各个工具以及各种编辑图形菜单命令进行综合应用。

第4章

图层与帧的应用

内容介绍

前面学习了 Flash 软件的基础知识和关于图形的绘制编辑操作，接下来开始进入 Flash 动画制作阶段，本章将对两大重要的概念——图层与帧进行学习，只有掌握了这些知识，才能为后面的制作打下坚实的基础。

学习重点

- 【时间轴】面板简介
- 图层操作
- 实例指导：管理 Flash 动画图层
- 帧操作
- 实例指导：制作蝴蝶广告动画

Flash CS4

4.1 【时间轴】面板简介

在 Flash 软件中，动画的制作通过【时间轴】面板进行操作，其中左侧为图层操作区，右侧为帧操作区，如图 4-1 所示，这是 Flash 动画制作`的核心部分，可以通过单击菜单栏中的【窗口】|【时间轴】命令，或按下 Ctrl+Alt+T 组合键，对其进行隐藏或显示的切换。

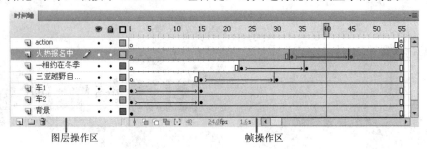

图 4-1　【时间轴】面板

Flash CS4

4.2 图层操作

同 Photoshop 等图像编辑软件相同，Flash 图层也好比一张张透明的纸，在一张张透明的纸上分别作画，然后再将它们按一定的顺序进行叠加，各层操作相互独立，互不影响。

Flash 软件的图层位于【时间轴】面板的左侧，其结构如图 4-2 所示，最顶层的对象将始终显示于最上方，图层的排列顺序决定了舞台中对象的显示情况，在舞台中每个层的对象可以设置任意数量，如果【时间轴】面板中图层数量过多的话，可以通过上下拖动右侧的滑动条观察被隐藏的图层。

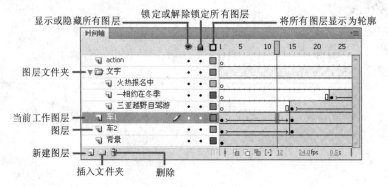

图 4-2　【时间轴】面板左侧的图层结构

4.2.1　创建图层与图层文件夹

系统默认下，新建空白 Flash 文档仅有一个图层，默认名称为"图层 1"，在动画制作过程中，用户可以根据需要自由创建图层，合理有效地创建图层可以大大提高工作效率。

除了可以自由创建图层外，Flash 软件还提供了一个图层文件夹的功能，它以树形结构排列，可以将多个图层分配到同一个图层文件夹中，也可以将多个图层文件夹分配到同一个图层文件夹中，从而有助于对图层进行管理，对于场景比较复杂的动画而言，合理、有效地组织图层与图层文件夹是极为重要的。下面便来学习创建图层和图层文件夹的操作，常用方法如下：

方法一：通过按钮创建：单击【时间轴】面板下方【新建图层】 按钮进行图层的创建，每单击一次便会创建一个普通图层，如图 4-3 所示；单击【时间轴】面板下方【新建文件夹】 按钮进行图层文件夹创建，同样每单击一次便会创建一个图层文件夹，如图 4-4 所示。

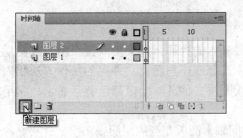

图 4-3　【时间轴】面板的【新建图层】 按钮　　　　图 4-4　【时间轴】面板的【新建文件夹】 按钮

方法二：通过菜单命令创建：通过单击菜单栏【插入】|【时间轴】|【图层】或【图层文件夹】命令，同样可以创建图层和图层文件夹。

方法三：通过【时间轴】面板右键菜单创建：在【时间轴】面板左侧的图层处单击鼠标右键，在弹出的快捷菜单中选择【插入图层】或【插入文件夹】命令，同样可以创建图层和图层文件夹，如图 4-5 所示。

在【时间轴】面板中，新建的图层或图层文件夹会出现在所选层的上面，而且成为当前工作层或当前工作图层文件夹，以蓝色背景显示且名称后带有 图标，如图 4-6 所示。

图 4-5　用于创建的右键菜单

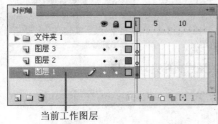

当前工作图层

当前工作图层文件夹

图 4-6　当前工作图层和当前工作图层文件夹的显示

4.2.2　重命名图层或图层文件夹名称

在【时间轴】面板中，新建图层或图层文件夹后，系统会自动依次命名为"图层 1"、"图层 2"……和"文件夹 1"、"文件夹 2" ……等。为了方便管理，用户可以根据需要自行设置名称，不过一次只能重命名一个图层或图层文件夹。重命名图层或图层文件夹名称的方法很简单，首先在【时间轴】面板的某个图层（或图层文件夹）的名称处快速双击，使其进入编辑状态，然后输入新的图层名称，最后按 Enter 键即可完成重命名操作，如图 4-7 所示。

双击后的图层   输入新的图层名称   按 Enter 键重命名后的图层

图 4-7　重命名图层（或图层文件夹）的步骤

4.2.3　选择图层与图层文件夹

选择图层与图层文件夹是 Flash 图层编辑中最基本的操作，如果要对某个图层或图层文件夹进行编辑，必须先将其选择，在 Flash 软件中选择图层与图层文件夹的操作方法相同，可以选择一个，也可以选择多个，选择的图层（或图层文件夹）会以蓝色背景显示，常用方法如下：

方法一：选取单个图层与图层文件夹：在【时间轴】面板左侧的图层或图层文件夹名称处单击，即可将该层或图层文件夹直接选择。

方法二：连续选择多个图层与图层文件夹：在【时间轴】面板中选择第一个图层（或图层文件夹），然后按住 Shift 键的同时选择最后一个图层（或图层文件夹），这样就将第一个与最后一个图层（或图层文件夹）中的所有图层（或图层文件夹）全部选择。

方法三：间隔选择多个图层与图层文件夹：在【时间轴】面板中，按住 Ctrl 键的同时，单击需要选择的图层（或图层文件夹）名称，可以进行间隔选择，即当前图层（或图层文件夹）与单击的图层（或图层文件夹）为选择的图层（或图层文件夹），如图 4-8 所示是选择不同图层与图层文件夹时的显示。

选择单个的图层   间隔选择的图层   连续选择的图层

图 4-8　选择不同图层（或图层文件夹）的显示

4.2.4　调整图层与图层文件夹顺序

在【时间轴】面板创建图层或图层文件夹时，会按自下向上的顺序进行添加，当然在动画制作的过程中，用户可以根据需要更改图层（或图层文件夹）的排列顺序，并且还可以将图层与图层文件夹放置到同一个图层文件夹中，常用方法如下：

方法一：更改图层（或图层文件夹）的顺序：首先选择需要进行排序的图层（或图层文件夹），然后按住鼠标左键，将其名称拖曳到所需位置即可。拖曳时以一条灰线表示，拖曳的图层（或图层文件夹）可以为单个，也可以为相邻的多个、不相邻的多个，如图 4-9 所示。

方法二：将图层（或图层文件夹）移动到目标图层文件夹中：首先选择图层（或图层文件夹），然后按住鼠标左键拖曳，将图层名称拖曳到图层文件夹中，那么在该图层文件夹下方就会出现拖曳图层（或图层文件夹），如图 4-10 所示。

图 4-9　更改图层（或图层文件夹）的顺序

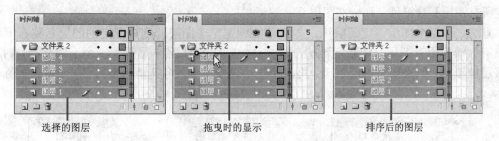

图 4-10　将图层移动到图层文件夹中

4.2.5　显示与隐藏图层与图层文件夹

默认情况下，创建图层与图层文件夹处于显示状态。但是在制作复杂动画时，有时为了便于观察，可以将某个或者某些图层或图层文件夹进行隐藏，而且在 SWF 动画文件的发布设置中，还可以选择是否包括隐藏图层，图层与图层文件夹的显示或隐藏操作相同，方法如下：

方法一：全部图层的显示或隐藏：在【时间轴】面板中，单击上方的【显示或隐藏所有图层】●符号，可以将所有图层（或图层文件夹）全部显示或隐藏。如果所有的图层（或图层文件夹）右侧的黑点·显示为红叉号✕，表示全部隐藏；再次单击上方的●符号，则红叉号✕又显示为黑点·，表示全部显示。

方法二：单个图层的显示或隐藏：在【时间轴】面板中，如果想对某些图层（或图层文件夹）进行显示或隐藏，可以单击需要显示或隐藏的图层（或图层文件夹）名称右侧●符号下方的黑点·，同样黑点·显示为红叉号✕，表示隐藏；再次单击，红叉号✕又显示为黑点·，表示显示，如图 4-11 所示。

图 4-11　显示或隐藏图层

提示　在进行图层（或图层文件夹）的显示与隐藏操作时，除了可以通过上面介绍的方法外，在【时间轴】面板中按住 Alt 键的同时单击图层（或图层文件夹）【显示/隐藏所有图层】●符号下方的黑点·处，可将除了所选层之外的其他层和图层文件夹隐藏，再次按住 Alt 键的同时单击，又可以将它们显示。

4.2.6　锁定与解除锁定图层与图层文件夹

默认情况下，创建图层与图层文件夹处于解除锁定状态，在进行 Flash 对象的编辑时，如果工作区域中的对象很多，那么在编辑其中的某个对象时就可能出现影响到其他对象的误操作，针对这一情况可以将不需要的图层与图层文件夹暂时锁定，图层与图层文件夹的锁定和解除锁定操作相同，方法如下：

方法一：全部图层锁定或解锁：在【时间轴】面板中，单击图层上方的【锁定或解除锁定所有图层】🔒符号，黑点•显示为🔒符号时，表示全部图层都被锁定，再次单击【锁定或解除锁定所有图层】🔒符号，则全部图层都被解锁。

方法二：单个图层锁定或解锁：如果需要锁定单个图层，则在锁定的图层名称右侧【锁定或解除锁定所有图层】🔒符号下方的黑点•处单击，当黑点•显示为一个小锁🔒符号时，表示该层被锁定，如果要将该层解锁，再次单击小锁🔒符号，将其显示为黑点•即可，如图 4-12 所示。

解除锁定所有图层　　　　锁定全部图层　　　　锁定单个图层

图 4-12　锁定或解除锁定图层

> **提示**　在进行锁定与解除锁定图层（或图层文件夹）操作时，按住 Alt 键的同时单击图层（或图层文件夹）【锁定或解除锁定所有图层】🔒符号下方的黑点•处，可锁定除了所选层之外的其他图层和图层文件夹，再次按住 Alt 键的同时单击，又可以将它们解锁。

4.2.7　图层与图层文件夹对象的轮廓显示

系统默认时创建的动画对象为实体显示状态，在【时间轴】面板中，如果要对图层或图层文件夹进行显示操作时，除了可以显示与隐藏、锁定与解除锁定外，还可以根据轮廓的颜色进行显示，如图 4-13 所示。

图层与图层文件夹的轮廓显示操作相同，方法如下：

方法一：将全部图层显示为轮廓：在【时间轴】面板中，单击上方的【将所有图层显示为轮廓】□符号，可以将所有图层与图层文件夹的对象显示为轮廓。

显示的实体对象　　　　　显示对象轮廓

图 4-13　对象的实体显示与轮廓显示状态

方法二：单个图层对象轮廓显示：在【时间轴】面板中，如果需要将单个图层显示为轮廓，单击右侧【将所有图层显示为轮廓】□符号下方的□符号，即可将当前图层的对象以轮廓显示，如图 4-14 所示。

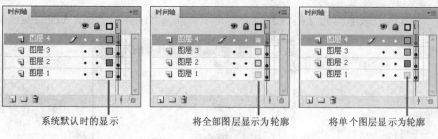

图 4-14　将图层显示为轮廓

> **提示**　在进行图层与图层文件夹的轮廓显示操作时，按住 Alt 键的同时单击图层（或图层文件夹）右侧的 □ 符号，可将除了所选层之外的其他层和文件夹舞台中的对象轮廓显示，再次按住 Alt 键的同时单击，又可以将它们实体显示。

4.2.8　删除图层与图层文件夹

在使用 Flash 软件制作动画时难免会创建出一些没用的图层，对于一些不必要的图层与图层文件夹需要将其删除，常用方法如下：

方法一：首先选择需要删除的图层或图层文件夹，然后单击【时间轴】面板下方的【删除】 按钮，即可将所选的图层删除，如图 4-15 所示。

图 4-15　删除图层

方法二：首先选择需要删除的图层或图层文件夹，然后将其拖曳到【时间轴】面板下方的【删除】 按钮处，同样将所选的图层删除，拖曳时在最下面的图层下方会出现一条灰线。

在进行图层文件夹的删除操作时，会弹出如图 4-16 所示的提示框，询问是否将该图层文件夹中的嵌套图层也一并删除掉，选择其中的 是(Y) 按钮，则将嵌套图层一并删除掉，如果选择 否(N) 按钮，则只删除该图层文件夹，不会删除其中的嵌套图层。

图 4-16　弹出的提示框

4.2.9　图层属性的设置

除了可以使用前面介绍的方法进行图层的隐藏或显示、锁定或解除锁定以及是否以轮廓显示等属性设置外，在 Flash CS4 软件中还可以通过【图层属性】对话框进行图层属性的综合设置。单击菜单栏【修改】|【时间轴】|【图层属性】命令，或在【时间轴】面板的某个图层处

单击右键，选择弹出菜单中的【属性】命令，都会弹出如图 4-17 所示的【图层属性】对话框。

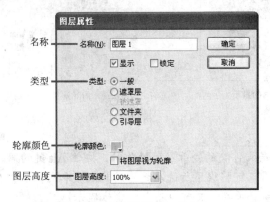

图 4-17　【图层属性】对话框

（1）【名称】用于图层的重命名，通过在右侧的文本框输入文字进行设置。

1）【显示】：用于设置在场景中显示或隐藏图层的内容，勾选时为显示状态，不勾选时为隐藏状态；

2）【锁定】：用于设置锁定或解除锁定图层，勾选时为锁定状态，不勾选时为解锁状态。

（2）【类型】用于设置图层的种类，一般显示为共有 5 种，通过点选进行设置。

1）【一般】：点选该项，设置选择的图层为系统默认的普通图层。

2）【遮罩层】：点选该项，将选择的图层设置为遮罩层，遮罩层对象可以镂空显示出其下面被遮罩层中的对象。

3）【被遮罩】：点选该项，将选择的图层设置为被遮罩层，与遮罩层接合使用可以制作遮罩动画。

4）【文件夹】：点选该项，将选择的图层设置为文件夹。如果该图层中有动画对象，点选该项后，可弹出一个如图 4-18 所示的提示框，询问是否将当前层的全部内容删除。

图 4-18　信息提示框

5）【引导层】：点选该项，将选择的图层设置为引导层，该类型的图层可以制作运动引导层动画。此外引导层还有一个作用就是将图层中的对象注释掉，即此图层中的对象在动画播放时不会显示，只起到参考的作用。

提示　使用 Flash 创建运动引导层动画时，在【图层属性】对话框【类型】下会有 6 种显示，其中包括一个【被引导】，该项处于点选状态，可以将选择的图层设置为被引导层。

（3）【轮廓颜色】：用于设置当前层中对象的轮廓线颜色以及是否以轮廓显示，从而可以帮助用户快速区分对象所在的图层。单击右侧的■按钮，可以弹出一个颜色设置调色板，在其中可以直接选取一种颜色作为绘制轮廓的颜色；而勾选下方的【将图层视为轮廓】选项，可以将当前图层中的内容以轮廓显示。

（4）【图层高度】：用于设置图层的高度，通过在弹出的下拉列表进行设置，有 100%、200% 和 300% 三种。

4.3　实例指导：管理 Flash 动画图层

在 Flash CS4 软件中，可以将不同的对象放置在不同的图层中，这样就可以在相同的时间段内让不同的动画一起播放，通过前面的学习读者可以了解到图层的相关知识，下面通过"旅行.fla"实例来学习动画制作里经常使用的图层操作，其效果如图 4-19 所示，读者也可以使用该实例练习前面学习的其他图层操作。

图 4-19　"旅行.fla"文件效果

管理 Flash 动画图层——具体步骤

步骤1　单击菜单栏中的【文件】|【打开】命令，打开本书配套光盘"第 4 章/素材"目录下的"旅行.fla"文件，如图 4-20 所示。

在打开的"旅行.fla"文件中可以观察到该文件中包括一个图层，而且所有的图形都处于这一个图层中，这是动画制作的一大忌，为了便于动画制作，需要将所要制作动画的图形合理安排在不同的图层中。

步骤2　使用【选择工具】▶将舞台中左侧的人物图形选择，并单击菜单栏中的【编辑】|【剪切】命令，将选择的图形剪切到剪贴板中，此时舞台中的显示如图 4-21 所示。

图 4-20　打开的"旅行.fla"文件

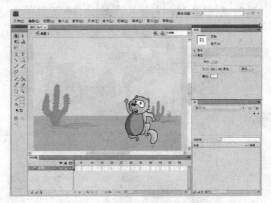

图 4-21　剪切物图形后的显示

步骤3　单击【时间轴】面板下方的【新建图层】 按钮，在"图层 1"图层之上创建一个新层，并在新建图层名称处快速双击，然后输入新的名称"人物"，最后按 Enter 键，从而在"图层 1"图层之上创建一个新层"人物"，如图 4-22 所示。

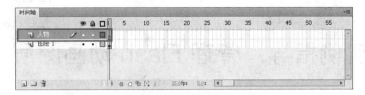

图 4-22 创建"人物"图层后的【时间轴】面板

步骤4 单击菜单栏中的【编辑】|【粘贴到当前位置】命令，将刚才剪切的人物图形粘贴到"人物"图层舞台中原来的位置，如图 4-23 所示。

步骤5 在【时间轴】面板的"人物"图层之上创建新层，并设置新层的名称为"动物"。

步骤6 同样方法，使用【选择工具】➤ 将舞台中右侧的动画图形选择，然后通过菜单栏中的【编辑】|【剪切】与【粘贴到当前位置】命令，将选择的动物图形粘贴到"动物"图层的当前位置中，如图 4-24 所示。

图 4-23 创建"人物"图层后的【时间轴】面板　　　　　图 4-24 "动物"图层的效果

步骤7 为了便于以后的操作，在【时间轴】面板中单击"人物"和"动物"图层名称右侧 ◉ 符号下方的黑点·，将其显示为红叉号 ✖，从而将图层隐藏，如图 4-25 所示。

步骤8 使用【选择工具】➤ 按住 Shift 键的同时依次单击，将舞台中的三个植物图形全部选择，然后单击鼠标右键，在弹出的右键菜单中选择【分散到图层】命令，如图 4-26 所示。

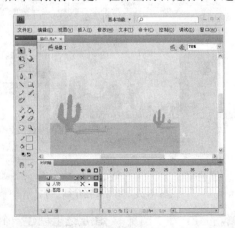

图 4-25 隐藏"人物"和"动物"图层后的效果　　　　　图 4-26 弹出的右键菜单

步骤9 此时，每个植物图形在【时间轴】面板中会自动生成一个图层，然后设置各层的名称为

"植物 1"、"植物 2" 和 "植物 3"，如图 4-27 所示。

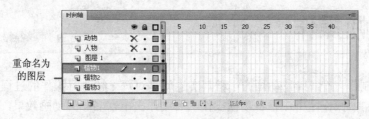

图 4-27　【时间轴】面板

步骤10 由于各植物所处的图层处于 "图层 1" 图层的下方，因此舞台中的各植物被 "图层 1" 中的对象遮住，在【时间轴】面板中，按住鼠标左键拖曳，将 "图层 1" 图层拖曳到最下方，如图 4-28 所示。

图 4-28　调整 "图层 1" 图层顺序后的【时间轴】面板

步骤11 在【时间轴】面板中选择 "植物 1" 图层，单击下方的【新建文件夹】□ 按钮，在该层之上创建一个新文件夹，设置名称为 "植物"，如图 4-29 所示。

步骤12 在【时间轴】面板中，选择 "植物 1" 图层，按住 Shift 键选择最下方的 "植物 3" 图层，从而将 "植物 1"、"植物 2" 和 "植物 3" 图层全部选择，然后按住鼠标左键，将其拖曳到 "植物" 图层文件夹中，如图 4-30 所示。

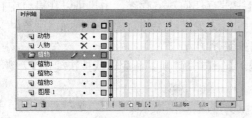

图 4-29　创建的 "植物" 图层文件夹

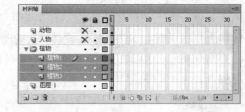

图 4-30　拖曳到文件夹中的图层显示

步骤13 单击 "动物" 和 "人物" 图层名称右侧 ◉ 符号红叉号 ✗，将其显示为黑点 · ，从而取消对该图层的隐藏，将其显示。

步骤14 在【时间轴】面板中，将 "图层 1" 图层重新命名为 "背景"，到此该动画的图层操作完成，这样在【时间轴】面板由原来的一个图层变为了三个图层和一个图层文件夹，并且通过设置合适的名称从而一目了然，方便动画的制作，如图 4-31 所示。

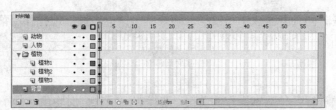

图 4-31　【时间轴】面板

Flash

CS 4

4.4 帧操作

实际上，制作一个 Flash 动画的过程其实也就是对每一帧进行操作的过程，通过在【时间轴】面板右侧的帧操作区中进行各项帧操作从而制作出丰富多彩的动画效果，其中每一个影格代表一个画面，这一个影格就称为一帧，一个动画具有多少个影格就代表这个动画能够播放多少帧。

4.4.1　创建帧、关键帧与空白关键帧

在 Flash 中创建帧的类型主要有三种——关键帧、空白关键帧和普通帧，系统默认时，新建 Flash 文档包含一个图层、一个空白关键帧，用户可以根据需要在【时间轴】面板中创建任意多个普通帧、关键帧与空白关键帧，根据创建帧的类型不同其操作方法也会有所不同。

1．创建关键帧

关键帧是在这一帧的舞台上实实在在的动画对象，这个动画对象可以是自己绘制图形，也可以是外部导入的图形或者导入的声音文件等，动画创建时对象都必须插入在关键帧中。在Flash 软件中创建关键帧的方法主要有两种：

方法一：单击菜单栏中的【插入】|【时间轴】|【关键帧】命令，或按快捷键 F6 键，便可插入一个关键帧。

方法二：在【时间轴】面板中需要插入关键帧的地方单击鼠标右键，选择弹出菜单中的【插入关键帧】命令，同样可以插入一个关键帧。

2．创建空白关键帧

空白关键帧是一种特殊的关键帧类型，在舞台中没有任何对象存在，用户可以在舞台中自行加入对象，加入后，该帧将自动转换为关键帧，同时将关键帧中的对象全部删除，则该帧又会转换为空白关键帧。在 Flash 软件中，创建空白关键帧的方法主要有两种：

方法一：单击菜单栏中的【插入】|【时间轴】|【空白关键帧】命令，或按快捷键 F7 键，便可插入一个空白关键帧。

方法二：在【时间轴】面板中需要插入空白关键帧的地方单击鼠标右键，选择弹出菜单中的【插入空白关键帧】命令，同样可以插入一个空白关键帧。

3．创建普通帧

普通帧是延续上一个关键帧或者空白关键帧的内容，并且前一关键帧与该帧之间的内容完全相同，改变其中的任意一帧，其后的各帧也会发生改变，直到下一个关键帧为止。在 Flash软件中，创建普通帧的方法主要有两种：

方法一：单击菜单栏中的【插入】|【时间轴】|【帧】命令，或按快捷键 F5 键，便可插入一个普通帧。

方法二：在【时间轴】面板中需要插入帧处单击鼠标右键，选择弹出菜单中的【插入帧】命令，同样可以插入一个普通帧。

4.4.2　选择帧

选择帧是对帧进行各种基本操作的前提，选择相应帧的同时也就选择了该帧在舞台中的对象。在 Flash 动画制作过程中，可以选择同一图层的单帧或多帧，也可以选择不同图层的单帧

或多帧，选择的帧以蓝色背景显示，常用的选择帧方法如下：

方法一：选择同一图层的单帧：在【时间轴】面板右侧时间线上单击，即可选择单帧。

方法二：选择同一图层相邻多帧：在【时间轴】面板右侧的时间线上单击，选择单帧，然后按住 Shift 键的同时，再次单击，将两次单击的帧以及它们之间的帧全部选择。

方法三：选择相邻图层的单帧：选择【时间轴】面板的单帧后，按住 Shift 键的同时，单击不同图层的相同单帧，将相邻图层的同一帧进行选择；或者在选择单帧的同时向下或向上拖曳，同样可以将相邻图层的单帧选择。

方法四：选择相邻图层的多个相邻帧：选择【时间轴】面板的单帧后，按住 Shift 键的同时，单击相邻图层的不同帧，可以将不同图层的多帧选择；或者在选择多帧的同时向下或向上拖曳鼠标，同样可以将相邻图层的多帧选择。

方法五：选择不相邻的多帧：在【时间轴】面板右侧的时间线上单击，选择单帧，然后按住 Ctrl 键的同时，再次单击其他帧，可以将不相邻的帧选择；如果在不同图层处单击，也可将不同图层的不相邻的帧选择，如图 4-32 所示。

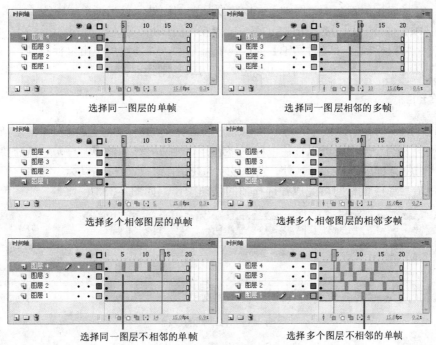

图 4-32　选择的帧

4.4.3　剪切帧、复制帧和粘贴帧

在 Flash 中不仅可以剪切、复制和粘贴舞台中的动画对象，而且还可以剪切、复制、粘贴图层中的动画帧，这样就可以将一个动画复制到多个图层中，或者复制到不同的文档中，从而使动画制作更加轻松快捷，大大提高工作效率。

1. 剪切帧

剪切帧是将选择的各动画帧剪切到剪贴板中，以作备用。在 Flash 软件中，剪切帧的方法主要有两种，如下所示：

方法一：选择各帧，然后单击菜单栏中的【编辑】|【时间轴】|【剪切帧】命令，或者按 Ctrl+Alt+X 组合键，可以将选择的动画帧剪切。

方法二：选择各帧，然后在【时间轴】面板中单击鼠标右键，在弹出的右键菜单中选择【剪切帧】命令，同样可以将选择的帧剪切。

2．复制帧

复制帧就是将选择的各帧复制到剪贴板中，以作备用，与【剪切帧】的不同之处在于原来的帧内容依然存在。在 Flash 软件中，复制帧的常用方法主要有三种：

方法一：选择各帧，然后单击菜单栏中的【编辑】|【时间轴】|【复制帧】命令，或者按 Ctrl+Alt+C 键，可以将选择的帧复制。

方法二：选择各帧，然后在【时间轴】面板中单击鼠标右键，在弹出的右键菜单中选择【复制帧】命令，同样可以将选择的帧复制。

方法三：选择需要复制的帧，此时光标显示为 ⬚ 图标，然后按住 Alt 键的同时拖曳，到合适位置处释放鼠标，将选择的帧复制到此。

3．粘贴帧

粘贴帧就是将剪切或复制的各帧进行粘贴操作，方法如下：

方法一：将鼠标放置在【时间轴】面板需要粘贴的帧处，单击菜单栏中的【编辑】|【时间轴】|【粘贴帧】命令，或者按 Ctrl+Alt+V 键，可以将剪切或复制的帧粘贴到该处。

方法二：将鼠标放置在【时间轴】面板需要粘贴的帧处，然后单击鼠标右键，在弹出的右键菜单中选择【粘贴帧】命令，同样可以将帧剪切或复制到该处。

4.4.4　移动帧

在制作 Flash 动画的过程中，除了可以通过前面介绍的剪切帧、复制帧和粘贴帧的操作进行动画帧的位置调整外，还可以按住鼠标直接进行动画帧的移动操作。首先选择需要移动的各动画帧，此时将光标放置在选择帧处，光标显示为 ⬚ 图标，然后按住鼠标左键将它们拖曳到合适的位置，最后释放鼠标即可完成各选择帧的移动操作，如图 4-33 所示。

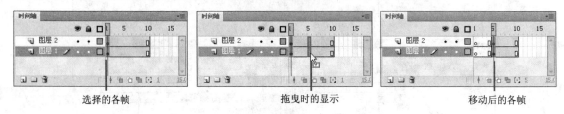

选择的各帧　　　　　　　　拖曳时的显示　　　　　　　　移动后的各帧

图 4-33　移动帧的过程

提示　按住 Ctrl 键的同时将光标放置在【时间轴】面板右侧的帧操作区帧的分界线上，当光标显示为 ⬌ 时，拖动帧的分界线可以将帧延续。

4.4.5　删除帧

在制作 Flash 动画的过程中，如果有错误或多余的动画帧，需要将其删除。如果要对帧进行删除操作，其前提条件需要将需要删除的各动画帧选择，方法如下：

方法一：选择需要删除的各帧，然后单击鼠标右键，在弹出的右键菜单中选择【删除帧】命令，可以将选择的帧全部删除；

方法二：选择需要删除的各帧，然后按键盘中的 Shift+F5 键，同样可以将选择的各帧删除，如图 4-34 所示。

选择的各帧　　　　　　　　　　　　　　　删除后的各帧

图 4-34　删除帧的过程

4.4.6　翻转帧

Flash 中的翻转帧就是将选择的一段连续帧的序列进行头尾翻转，也就是说，将第 1 帧转换为最后一帧，最后一帧转换为第 1 帧，第 2 帧与最后第 2 帧进行交换，其余各帧依次类推，直到全部交换完毕为止。该命令仅对连续的各帧有用，如果是单帧则不起作用，翻转帧的方法如下：

方法一：选择各帧，然后单击菜单栏中的【修改】|【时间轴】|【翻转帧】命令，可以将选择的帧进行头尾翻转。

方法二：选择各帧，然后在【时间轴】面板中单击鼠标右键，在弹出的右键菜单中选择【翻转帧】命令，同样可以将选择的帧进行头尾翻转。

Flash　　　　　　　　　　　　　　　　　　　　　　　　　　　　　　　　**CS 4**

4.5　实例指导：制作"蝴蝶广告"动画

通过前面的学习了解到动画帧的操作是 Flash 动画制作的核心，通过灵活运用可以大大提高工作效率，接下来便通过一个具体实例"蝴蝶.fla"并结合前面所学各项帧的操作来丰富动画效果，如图 4-35 所示。

图 4-35　"蝴蝶广告"动画的效果

制作"蝴蝶广告"动画——具体步骤

步骤1　单击菜单栏中的【文件】|【打开】命令，打开本书配套光盘"第 4 章/素材"目录下的"蝴蝶.fla"文件，如图 4-36 所示。

步骤2　在【时间轴】面板中任意图层的第 1 帧处单击，将该帧选择，然后按 Enter 键，可以在编辑状态下自动将播放头从当前的第 1 帧移动到动画的最后一帧，从而在舞台中进行动画的预览。

图 4-36　打开的"蝴蝶.fla"文件

通过自动移动播放头对"蝴蝶.fla"动画预览可以看到——背景图像由透明到显示的淡入动画以及文字一个一个不断出现的动画效果，但是同时也发现了动画的一些不足之处，例如文字的出现频率太快等，接下来便通过前面介绍的帧操作来解决文字出现频率太快这一不足。

步骤3 在【时间轴】面板中"文字"图层的第 10 帧处单击，将该帧选择，然后按键盘中的 F5 键两次，从而在第 10 帧后插入两个普通帧，如图 4-37 所示。

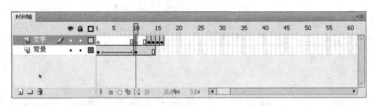

图 4-37　插入两个普通帧后的【时间轴】面板

步骤4 在【时间轴】面板中选择"文字"图层第 13 帧（也就是舞台中显示为"灵"文字所处的图层），然后按键盘中的 F5 键两次，从而在第 13 帧后插入两个普通帧，如图 4-38 所示。

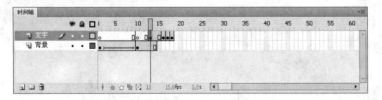

图 4-38　再次插入两个普通帧后的【时间轴】面板

步骤5 同样方法，依次选择"文字"图层的第 16 帧、第 19 帧和第 22 帧（也就是舞台中"灵动"、"灵动心"和"灵动心舞"文字所处的关键帧），然后分别按键盘中的 F5 键两次，从而在选择帧后插入两个普通帧，如图 4-39 所示。

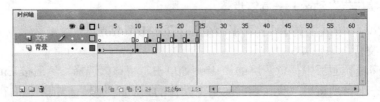

图 4-39　【时间轴】面板

　　到此，"灵动心舞"文字的显现频率太快的问题便得到解决，可以在【时间轴】面板中再次选择任意图层的第 1 帧，然后通过自动移动播放头即可预览到改变频率后的动画效果。接下来再通过前面学习的帧操作来丰富动画效果。

步骤6　在【时间轴】面板中选择"文字"图层第 10 帧，然后按住 Shift 键的同时单击第 24 帧，将第 10 帧和第 24 帧之间的所有帧全部选择，如图 4-40 所示。

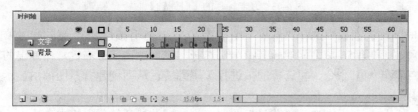

图 4-40　选择第 10 帧和第 24 帧间所有帧的【时间轴】面板

步骤7　在选择"文字"图层第 10 帧和第 24 帧间选择帧处单击鼠标右键，在弹出的右键菜单中选择【复制帧】命令，将选择帧进行复制。

步骤8　在"文字"图层第 35 帧处单击，将其选择，然后单击鼠标右键，在弹出的右键菜单中选择【粘贴帧】命令，从而将前面复制的各帧复制到该处，如图 4-41 所示。

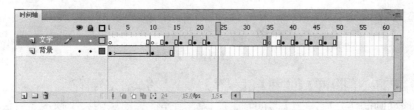

图 4-41　复制帧后的【时间轴】面板

步骤9　在【时间轴】面板中选择"文字"图层第 35 帧，然后按住 Shift 键的同时单击第 49 帧，将第 35 帧和第 49 帧之间的所有帧全部选择，然后单击鼠标右键，在弹出的右键菜单中选择【翻转帧】命令，将选择的帧进行头尾翻转，如图 4-42 所示。

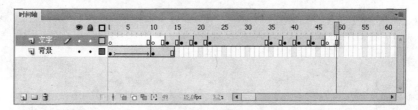

图 4-42　"翻转帧"后的【时间轴】面板

提示　到此，通过前面的复制帧并对其进行翻转帧操作，从而制作出文字由逐一显示到逐一消失的动画。

步骤10　在【时间轴】面板中选择"背景"图层第 1 帧，然后按住 Shift 键的同时单击第 10 帧，将第 1 帧和第 10 帧之间的所有帧全部选择，然后单击鼠标右键，在弹出的右键菜单中选择【复制帧】命令，将选择帧进行复制。

步骤11　在"背景"图层第 47 帧处单击，将其选择，然后单击鼠标右键，在弹出的右键菜单中选择【粘贴帧】命令，从而将前面复制的各帧复制到该处，如图 4-43 所示。

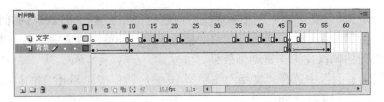

图 4-43　复制帧后的【时间轴】面板

步骤12　在【时间轴】面板中选择"背景"图层第 47 帧，然后按住 Shift 键的同时单击第 56 帧，将第 47 帧和第 56 帧之间的所有帧全部选择，然后单击鼠标右键，在弹出的右键菜单中选择【翻转帧】命令，将选择的帧进行头尾翻转，从而创建背景图像由显示到透明的动画效果。

步骤13　在【时间轴】面板中选择"背景"图层第 60 帧，然后按住鼠标向上拖曳，将"文字"图层第 60 帧也一并选择，然后按键盘中的 F5 键，在该帧处插入普通帧，从而设置动画的播放时间为 60 帧，如图 4-44 所示。

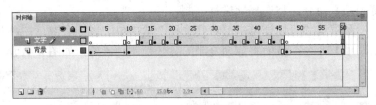

图 4-44　【时间轴】面板

步骤14　最后，单击菜单栏中的【文件】|【保存】命令，将文件进行保存。

　　到此，该动画制作完成，在【时间轴】面板中选择任意图层的第 1 帧，然后自动移动播放头在舞台中进行动画的预览，可以看到在原来打开文件基础上进行了动画的丰富，即背景淡入、文字逐一显示后，文字再逐一消失、背景淡出的动画效果。

第 5 章

元件、实例与库

内容介绍

元件、实例与库是制作 Flash 动画的三大元素，其中元件是构成动画的基础，库也就是【库】面板，它是 Flash 软件中用于存放各种动画元素的场所，存放的元素可以是由外部导入的图像、声音、视频元素，也可以是 Flash 软件根据动画的需要创建出的不同类型元件，共有三种元件类型，即影片剪辑、图形、按钮元件，将元件从库拖曳到舞台中后，拖曳到舞台中的元件就称为此元件的一个实例，一个元件允许重复创建多个实例，并且在舞台中多次使用元件并不会增加文件的体积，了解三者的关系与操作，对于减小文件的体积以及提高工作效率至关重要。本章便对元件、实例与库的含义、三者间的关系以及它们的基本操作进行了详细讲解。

学习重点

- ▶ 【库】面板
- ▶ 元件的类型
- ▶ 创建元件
- ▶ 实例指导：制作个性按钮
- ▶ 实例的创建与编辑
- ▶ 综合应用实例：制作房地产 Banner 动画背景图

Flash

5.1 【库】面板

单击菜单栏中的【窗口】|【库】命令或按 Ctrl+L 组合键、按快捷键 F11，都可以展开【库】面板，其结构如图 5-1 所示，这是用于存放各种动画元素的场所，当需要某个元素时，可以从【库】面板中直接调用，也可以在【库】面板中对元素进行删除、排列、重命名等操作，系统默认时，新建的 Flash 文档中【库】面板里没有任何对象。

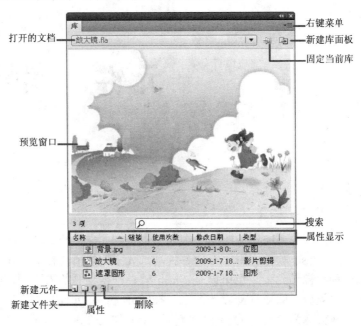

图 5-1 【库】面板

（1）右键菜单：单击该处，可以弹出一个用于各项操作的右键菜单。

（2）【打开的文档】：单击该处，可以弹出一个用于显示当前打开的所有文档名称的下拉列表，通过选择从而快速查看选择文档的【库】面板，从而实现通过一个【库】面板查看多个库的项目。

（3）【固定当前库】：单击该按钮后，原来的图标显示为，从而固定当前【库】面板，那么在文件切换时都会显示固定的库内容，而不会更新切换文件的库面板内容。

（4）【新建库面板】：单击该按钮，创建一个与当前文档相同的【库】面板。

（5）【预览窗口】：用于预览显示当前在【库】面板中选择的元素，当选择元件为影片剪辑元件或声音时，在右上角处出现按钮，通过它可以在该窗口中控制影片剪辑元件或声音的播放或停止。

（6）：通过在此处输入搜索的关键字进行元件名称的搜索，从而快速查找元件。

（7）【属性显示】：【库】面板的对象共有 5 种属性显示——名称、链接、使用次数、修改日期和类型，单击上方的不同属性显示后，可以进行相关的排列，而单击【切换排列顺序】按钮，可以进行不同的属性显示倒转顺序排列。

（8）【新建元件】：单击该按钮，可弹出如图 5-2 所示的【创建新元件】对话框，从而创建一个元件。

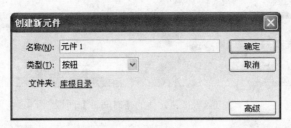

图 5-2　【创建新元件】对话框

（9）【新建文件夹】■：单击该按钮，可以创建一个元件文件夹，并且名称以未命名文件夹 1、未命名文件夹 2……依次排列命名。

（10）【属性】■：选择【库】面板中某个对象后，单击该按钮，可弹出相关的属性对话框，从而用于修改。根据选择对象的不同，弹出的对话框也不同，如果选择的为元件，则会弹出【元件属性】对话框；如果为位图，则弹出【位图属性】对话框等。

（11）【删除】■：单击该按钮，可以将【库】面板中当前选择的对象删除。

提示　除了【库】面板外，Flash 软件还提供了一个内置的公用库，首先单击菜单栏中的【窗口】|【公用库】命令，在弹出的子菜单中即可将进行选择公用库类型，包括三种，分别为“声音”、“按钮”和“类”，用户可以根据自己的需要自由选择，从而使动画的制作更加方便快捷。

Flash　　　　　　　　　　　　　　　　　　　　　　　　　　　　　　CS 4

5.2　元件的类型

元件是构成 Flash 动画的基础，用户可以根据动画的具体应用直接创建元件的不同类型，在 Flash 软件中，元件类型共有三种，分别是“影片剪辑”元件、“按钮”元件与“图形”元件，这三种类型的元件都有各自的特性与作用。

5.2.1　影片剪辑元件

影片剪辑■是一个万能的元件，它拥有自己独立的时间轴，在场景的舞台中影片剪辑的播放不会受到主场景时间轴的影响，并且在 Flash 中还可以对影片剪辑进行 ActionScript 动作脚本的设置。

5.2.2　图形元件

图形■是基础的动画元件类型，它一般作为动画制作中的最小管理元素，同时也具有时间轴，但是图形的播放会受到主场景的影响，而且不能对图形进行 ActionScript 动作脚本的设置。

5.2.3　按钮元件

按钮■是一种特殊的元件类型，在动画中使用按钮元件可以实现动画与用户的交互。当创建一个按钮元件时，Flash 会创建一个拥有 4 帧的时间轴，分别为弹起、指针经过、按下和点击，如图 5-3 所示。其中，前 3 帧显示鼠标弹起、指针经过、按下时的 3 种状态，第 4 帧用于定义按钮的活动区域。实际上在时间轴并不播放，它只是对指针运动和动作做出反应，跳到相应的帧。

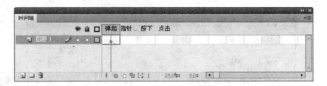

图 5-3　按钮元件的【时间轴】面板

5.3　创建元件

在制作 Flash 动画时，对于使用一次以上的对象，尽量将其转换为元件再使用，重复使用元件不会增加文件的大小，这是优化对象中的一个很好的方法。创建元件的方法有两种，一种是直接创建新元件，另一种是将已经创建好的对象转换为元件。

5.3.1　直接创建新元件

直接创建新元件的方法很简单，首先创建一个空的元件，然后在该元件编辑窗口中创建出元件对象即可，通过【创建新元件】对话框完成，具体操作步骤如下：

步骤1　启动 Flash CS4，创建一个空白的 Flash 文档。

步骤2　单击菜单栏中【插入】|【新建元件】命令，或按 Ctrl+F8 组合键，弹出【创建新元件】对话框，如图 5-4 所示。

步骤3　在【创建新元件】对话框中的【名称】输入栏中输入"牛"，在【类型】中选择需要的元件类型，在此使用默认的"影片剪辑"，如图 5-5 所示。

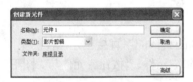

图 5-4　【创建新元件】对话框

图 5-5　设置后的【创建新元件】对话框

步骤4　单击 确定 按钮，创建出名称为"牛"的影片剪辑元件，并且将当前的舞台编辑窗口由"场景 1"切换到"牛"影片剪辑编辑窗口中，如图 5-6 所示。

步骤5　单击菜单栏中的【文件】|【导入】|【导入到舞台】命令，在弹出的【导入】对话框中双击本书配套光盘"第 5 章/素材"目录下的"牛.png"图像文件，将该图像文件导入到当前场景的舞台中，如图 5-7 所示。

图 5-6　元件编辑窗口

图 5-7　导入"牛.png"图像

步骤6 到此该元件创建完成，单击 <u>场景 1</u> 按钮，或者单击最左侧的 ⇦ 按钮，将当前编辑窗口切换到场景的编辑窗口中，此时舞台中没有任何对象。

步骤7 单击菜单栏中的【窗口】|【库】命令，展开【库】面板。将【库】面板中的"牛"影片剪辑元件拖曳到场景的舞台中，这样在舞台中就创建了一个"牛"影片剪辑元件的实例，如图 5-8 所示。

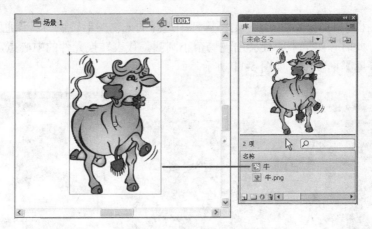

图 5-8 创建的"牛"影片剪辑元件的实例

5.3.2 转换对象为元件

除了可以直接创建新元件外，还可以将舞台中的对象转换为元件，通过【转换为元件】对话框完成，具体操作步骤如下：

步骤1 单击菜单栏中的【文件】|【打开】命令，打开本书配套光盘"第 5 章/素材"目录下的"滑冰.fla"文件，如图 5-9 所示。

步骤2 使用【选择工具】 ▶ 在舞台中的人物处单击，将其选择，然后单击菜单栏中的【修改】|【转换为元件】命令，弹出【转换为元件】对话框。

步骤3 在【转换为元件】对话框中设置【名称】为"卡通"，【类型】为默认的"影片剪辑"，【注册】也为默认设置，如图 5-10 所示。

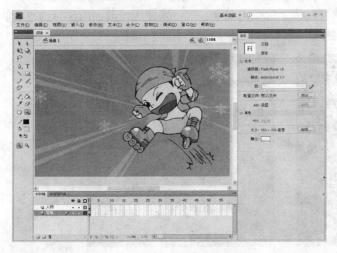

图 5-9 打开的"滑冰.fla"文件

图 5-10 设置后的【转换为元件】对话框

提示 【转换为元件】与【创建新元件】对话框相比多了一个"注册"项，此项用于设置转换后元件的注册点位置，右侧有一个由 9 个矩形点组成的小图标，这 9 个矩形点表示元件的注册点位置，当单击某个矩形点时，此矩形点变为实心的黑色矩形，转换后的元件的注册点就位于某个位置。如在左上角的小矩形点上单击，此矩形点变为黑色实心的矩形，则转换后的元件的注册点在对象的左上角。

步骤4 单击对话框中的 确定 按钮，则将舞台中选择的人物图形转换为"卡通"影片剪辑元件的实例，此时该实例中心处会出现一个小圆圈，代表转换元件的中心点，并且此元件被存放在【库】面板中，如图 5-11 所示。

元件的中心点　　　　生成的元件显示

图 5-11　转换对象为元件后的显示

Flash

5.4 实例指导：制作个性按钮

CS4

提到 Flash 按钮相信大家并不陌生，它可以实现一种互动的效果，看上去会比较复杂，其实不然，只要思路清晰，巧妙运用，就可以达到特殊的效果。接下来便通过前面所学来为"音乐晚会"实例添加一个个性十足的人物按钮，其最终效果如图 5-12 所示。

图 5-12　人物按钮的两种状态显示

步骤1　启动 Flash CS4，单击菜单栏中的【文件】|【打开】命令，打开本书配套光盘"第 5 章/素材"目录下的"音乐晚会.fla"文件，如图 5-13 所示。

　　在打开的"音乐晚会.fla"文件中可以观察到该文件中包括三个图层，分别用于放置背景、灯光和文字，接下来为该文件添加音乐人物图像，并且将人物以按钮元件的形式存在，从而制作出鼠标单击时人物会显示不同活动状态的效果。

步骤2　在【时间轴】面板的"文字"图层之上创建新层，设置名称为"人物"。

步骤3　单击菜单栏中【插入】|【新建元件】命令，或按 Ctrl+F8 组合键，在【创建新元件】对话框中的【名称】输入栏中输入"人物按钮"，在【类型】中选择元件类型为"按钮"，如图 5-14 所示。

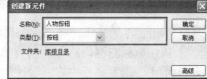

图 5-13　打开的"音乐晚会.fla"文件　　　　　图 5-14　【创建新元件】对话框

步骤4　单击 确定 按钮，创建出名称为"人物按钮"的按钮元件，并将当前的舞台编辑窗口由"场景 1"切换到"人物按钮"按钮编辑窗口中。

步骤5　展开【库】面板，按住鼠标左键将其中的"人物"影片剪辑元件拖曳到舞台中，并在【信息】调整中心点与舞台的注册点对齐，如图 5-15 所示。

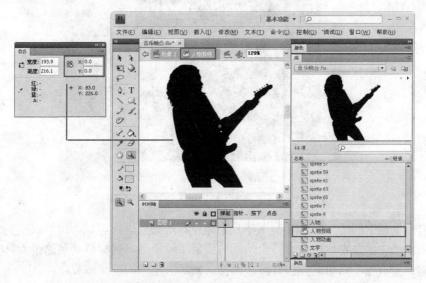

图 5-15　拖曳到调整位置后的"人物"影片剪辑实例

步骤6 在【时间轴】面板中的"指针经过"帧处插入空白关键帧，然后同样方法，按住鼠标左键将【库】面板中的"人物动画"影片剪辑元件拖曳到舞台中，并在【信息】调整中心点与舞台的注册点对齐，如图5-16所示。

图5-16 添加"指针经过"帧后的【时间轴】面板

步骤7 在【时间轴】面板中的"点击"帧处插入关键帧，从而设置动画的响应区域，到此按钮元件制作完成，如图5-17所示。

图5-17 【时间轴】面板

步骤8 单击 场景1 按钮，将当前编辑窗口切换到场景的编辑窗口中。

步骤9 按住鼠标左键，将刚才创建的"人物按钮"按钮元件从【库】面板拖曳到舞台中，并使用【变形】面板中将其等比例缩放设置为155%，如图5-18所示，到此，一个按钮制作完成。

图5-18 等比例放大后的"人物按钮"按钮

步骤10 单击菜单栏中的【控制】|【测试影片】命令，对影片进行测试，可以观察到一个喧哗的音乐场景中手拿吉他的人物静止站立的景象，但是当将鼠标移动到这个人物时，人物便开始弹奏吉他，而将鼠标移开时，人物又恢复为原来的静止站立。

步骤11 如果影片测试无误，单击菜单栏中的【文件】|【保存】命令，将文件进行保存。

5.5　实例的创建与编辑

　　实例的创建依赖于元件，实例其实也就是"实例化的元件"，将元件拖曳到舞台中就创建了该元件的一个实例，一个元件可以创建多个实例，并且创建元件的实例继承了元件的类型，但是此实例的类型并不是一成不变的，可以通过【属性】面板对舞台中实例的类型、颜色、大小等进行编辑操作。不过值得注意的是，如果对舞台中实例进行调整，那么仅影响当前实例，对元件不产生任何影响；而如果对【库】面板中的元件进行相应调整，则舞台中所有实例都会相应地进行更新。

5.5.1　实例的编辑方式

　　在 Flash CS4 中，舞台中实例的编辑方式有三种，分别是在"当前位置编辑元件"、"在新窗口中编辑元件"和"在元件编辑模式下编辑元件"，无论使用哪种方式编辑完成后，通过单击【时间轴】面板的 场景 1 按钮，或者单击左侧的 ⇦ 按钮，都可以将当前编辑窗口切换到场景的编辑窗口中。

　　（1）在当前位置编辑元件：使用该方式可以使选择实例与舞台中的其它对象一起进行编辑。在舞台中双击该元件的实例，或者在选择的实例处单击鼠标右键，选择弹出菜单中的【在当前位置编辑】命令，就可以进入到该元件的编辑窗口中对选择实例进行编辑，此时舞台中除选择的实例外其余的对象将变暗，为不可编辑状态，从而使它们与正在编辑的元件区别开来，如图 5-19 所示。

图 5-19　在当前位置编辑元件

　　（2）在新窗口中编辑元件：使用该方式可以使选择实例在新的窗口中进行编辑。在舞台中选择的实例处单击鼠标右键，选择弹出菜单中的【在新窗口中编辑】命令，就可以在一个新的编辑窗口中对选择实例进行编辑，如图 5-20 所示。

　　（3）在元件编辑模式下编辑元件：使用该方式可以在元件的编辑窗口中进行实例编辑。在舞台中选择的实例处单击鼠标右键，选择弹出菜单中的"编辑"命令，或者在【库】面板中双击所要编辑的元件，即可进入到该元件的编辑窗口中，此时在舞台中仅显示当前元件的内容，如图 5-21 所示。

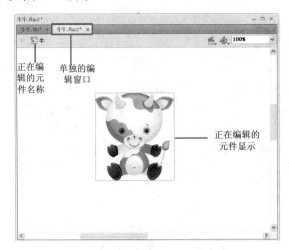

图 5-20　在新窗口中编辑元件

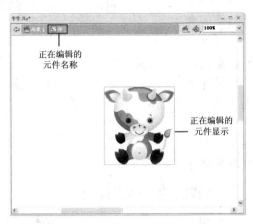

图 5-21　在元件编辑模式下编辑元件

5.5.2　"影片剪辑"实例的属性设置

在舞台中选择的"影片剪辑"实例后，此时在【属性】面板中将显示影片剪辑实例的相关属性设置，如图 5-22 所示。

图 5-22　【属性】面板

（1）实例类型图标：以图标的形式显示当前选择实例的元件类型。

（2）实例名称：用于设置实例的名称，以便在动画中对实例进行控制。

（3）实例行为：用于重新设置实例的类型，单击 影片剪辑 按钮，在弹出的下拉列表中选择其他的实例类型即可进行转换，如图 5-23 所示。转换类型后的实例仅影响当前选择的实例，对舞台中的其他实例以及【库】面板中的元件不产生任何影响，并且转换类型后，在【属性】面板的"实例类型图标"处也会相应发生改变。

（4）元件名称：用于显示当前选择实例所使用的元件名称，与前面介绍的"实例名称"不同，它显示的是元件名称。

（5）交换元件：单击 交换... 按钮，在弹出的【交换元件】对话框中选择相关的元件，可以将选择的元件替换舞台当前选择的实例，在该对话框中当前选择实例的前面会显示一个黑色小圆形，如图 5-24 所示；而单击下方的【直接复制元件】 按钮，在弹出的【直接复制元件】对话框又可以进行元件的直接复制。

图 5-23 弹出的下拉列表

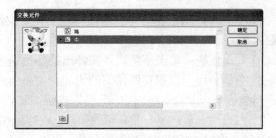

图 5-24 【交换元件】对话框

1．"位置与大小"选项

"位置与大小"选项用于设置选择实例的位置与大小，单击其左侧的小图标，可以将其展开，如图 5-25 所示。其参数设置与前面第 3 章中所学的【信息】面板相同，在此不再重复介绍。

2．"3D 定位与查看"选项

"3D 定位与查看"选项用于设置影片剪辑实例的 3D 位置、透视角度、消失点等，单击其左侧的小图标，可以将其展开，如图 5-26 所示。其参数设置在前面第 3 章中已做详细介绍，在此不再重复介绍。

图 5-25 "位置与大小"选项

图 5-26 "3D 定位与查看"选项

3．"色彩效果"选项

在"色彩效果"选项中可以对选择实例进行颜色和透明度等颜色属性设置，首先选择舞台中的实例，然后单击【属性】面板"色彩效果"选项中【样式】右侧的 无 按钮，即可弹出如图 5-27 所示的颜色设置下拉列表。

（1）【无】：系统默认时的选项设置，不会对选择实例产生任何影响。

（2）【亮度】：用于设置实例的颜色亮度。选择该项后在下方将出现关于"亮度"的相关选项，如图 5-28 所示，可以通过左右拖曳三角形的滑块或者在右侧的文本框中输入数值进行颜色亮度的设置，参数值越大颜色越亮，当为 100％时，实例的颜色为白色；参数值越小颜色越暗，当为-100％时，实例的颜色为黑色。

图 5-27 "色彩效果"选项

图 5-28 【亮度】选项时的设置

（3）【色调】：用于在同一色调的基础上调整实例的颜色。选择该项后在下方将出现关于"色调"的相关选项，如图 5-29 所示。

1）□色块：单击该色块，在弹出的颜色调色板中进行选择，从而设置色调的颜色。

2）色调：用于设置实例色调的饱和程度，当参数值为 100%时，实例的颜色为完全饱和状态；当参数值为 0%时，实例的颜色为透明饱和状态。

3）红、绿、蓝：同前面介绍的□色块作用相同，通过左右拖曳三角形的滑块或者在右侧的文本框中输入数值，从而设置色调的颜色。

（4）Alpha：用于调整实例的透明值，选择该项后，在下方将出现关于"Alpha"的相关选项，如图 5-30 所示，参数越小实例越透明，参数越大实例就越不透明，参数值为 0%时为完全透明，为 100%时完全不透明。

图 5-29 【色调】选项时的设置

图 5-30 【Alpha】选项时的设置

（5）【高级】：通过分别调节红色、绿色、蓝色和透明度值对实例进行综合设置，该项在制作具有微妙色彩效果的动画时十分有效，选择该项后在下方将出现关于"高级"的相关选项，如图 5-31 所示。其中左侧的各项可以按指定的百分比降低颜色或透明度的值；而右侧的各项可以按常数值降低或增大颜色或透明度的值。

4．【显示】选项

在【显示】选项中可以为选择实例添加混合效果，混合可以将两个叠加在一起的对象产生混合重叠颜色的独特效果，不过值得注意的是，混合的对象只能是影片剪辑和按钮实例中，为对象添加混合效果的操作很简单，首先选择舞台中的影片剪辑和按钮实例，然后单击【属性】面板【显示】选项中【混合】右侧的 [一般] 按钮，即可弹出如图 5-32 所示的混合模式列表。

图 5-31 【高级】选项时的设置

图 5-32 【显示】选项

提示　为了便于读者掌握对象的混合模式，首先应对混合模式中四大术语进行掌握，其中"混合颜色"是指应用于混合模式的颜色；"不透明度"是指应用于混合模式的透明度；"基准颜色"是指混合颜色下面的像素的颜色；"结果颜色"是指基准颜色上的混合颜色的效果。

（1）【一般】：系统默认时的混合模式，常应用于颜色，不与基准颜色有相互关系；

（2）【图层】：该混合模式可以层叠各个影片剪辑而不影响其各自的颜色；

（3）【变暗】：该混合模式可以使比混合对象颜色亮的区域变暗，使比混合对象颜色暗的区域不变，用于对对象进行变暗处理，其变暗的程度决定于对象中暗的部分；

（4）【正片叠底】：该混合模式用于将基准颜色与混合颜色复合，从而产生较暗的颜色；

（5）【变亮】：该混合模式与【变暗】相反，使比混合颜色暗的区域变亮，使比混合颜色亮的区域不变，用于对对象应用时进行变亮处理，同样，其变亮的程度决定于对象中亮的部分；

（6）【滤色】：该混合模式用于将混合颜色的反色与基准颜色复合，从而产生漂白效果。

（7）【叠加】：该混合模式用于复合或过滤颜色，具体操作需取决于基准颜色。

（8）【强光】：该混合模式用于复合或过滤颜色，具体取决于混合模式颜色，产生的效果类似于点光源照射对象；

（9）【增加】：该混合模式用于将混合后的颜色与混合颜色相加；

（10）【减去】：该混合模式用于将混合后的颜色与混合颜色相减；

（11）【差值】：该混合模式用于将混合后的颜色减去混合颜色，或从混合颜色中减去混合后的对象颜色，具体取决于哪个的亮度值较大，从而产生类似于彩色底片的效果；

（12）【反相】：该混合模式用于反转基准颜色；

（13）【Alpha】：该混合模式用于 Alpha 遮罩层，该对象将是不可见状态；

（14）【擦除】：该混合模式用于删除所有基准颜色像素，包括背景中的颜色。

5．"滤镜"选项

在【属性】面板"滤镜"选项中可以为选择实例轻松添加一些投影、发光等特殊滤镜效果，使用它们可以大大方便 Flash 编辑，从而完成更多的动画特效。与前面学习的对象混合相比，滤镜效果的添加对象也有所限制，只适用于文本、影片剪辑和按钮实例，不能应用于图形实例，也就说需要将不是文本、影片剪辑或按钮的对象转换为影片剪辑和按钮元件（文本除外）才能进行滤镜操作。

首先选择舞台中的实例，然后单击【属性】面板"滤镜"选项左侧的 小图标，可以将其展开，如图 5-33 所示，从而进行各项滤镜操作。

（1）添加滤镜操作：单击【添加滤镜】 按钮，在弹出如图 5-34 所示的下拉列表中可以为当前选择对象进行添加滤镜操作，共有七种，分别是【投影】、【模糊】、【发光】、【斜角】、【渐变发光】、【渐变斜角】和【调整颜色】：

1）【投影】：为选择对象产生投影到一个表面上的效果，添加该滤镜后，还可以对阴影大小、品质、颜色、角度、距离等进行设置。

2）【模糊】：为选择对象产生模糊的效果，添加该滤镜后，还可以对模糊的大小、品质等进行设置。

3）【发光】：为选择对象产生发光效果，包括内发光、外发光，添加该滤镜后，还可以对发光大小、品质、颜色等进行设置。

4）【斜角】：为选择对象产生立体浮雕的效果，还可以对斜角的大小、品质、角度、斜角后产生的阴影和亮部的颜色、距离等进行设置。

剪贴板

添加滤镜

预设　重置滤镜

启用或禁
用滤镜

删除滤镜

图 5-33　【滤镜】选项

图 5-34　【滤镜】选项

5)【渐变发光】：为选择对象产生渐变发光效果，还可对渐变的方式、发光颜色等进行设置。

6)【渐变斜角】：为选择对象产生一种凸起效果，即看起来像从背景上凸起，与【斜角】滤镜相似，只是斜角表面有渐变颜色，添加该滤镜后，在【滤镜】面板中可以对斜角的大小、品质、颜色、角度、距离等进行设置。

7)【调整颜色】：用于调整选择对象的颜色属性，包括对比度、亮度、饱和度和色相。

（2）删除滤镜的操作：在【滤镜】选项中可以删除单个滤镜，也可以一次性将添加的滤镜全部删除。

（3）删除单个滤镜：选择需要删除的滤镜，然后单击下方【删除滤镜】 按钮，即可将选择的滤镜效果删除，使用该按钮一次只能删除一个滤镜。

（4）删除全部滤镜：单击【添加滤镜】 按钮，在弹出的下拉列表中选择【删除全部】命令，可以将添加的滤镜全部删除，如图 5-35 所示。

（5）复制、粘贴滤镜操作：在【滤镜】选项中可以将单个滤镜进行复制，也可以将添加的滤镜全部复制，通过单击【剪贴板】 按钮在弹出的下拉列表中完成，从而方便将相同滤镜应用到不同对象，如图 5-36 所示。

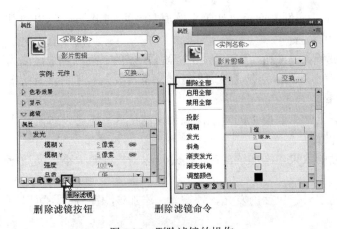

删除滤镜按钮　　　　　删除滤镜命令

图 5-35　删除滤镜的操作

图 5-36　复制、粘贴滤镜操作

（6）复制、粘贴滤镜单个滤镜：选择需要复制的滤镜，然后单击下方【剪贴板】 按钮，在弹出菜单中选择【复制所选】命令，即可将选择滤镜复制到剪切板中；然后选择需要添加滤镜的对象，再次单击【滤镜】选项中【剪贴板】<img>按钮，在弹出菜单中选择【粘贴】命令，即可将复制的滤镜粘贴到此；

（7）复制、粘贴滤镜全部滤镜：选择任一添加的滤镜，然后单击下方【剪贴板】<img>按钮，在弹出菜单中选择【复制全部】命令，即可将所有滤镜复制到剪切板中；然后选择需要添加滤镜的对象，再次单击【滤镜】选项中【剪贴板】<img>按钮，在弹出菜单中选择【粘贴】命令，即可将复制的全部滤镜粘贴到此；

（8）启用、禁用滤镜效果操作：在动画制作过程中，如果想暂时不使用滤镜的效果，但又不想将其删除，可以对其进行启用与禁用滤镜的快速切换，默认时，添加的各滤镜为启用状态，将启用状态切换到禁用状态，滤镜名称右侧显示以红色 ✖ 显示。

1）【启用全部】：单击【添加滤镜】<img>按钮，在弹出的下拉列表中选择【启用全部】命令，可以将禁用的滤镜全部启动，从而使用滤镜效果。

2）【禁用全部】：单击【添加滤镜】<img>按钮，在弹出的下拉列表中选择【禁用全部】命令，又可以将所有的滤镜全部禁用。

3）【启用或禁用滤镜】<img>：通过单击该按钮，可以将当前选择的滤镜进行启用或禁用的状态切换，如图 5-37 所示。

（9）重置滤镜操作：单击下方的【重置滤镜】<img>按钮，可以将当前选择的滤镜重新进行设置。

（10）创建预设滤镜库操作：单击【预设】<img>按钮，在弹出下拉列表中可以将设置好的滤镜保存为滤镜库，并可以对其进行重命令和删除等，从而方便以后的使用，如图 5-38 所示。

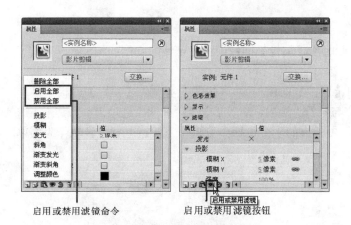

启用或禁用滤镜命令　　　　启用或禁用滤镜按钮

图 5-37　启用、禁用滤镜效果操作

图 5-38　预设下拉菜单

（11）另存为：用于保存已经设置好的所有滤镜，且滤镜的排列顺序保持不变。单击该命令后，会弹出一个用于设置名称的【将预设另存为】对话框，如图 5-39 所示，保存完成后，在以后的操作中如果再有类似的滤镜设置，直接调用即可。

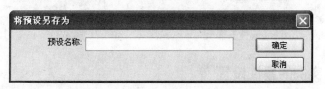

图 5-39　【将预设另存为】对话框

1）【重命名】：用于对保存滤镜的名称进行重新命名，如果没有保存的滤镜，那么该项为灰色，不可用状态。单击该命令后，可弹出一个用于重命名的【重命名预设】对话框，如图 5-40 所示，快速双击选择的预设滤镜，输入相关文字后，按 Enter 键，最后单击 重命名 按钮即可完成保存滤镜的重命名操作。

　　2）【删除】：相对于保存滤镜而言的，如果没有保存滤镜，那么该项为灰色，不可用状态。选择该命令后，可弹出一个用于删除滤镜选择的【删除预设】对话框，如图 5-41 所示。选择其中需要删除的预设滤镜名称，单击其下的 删除 按钮或按键盘 Enter 键，即可完成删除操作。在【删除预设】对话框中按住 Shift 键的同时单击可以进行连续选择，按住 Ctrl 键的同时单击可以进行不连续选择，另外，【删除】操作不会对舞台中的对象产生任何影响。

图 5-40　【重命名预设】对话框

图 5-41　【删除预设】对话框

5.5.3　"按钮"实例的属性设置

　　在舞台中选择"按钮"实例后，此时的【属性】面板中将显示按钮实例的相关属性设置，如图 5-42 所示。

　　与前面介绍的"影片剪辑"实例【属性】面板相比，"按钮"实例的【属性】面板中虽然同样有 5 个选项，其中少了"3D 定位与查看"选项，却多了一个"音轨"选项，单击其下"选项"右侧的 音轨作为按钮 按钮，可弹出的一个包括"音轨作为按钮"和"音轨作为菜单项"的下拉列表，如图 5-43 所示。

图 5-42　"按钮"实例的【属性】面板

图 5-43　弹出的单轨菜单

5.5.4　"图形"实例的属性设置

　　在舞台中选择的"图形"实例后，此时的【属性】面板中将显示图形实例的相关属性设置，如图 5-44 所示。

在上图的"图形"实例的【属性】面板中除了可以进行前面介绍的"位置与大小"和"色彩效果"的选项设置外，在最下方还包括了一个"循环"选项，用于设置选择实例的播放状态。

图 5-44 "图形"实例的【属性】面板

（1）选项：单击右侧的 循环 ▼ 按钮，可以弹出一个下拉列表，包括"循环"、"播放一次"和"单帧"3 项。

1）循环：用于设置图形实例中的动画在时间轴上循环播放；

2）播放一次：用于设置图形实例的动画在时间轴上只播放一次；

3）单帧：用于设置图形实例的动画在时间轴上只显示一帧的画面。

（2）第一帧：用于设置图形实例的起始播放帧，如设置为 5，则此图形实例中的动画从第 5 帧开始播放。

Flash CS4
5.6 综合应用实例: 制作房地产 Banner 动画背景图

Banner 又称为网页横幅广告或旗帜广告，是网页广告中比较重要的一种表现形式，其特点就是力求简洁、明快、大方、节奏分明，在短短的几 s 或者十几 s 的时间内传达出客户的诉求点。接下来便通过将本章所学元件、实例和库的操作综合应用来制作一个房地产 Banner 动画背景图，其最终效果如图 5-45 所示。

图 5-45 "房地产 Banner"最终效果

制作房地产 Banner 动画背景图——步骤提示

（1）打开"房地产 Banner.fla"素材文件；

（2）为"和谐"和"社会 你我共享！"文字添加"发光"和"投影"滤镜；

（3）将舞台中的图形转换为"建筑"影片剪辑元件，并为其设置"Alpha"透明度，并为其添加"发光"滤镜；

（4）创建"热气球"影片剪辑实例，然后将其放置在舞台左侧二次，分别设置大小、旋转角度，以及添加"模糊"滤镜；

（5）测试与保存 Flash 动画文件。

制作"房地产 Banner"动画背景图实例的步骤提示示意图如图 5-46 所示。

图 5-46　"房地产 Banner"动画背景图的步骤提示

制作房地产 Banner 动画背景图——具体步骤

步骤1　启动 Flash CS4，单击菜单栏中的【文件】|【打开】命令，打开本书配套光盘"第 5 章/素材"目录下的"房地产 Banner.fla"文件，如图 5-47 所示。

图 5-47　打开的"房地产 Banner.fla"文件

在打开的"房地产 Banner.fla"文件中可以观察到该文件中包括三个图层，分别用于放置背景、文字和建筑图像，接下来通过前面所学来为各元素添加不同的特殊效果，当然为了使效果更加生动，也可以为该文件添加其他元素。

步骤2　使用【选择工具】在舞台中的黑色"和谐"文字处单击，将其选择，然后在【属性】面板【滤镜】选项的下方单击【添加滤镜】按钮，在弹出的下拉列表中选择【发光】命令，设置"颜色"为白色、"强度"为 1000%，从而为选择文字添加白色描边效果，如图 5-48 所示。

图 5-48　添加"发光"滤镜后的文字效果

步骤3　在【属性】面板"滤镜"选项的下方再次单击【添加滤镜】按钮，在弹出的下拉列表中选择【投影】命令，设置"强度"为 20%、"距离"为 3，如图 5-49 所示，为"和谐"文字再添加黑色投影效果。

图 5-49 添加"投影"滤镜后的"和谐"文字

步骤4 确认舞台中"和谐"文字处于选择状态，然后在"滤镜"选项的下方单击【剪贴板】🖾 按钮，选择弹出菜单中的【复制全部】命令，将刚才添加的"发光"和"投影"滤镜复制到剪切板中。

步骤5 使用【选择工具】在舞台中的红色"社会 你我共享！"文字处单击，将其选择，然后在"滤镜"选项的下方单击【剪贴板】🖾 按钮，选择弹出菜单中的"粘贴"命令，将刚才复制的"发光"和"投影"滤镜粘贴到此，然后设置其"模糊 X"和"模糊 Y"的参数全部为 3，"投影"滤镜中"距离"为 2，如图 5-50 所示。

图 5-50 复制并修改滤镜后的文字效果

步骤6 按住 Shift 键的同时，使用【选择工具】在舞台下方的建筑处依次单击，将下面的三个图像全部选择，然后，然后单击菜单栏中的【修改】|【转换为元件】命令，在弹出的【转换为元件】对话框中设置【名称】为"建筑"，其他参数为默认设置，如图 5-51 所示。

步骤7 单击对话框中的 确定 按钮，将舞台中选择的建筑图形转换为"建筑"影片剪辑元件的实例，并且此元件被存放在【库】面板中。

步骤8 选择"建筑"影片剪辑实例，然后在【属性】面板的"色彩效果"选项中单击【样式】右侧的 无 按钮，在弹出菜单中【Alpha】命令，并设置其参数为 90%，如图 5-52 所示。

图 5-51 设置后的【转换为元件】对话框

图 5-52 【Alpha】选项设置

步骤9 使用【选择工具】选择"建筑"影片剪辑实例处，然后在【属性】面板"滤镜"选项的下方单击【添加滤镜】按钮，在弹出的下拉列表中选择"发光"命令，设置"颜色"为白色、"模糊 X"和"模糊 Y"的参数全部为 20，如图 5-53 所示。

图 5-53　添加"发光"滤镜后的"建筑"影片剪辑实例

步骤10 在【时间轴】面板的"建筑"图层之上创建新层，设置名称为"热气球"。

步骤11 单击菜单栏中【插入】|【新建元件】命令，在【创建新元件】对话框中的【名称】输入栏中输入"热气球"，如图 5-54 所示。

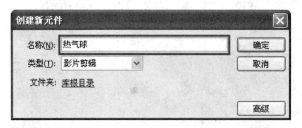

图 5-54　【创建新元件】对话框

步骤12 单击 确定 按钮，创建出名称为"热气球"的影片剪辑元件，并将当前的舞台编辑窗口由"场景 1"切换到"热气球"影片剪辑编辑窗口中。

步骤13 按住鼠标左键将【库】面板"热气球.png"图像拖曳到舞台中，并在【信息】调整中心点与舞台的注册点对齐，如图 5-55 所示。

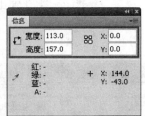

图 5-55　拖曳并调整位置后的"热气球.png"图像

步骤14 单击 场景 1 按钮，将当前编辑窗口切换到场景的编辑窗口中，然后按住鼠标左键，将刚才创建的"热气球"的影片剪辑元件从【库】面板拖曳到舞台左侧，并使用【变形】面板中将其等比例缩放设置为 32%，如图 5-56 所示。

图 5-56　"热气球"影片剪辑实例的大小及位置

步骤15 按住鼠标左键将"热气球"影片剪辑元件从【库】面板再次拖曳到舞台左侧，并使用【变形】面板中将等比例缩放设置为 24%，"旋转"为-20°，如图 5-57 所示。

图 5-57　再次拖曳并调整后的"热气球"影片剪辑实例

步骤16 使用【选择工具】选择刚才拖曳并旋转的"热气球"影片剪辑实例，然后在【属性】面板"滤镜"选项的下方单击【添加滤镜】按钮，在弹出的下拉列表中选择"模糊"命令，设置"模糊 X"为 5、"模糊 Y"为 0，如图 5-58 所示，从而为实例添加水平模糊的滤镜效果。

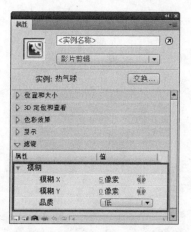

图 5-58　"模糊"滤镜的参数设置

步骤17 到此，该房地产 Banner 动画全部制作完成，其效果如图 5-59 所示，最后单击菜单栏中的【文件】|【保存】命令，将文件进行保存。

图 5-59　房地产 Banner 动画效果

第6章

基本动画制作

内容介绍

前面章节的学习只不过是 Flash 动画制作前的准备，由本章开始将正式进入到 Flash 动画制作的过程。本章中将对 Flash 中基本应用动画进行学习，包括逐帧动画、传统补间动画、补间形状动画、补间动画以及动画预设五大部分。为了使读者能够更加容易的学习，本章以实例带动讲解的方式学习各个基本动画的制作方法与技巧，作为本书内容的重点内容之一，希望读者能够认真学习。

学习重点

- 逐帧动画
- 实例指导：制作卡通走路动画
- 传统补间动画
- 实例指导：制作送福动画
- 补间形状动画
- 实例指导：制作浪漫餐厅动画
- 补间动画
- 动画预设
- 综合应用实例：制作家居广告动画

6.1 逐帧动画

逐帧动画是动画中最基本的类型，同传统的动画制作方法类似，它的制作原理是在连续的关键帧中分解动画，即每一帧中的内容不同，使其连续播放而成动画。

在制作逐帧动画的过程中，需要动手制作每一个关键帧中的内容，因此工作量极大，并且要求用户有比较强地逻辑思维和一定地绘图功底，虽然如此，逐帧动画的优势还是十分明显的，适合表现一些细腻的动画，例如 3D 效果、面部表情、走路、转身等，缺点是动画文件较大。

6.1.1 外部导入方式创建逐帧动画

外部导入方式是创建逐帧动画最为常用的方法，可以将其他应用程序中创建的动画文件或者图形图像序列导入到 Flash 软件，下面通过实例"摇摆小鱼"动画来学习通过外部导入方式创建逐帧动画的具体操作，最终动画效果如图 6-1 所示。

图 6-1 "摇摆小鱼"动画效果

制作"摇摆小鱼"动画效果——具体步骤

步骤1 启动 Flash CS4，创建一个空白的 Flash 文档。

步骤2 在工作区域中单击鼠标右键，选择弹出菜单中的【文档属性】命令，在弹出【文档属性】对话框中设置"宽"和"高"均为 150 像素，背景颜色为默认白色（颜色值为#FFFFFF），帧频为 10，如图 6-2 所示。

步骤3 单击 确定 按钮，完成对文档属性的各项设置，此时舞台的宽度变为 150 像素，高度为 150 像素。

步骤4 单击菜单栏【文件】|【导入】|【导入到舞台】命令，在弹出【导入】对话框中选择本书配套光盘"第 6 章/素材"目录下"摇摆小鱼 1.png"图像文件，如图 6-3 所示。

图 6-2 【文档属性】对话框

图 6-3 弹出的【导入】对话框

步骤5 单击 打开(Q) 按钮，由于刚才选择的图像是序列其中的一个，那么在导入时，系统会自动弹出一个用于是否导入序列中所有图像的信息提示框，如图 6-4 所示。

图 6-4 信息提示框

- 是(Y)：单击该按钮，将序列中所有图像全部导入，导入的图像以逐帧动画的方式排列，并且每张图像在舞台中的位置相同。
- 否(N)：只导入当前的图像；
- 取消：取消当前的导入操作。

步骤6 单击对话框中的 是(Y) 按钮，将选择图像序列中的全部图像导入到舞台中，其中每张图像在舞台中的位置相同，并且每一个图像自动生成一个关键帧，依次排列，同时存放在【库】面板中，如图 6-5 所示。

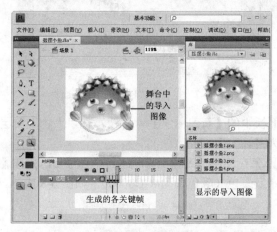

图 6-5 导入序列图像后的效果

步骤7 单击菜单栏中的【控制】|【测试影片】命令，对影片进行测试，在弹出的影片测试窗口中可以观察到导入的摇摆小鱼图像生成左右摇摆的动画效果。

步骤8 如果影片测试无误，单击菜单栏中的【文件】|【保存】命令，在弹出的【另存为】对话框中将文件保存为"摇摆小鱼.fla"。

6.1.2 在 Flash 中制作逐帧动画

除了使用前面外部导入的方式创建逐帧动画外，还可以在 Flash 软件中制作每一个关键帧中的内容，从而创建逐帧动画。下面以"倒计时"动画为例学习在 Flash 中制作逐帧动画的具体操作，其最终效果如图 6-6 所示。

图 6-6 "倒计时"动画效果

制作"倒计时"动画效果——具体步骤

步骤1 单击菜单栏中的【文件】|【打开】命令，打开本书配套光盘"第6章/素材"目录下的"倒计时.fla"文件，如图6-7所示。

图6-7 打开的"倒计时.fla"文件

步骤2 单击【时间轴】面板中的【新建图层】按钮，在"人物"图层之上创建出一个新的图层，设置其名称为"计数"。

步骤3 使用【文本工具】在舞台中人物上方输入红色数字5，并在【属性】面板中调整文字的合适字体、大小及颜色（颜色值为#CC0000），如图6-8所示。

图6-8 输入的红色数字5

步骤4 在【时间轴】面板中选择"计数"图层第2帧，然后按F6键，在该处插入关键帧。

步骤5 使用【文本工具】将刚才输入的数字5选择，然后将其更改为4，如图6-9所示。

步骤6 同样方法，在【时间轴】面板"计数"图层第3帧、第4帧、第5帧和第6帧处分别插入关键帧，然后依次更改各帧的数字为3、2、1和字母"go"，如图6-10所示。

图 6-9 更改后的红色数字 4

图 6-10 各帧中的显示

> **提示** 在更改第 6 帧中数字时，由于前面几帧都是单个数字，因此在第 6 帧更改为两个字母"go"后，其位置会略微偏右，这时需要将其水平向左移动一小段距离，从而使动画效果更加流畅。

步骤 7 单击菜单栏中的【控制】|【测试影片】命令，对影片进行测试，在弹出的影片测试窗口中可以观察到准备起跑时上方文字由 5 开始的倒计时动画。

步骤 8 如果影片测试无误，单击菜单栏中的【文件】|【保存】命令，将文件进行保存。

6.1.3 使用绘图纸工具编辑动画帧

通常情况下，在 Flash 动画的制作过程时，舞台中一次只能显示或编辑一个关键帧中的对象，如果需要显示多个关键帧或同时编辑多个关键帧中的对象时，就需要使用到绘图纸工具，Flash 绘图纸工具位于【时间轴】面板的下方，如图 6-11 所示。

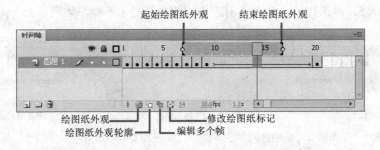

图 6-11 绘图纸工具

1. 在舞台上同时查看动画的多个帧

在【时间轴】面板下方单击【绘图纸外观】 按钮后，在舞台中可以将两个绘图纸外观标记（即"起始绘图纸外观"与"结束绘图纸外观"）之间的所有帧显示出来，当前帧以实体显示，其他帧以半透明的方式显示。

如果单击【绘图纸外观轮廓】 按钮，那么在舞台中可以将绘图纸外观标记之间的所有帧显示出来，当前帧以实体显示，而其他帧以轮廓线的方式显示。

2．控制绘图纸外观的显示

如果想要编辑绘图纸外观标记之间的多个或全部帧，那么就可以通过单击【编辑多个帧】 按钮进行操作。单击该按钮后，此时在舞台中可以显示【时间轴】面板中绘图纸外观标记之间所有关键帧的内容，不管它是否为当前工作帧。

3．更改绘图纸外观标记的显示

【修改绘图纸标记】 主要用于更改绘图纸外观标记的显示范围与属性，单击该按钮，可以弹出一个用于各项设置的下拉列表，如图 6-12 所示。

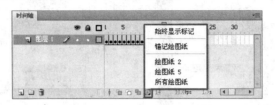

图 6-12　弹出的下拉列表

（1）始终显示标记：无论绘图纸工具是否打开，选择该项，都可以显示绘图纸外观的两个标记，左侧的为起始绘图纸外观，右侧的为结束绘图纸外观，如图 6-13 所示。

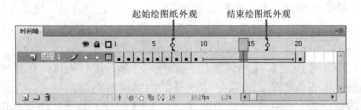

图 6-13　两个标记

（2）锚记绘图纸：通常情况下，绘图纸外观两个标记会随当前选择帧的更改而移动，但是如果选择该项，那么就可以将绘图纸外观两个标记的位置进行锁定，从而在移动当前帧时使其位置不受影响。

（3）绘图纸 2：单击该项，会在当前选择帧的两侧显示 2 帧，如图 6-14 所示。

（4）绘图纸 5：单击该项，会在当前选择帧的两侧显示 5 帧，如图 6-15 所示。

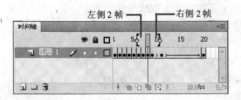
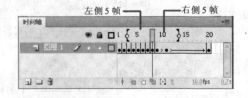

图 6-14　选择"绘图纸 2"选项时的显示　　　　图 6-15　选择"绘图纸 5"选项时的显示

（5）所有绘图纸：单击该项，会在当前帧的两边显示所有帧，如图 6-16 所示。

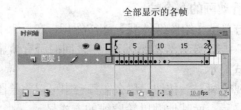

图 6-16　选择"所有绘图纸"选项时的显示

提示　在制作较为复杂的 Flash 动画时，有时需要对某个或者某些图层进行多个帧的编辑，那么为了避免出现使人混乱的情况，可以在【时间轴】面板将不希望对其使用绘图纸外观的图层进行锁定。

6.2　实例指导：制作"卡通走路"动画

逐帧动画是一种简单的动画表现形式，制作方法也很简单，只需在动画的关键帧中创建不同的动画对象即可。掌握逐帧动画的关键是如何控制每一个关键帧中动画的形态，每个关键帧之间的时间间隔，以及如何对逐帧动画中多个关键帧进行编辑。在本节中将制作一个"走路"的动画实例，在实例中将对逐帧动画的创建以及编辑进行详细讲解，其最终效果如图 6-17 所示。

图 6-17　"走路"动画效果

制作"卡通走路"动画效果——具体步骤

步骤 1　启动 Flash CS4，创建一个空白的 Flash 文档。

步骤 2　在工作区域中单击鼠标右键，选择弹出菜单中的【文档属性】命令，在弹出【文档属性】对话框中设置"宽"为 300 像素、"高"为 200 像素，背景颜色为默认白色（颜色值为 #FFFFFF），帧频为 30，如图 6-18 所示。

图 6-18　【文档属性】对话框

步骤3 单击 确定 按钮，完成对文档属性的各项设置。

步骤4 在【时间轴】面板中双击"图层 1"图层，将其重新命名为"背景"。

步骤5 单击菜单栏【文件】|【导入】|【导入到舞台】命令，在弹出的【导入】对话框中双击本书配套光盘"第 6 章/素材"目录下"田野.jpg"图像文件，将其图像导入到舞台中，并通过【信息】面板调整其大小及位置与舞台相等，如图 6-19 所示。

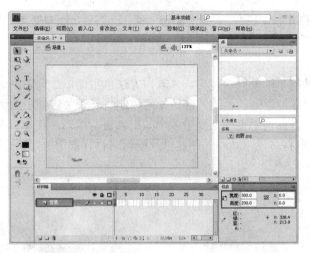

图 6-19 导入并调整后的"田野.jpg"图像

步骤6 单击【时间轴】面板中的【新建图层】按钮，在"背景"图层之上创建出一个新的图层，设置其名称为"卡通"。

步骤7 再次单击菜单栏【文件】|【导入】|【导入到舞台】命令，在弹出的【导入】对话框中双击本书配套光盘"第 6 章/素材"目录下"鸡.gif"文件，将该动画图像导入到舞台中，从而创建逐帧动画，如图 6-20 所示。

图 6-20 导入"鸡.gif"图像后的显示

步骤8 单击【时间轴】面板下方的【修改绘图纸标记】按钮，在弹出的下拉列表中选择【所有绘图纸】选项，从而将当前帧两侧的帧全部显示。

步骤9 单击【时间轴】面板中【编辑多个帧】按钮，则此时的舞台可以显示出【时间轴】面板中所有关键帧的内容，如图 6-21 所示。

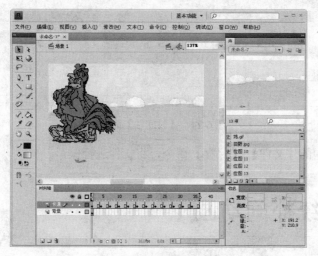

图 6-21　单击【编辑多个帧】 [█] 按钮后显示的全部帧

步骤10 在【时间轴】面板中将"背景"图层锁定，然后单击菜单栏中的【编辑】|【全选】命令，从而将"卡通"图层所有帧的对象全部选择，如图 6-22 所示。

图 6-22　【时间轴】面板

步骤11 使用【选择工具】 将选择后的"卡通"图层所有帧的对象中移动到如图 6-23 所示的位置处。

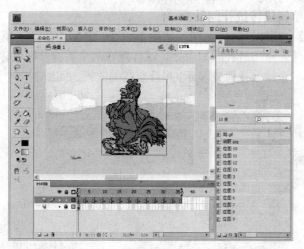

图 6-23　调整位置后的所有对象

步骤12 在【时间轴】面板中选择"背景"图层第 36 帧，然后按 F5 键，在该帧处插入普通帧，从而设置动画的播放时间为 36 帧，如图 6-24 所示，到此该动画全部制作完成。

步骤13 单击菜单栏中的【控制】|【测试影片】命令，对影片进行测试，在弹出的测试窗口中可以观察到一片田野中色彩亮丽的卡通鸡悠闲走路的动画效果。

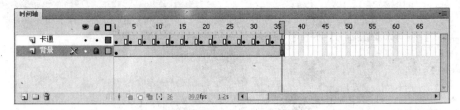

图 6-24 【时间轴】面板

步骤14 单击菜单栏中的【文件】|【保存】命令,将文件进行保存。

6.3 传统补间动画

传统补间动画是 Flash 中较为常见的基础动画类型,使用它可以制作出对象的位移、变形、旋转、透明度、滤镜以及色彩变化的动画效果。

与前面介绍的逐帧动画不同,使用传统补间创建动画时,只要将两个关键帧中的对象制作出来即可。两个关键帧之间的过渡帧由 Flash 自动创建,并且只有关键帧是可以进行编辑的,而各过渡帧虽然可以查看,但是不能直接进行编辑。除此之外,在制作时还需要满足以下条件:

（1）在一个动画补间动作中至少要有两个关键帧。

（2）这两个关键帧中的对象必须是同一个对象。

（3）这两个关键帧中的对象必须有一些变化,否则制作的动画将没有动作变化的效果。

6.3.1 创建传统补间动画

传统补间动画的创建方法有两种,可以通过右键菜单,也可以通过菜单命令,两者相比,前者更方便快捷,比较常用。

1. 通过右键菜单创建传统补间动画

首先在【时间轴】面板中选择同一图层的两个关键帧之间的任意一帧,然后单击鼠标右键,在弹出的菜单中选择【创建传统补间】命令,这样就在两个关键帧间创建出传统补间动画,创建的传统补间动画以一个浅蓝色背景显示,并且会在关键帧之间绘制一个箭头,如图 6-25 所示。

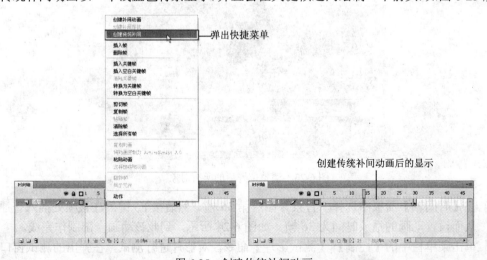

图 6-25 创建传统补间动画

通过右键菜单除了可以创建传统补间动画外，还可以取消已经创建好的传统补间动画，首先选择已经创建传统补间动画两个关键帧之间的任意一帧，然后单击鼠标右键，在弹出的菜单中选择【删除补间】命令，就可以将已经创建的传统补间动画删除，如图 6-26 所示。

图 6-26　删除传统补间动画

2．使用菜单命令创建传统补间动画

在使用菜单命令创建传统补间动画的过程中，同样需要将同一图层两个关键帧之间的任意一帧选择，然后单击菜单栏中的【插入】|【传统补间】命令，就可以在两个关键帧之间创建传统补间动画；如果想取消已经创建好的传统补间动画，可以选择已经创建传统补间动画两个关键帧之间的任意一帧，然后单击菜单栏中的【插入】|【删除补间】命令，从而将已经创建的传统补间动画删除。

6.3.2　传统补间动画属性设置

无论使用前面介绍的哪种方法创建传统补间动画，都可以通过【属性】面板进行动画的各项设置，从而使其更符合动画需要。首先选择已经创建传统补间动画的两个关键帧之间任意一帧，然后展开【属性】面板，在其下的【补间】选项中就可以设置动画的运动速度、旋转方向与旋转次数等，如图 6-27 所示。

图 6-27　动作补间动画的【属性】面板

（1）缓动：默认情况下，过渡帧之间的变化速率是不变的，在此可以通过"缓动"选项逐渐调整变化速率，从而创建更为自然地由慢到快的加速或先快后慢的减速效果，默认数值为 0，取值范围为-100～+100，负值为加速动画，正值为减速动画。

（2）缓动编辑：单击"缓动"选项右侧的 ✎ 按钮，在弹出的【自定义缓入/缓出】对话框中可以设置过渡帧更为复杂的速度变化，如图 6-28 所示。其中帧由水平轴表示，变化的百分比由垂直轴表示，第一个关键帧表示为 0%，最后一个关键帧表示为 100%，对象的变化速率用曲线图的曲线斜率表示，曲线水平时（无斜率），变化速率为零，曲线垂直时，变化速率最大，一瞬间完成变化。

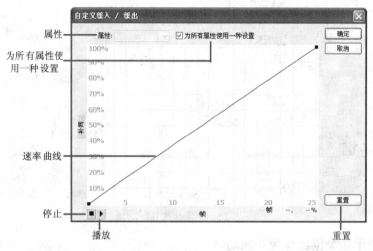

图 6-28　【自定义缓入/缓出】对话框

1)【属性】：取消【为所有属性使用一种设置】选项的勾选时该项才可用，单击该处，弹出 5 个属性列表，分别为"位置"、"旋转"、"缩放"、"颜色"和"滤镜"，每个属性都会有一条独立的速率曲线。

2)【为所有属性使用一种设置】：默认时该项处于勾选状态，表示所显示的曲线适用于所有属性，并且其左侧的【属性】选项为灰色不可用状态。取消该项的勾选，在左侧的【属性】选项中可以设置每个属性都有定义其变化速率的单独的曲线。

3)速率曲线：用于显示对象的变化速率，在速率曲线处单击，即可添加一个控制点，通过按住鼠标拖曳，可以对所选的控制点进行位置调整，并显示两侧的控制手柄，可以使用鼠标拖动控制点或其控制手柄，也可以使用小键盘中的箭头键确定位置；再次按 Detele 键，可将所选的控制点删除。

4)【停止】■：单击该按钮，停止舞台上的动画预览。

5)【播放】▶：单击该按钮，以当前定义好的速率曲线预览舞台上的动画。

6)　重置　：单击该按钮，可以将当前的速率曲线重置成默认的线性状态。

（3）旋转：用于设置对象旋转的动画，单击右侧的 自动 ▼ 按钮，可弹出如图 6-29 所示的下拉列表，当选择"顺时针"和"逆时针"选项时，可以创建顺时针与逆时针旋转的动画。在下拉列表右侧还有一个参数设置，用于设置对象旋转的次数。

图 6-29　弹出的下拉列表

1)【无】：选择该项，不设定旋转。

2)【自动】：选择该项可以在需要最少动作的方向上将对象旋转一次。

3)【顺时针】：选择该项可以将对象进行顺时针方向旋转，并且在右侧设置旋转次数。

4）【逆时针】：选择该项可以将对象进行逆时针方向旋转，并且在右侧设置旋转次数。

（4）贴紧：勾选该项，可以将对象紧贴到引导线上。

（5）同步：勾选该项，可以使图形元件实例的动画和主时间轴同步。

（6）调整到路径：制作运动引导线动画时，勾选该项，可以使动画对象沿着运动路径运动。

（7）缩放：勾选该项，用于改变对象的大小。

6.4 实例指导：制作"送福"动画

使用传统补间动画可以创建出多种动画效果，包括对象位置的移动、对象的大小改变、对象色彩变化以及对象旋转等。在本节中将制作一个"送福"的动画实例，此实例中通过传统补间为对象应用了多种的变化效果，其最终效果如图 6-30 所示。

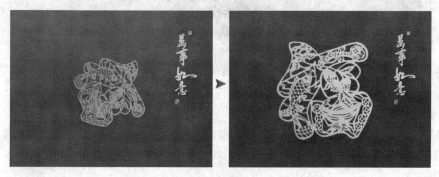

图 6-30　"送福"动画效果

制作"送福"动画效果——具体步骤

步骤1 单击菜单栏中的【文件】|【打开】命令，打开本书配套光盘"第 6 章/素材"目录下的"送福.fla"文件，如图 6-31 所示。

步骤2 使用【选择工具】选择舞台中福字，然后单击菜单栏中【修改】|【转换为元件】命令，在弹出【转换为元件】对话框中设置【名称】为"福"，【类型】为默认的"影片剪辑"，【注册】也为默认设置，如图 6-32 所示。

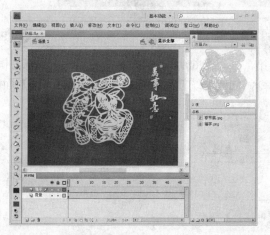

图 6-31　打开的"送福.fla"文件

图 6-32　设置后的【转换为元件】对话框

步骤3 单击对话框中的 确定 按钮，将舞台中选择的福字图像转换为名称为"福"的影片剪辑元件。

步骤4 选择【时间轴】面板的"福字"图层第 60 帧处，按 F6 键，在该帧处插入关键帧。

步骤5 按键盘的 Ctrl+T 键，展开【变形】面板，选择第 1 帧处的"福"影片剪辑实例，在【变形】面板中设置其缩小比例为 20%，如图 6-33 所示。

图 6-33　第 1 帧处的"福"影片剪辑实例

步骤6 继续选择第 1 帧处的"福"影片剪辑实例，在【属性】面板【色彩效果】类别中设置【样式】选项为"Alpha"，并设置"Alpha"参数值为 0%，此时舞台中的"福"影片剪辑实例则完全透明，如图 6-34 所示。

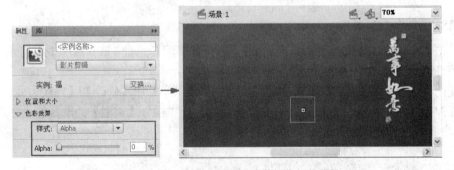

图 6-34　第 1 帧处"福"影片剪辑实例的属性

步骤7 在【时间轴】面板中选择"福字"图层第 1 帧与第 60 帧间的任意一帧，单击鼠标右键，选择弹出菜单中的【创建传统补间】命令，创建传统补间动画，此时的【时间轴】面板如图 6-35 所示。

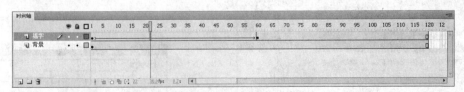

图 6-35　【时间轴】面板

步骤8 在【时间轴】面板中选择"福字"图层第 1 帧与第 60 帧间的任意一帧，在【属性】面板中，设置【缓动】为 100，【旋转】为"顺时针"且 2 次，从而为"福"影片剪辑实例添加了减速与旋转的动画效果，如图 6-36 所示。

步骤9 到此动画制作完成，单击菜单栏中的【控制】|【测试影片】命令，对影片进行测试，在弹出的影片测试窗口中可以看到喜庆气氛中红色福字由小到大、由透明到完全显示的减速旋转动画。

步骤10 如果影片测试无误，单击菜单栏中的【文件】|【保存】命令，将文件进行保存。

图 6-36 【属性】面板

6.5 补间形状动画

补间形状动画用于创建形状变化的动画效果，使一个形状变成另一个形状，同时也可以设置图形形状位置、大小、颜色的变化。

补间形状动画的创建方法与传统补间动画类似，只要创建出两个关键帧中的对象，其他过渡帧便可通过 Flash 自己制作出来，当然创建补间形状动画也需要一定的条件，如下所示：

（1）在一个补间形状动画中至少要有两个关键帧。

（2）这两个关键帧中的对象必须是可编辑的图形，如果是其他类型的对象，则必须将其转换为可编辑的图形。

（3）这两个关键帧中的图形必须有一些变化，否则制作的动画将没有动的效果。

6.5.1 创建补间形状动画

当满足了以上条件后，就可以制作补间形状动画。与传统补间动画类似，创建补间形状动画也有两种方法，可以通过右键菜单，也可以通过菜单命令。两者相比，前者更方便快捷，比较常用。

1. 通过右键菜单创建补间形状动画

选择同一图层的两个关键帧之间的任意一帧，单击鼠标右键，在弹出的菜单中选择【创建补间形状】命令，这样就在两个关键帧间创建出补间形状动画，创建的补间形状动画以一个浅绿色背景显示，并且会在关键帧之间绘制一个箭头，如图 6-37 所示。

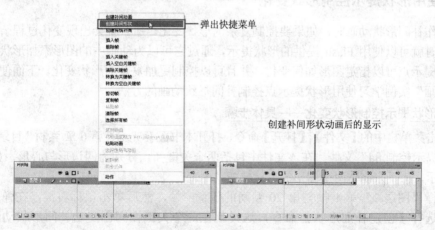

图 6-37 创建补间形状动画

提示 如果创建后的补间形状动画以一条绿色背景的虚线段表示，说明补间形状动画没有创建成功，两个关键帧中的对象可能没有满足创建补间形状动画的条件。

如果想删除创建的补间形状动画，其方法与前面介绍的删除传统补间动画相同，选择已经创建补间形状动画两个关键帧之间的任意一帧，单击鼠标右键，在弹出的菜单中选择【删除补间】命令，就可以将已经创建的补间形状动画删除。

2．使用菜单命令创建补间形状动画

同前面制作传统补间动画相同，首先将同一图层两个关键帧之间的任意一帧选择，然后单击菜单栏中的【插入】|【补间形状】命令，就可以在两个关键帧之间创建补间形状动画；如果想取消已经创建好的补间形状动画，可以选择已经创建补间形状动画两个关键帧之间的任意一帧，然后单击菜单栏中的【插入】|【删除补间】命令，从而将已经创建的补间形状动画删除。

6.5.2　补间形状动画属性设置

补间形状动画的属性同样通过【属性】面板的【补间】选项进行设置，首先选择选择已经创建补间形状动画两个关键帧之间的任意一帧，然后展开【属性】面板，在其下的【补间】选项中就可以设置动画的运动速度、混合等，如图 6-38 所示，其中"缓动"参数设置请参照前面介绍的传统补间动画。

图 6-38　补间形状动画的【属性】面板

混合：共有两种选项"分布式"和"角形"，"分布式"选项创建的动画中间形状更为平滑和不规则；"角形"选项创建的动画中间形状会保留有明显的角和直线。

6.5.3　使用形状提示控制形状变化

在制作补间形状动画时，如果要控制复杂的形状变化，那么就会出现变化过程杂乱无章的情况，这时就可以使用 Flash 提供的形状提示，通过它可以为动画中的图形添加形状提示点，通过形状提示点可以指定图形如何变化，并且可以控制更加复杂的形状变化。下面便通过"形状控制动画"实例学习使用形状提示点控制补间形状动画的方法。

使用形状提示控制形状变化——具体步骤

步骤1 单击菜单栏中的【文件】|【打开】命令，打开本书配套光盘"第 6 章/素材"目录下的"形状提示控制.fla"文件，在该文件中包括两个关键帧，分别为四边形与心形，如图 6-39 所示，接下来制作两个图形的形状转变动画。

步骤2 选择"图层 1"第 1 帧与第 20 帧间的任意一帧，然后单击鼠标右键，在弹出的菜单中选择【创建补间形状】命令，这样就在两个关键帧间创建出补间形状动画，如图 6-40 所示。

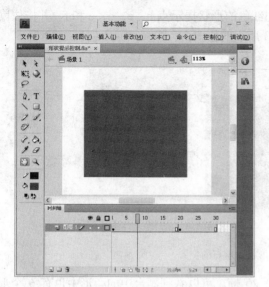
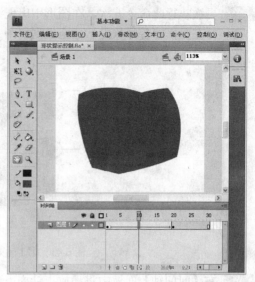

图 6-39　打开的"形状提示控制.fla"文件　　　　图 6-40　创建的补间形状动画

步骤3 单击菜单栏中的【控制】|【测试影片】命令，在弹出影片测试窗口中可以观看到形状变化的动画效果，如图 6-41 所示。

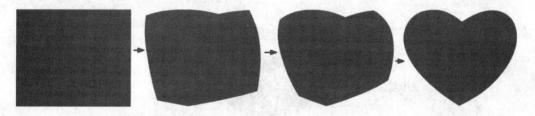

图 6-41　形状变化的动画效果

此时的动画是在没有任何干预的情况下 Flash 自己创建的动画效果，其动画效果有些杂乱，接下来使用添加形状提示点制作规律变换的动画效果。

步骤4 关闭影片测试窗口，将【时间轴】面板播放指针拖曳到第 1 帧，然后单击菜单栏中的【修改】|【形状】|【添加形状提示】命令或按 Ctrl+Shift+H 组合键，在图形中出现一个红色形状提示点 a，如图 6-42 所示。

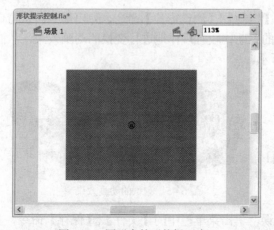

图 6-42　图形中的形状提示点 a

步骤5 再次执行此命令五次，在图形中出现添加红色的形状提示点 b、c、d、e 和 f，并按住鼠标左键，将各形状提示点拖曳到如图 6-43 所示的位置。

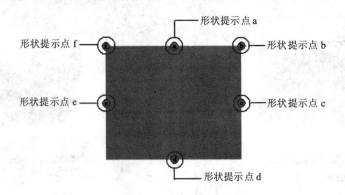

形状提示点 a

形状提示点 f

形状提示点 b

形状提示点 e

形状提示点 c

形状提示点 d

图 6-43　第 1 帧处各形状提示点的位置

步骤6 在【时间轴】面板中将播放指针拖曳到第 20 帧，可以看到舞台中的心形中也有 6 个形状提示点，将形状提示点拖曳到如图 6-44 所示的位置，此时形状提示点的颜色变为绿色，而第 1 帧中的形状提示点将变为黄色。

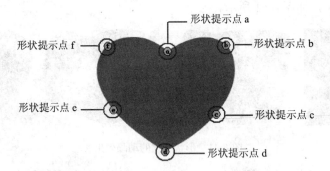

形状提示点 a

形状提示点 f

形状提示点 b

形状提示点 e

形状提示点 c

形状提示点 d

图 6-44　第 20 帧处各形状提示点的位置

提示　如果第 20 帧或第 1 帧中的形状提示点没有变绿或者变黄，则说明这个形状提示点没有在两个帧中对应起来，需要重新调整形状提示点的位置。

步骤7 单击菜单栏中的【控制】|【测试影片】命令，弹出影片测试窗口，在此窗口中可以观看到图形根据自己的意愿比较有规律地进行变换的动画效果，从而使变形动画更加流畅自如，如图 6-45 所示。

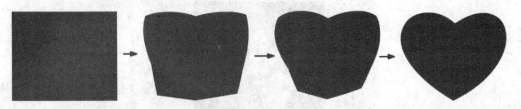

图 6-45　测试的动画效果

步骤8 如果影片测试无误，单击菜单栏中的【文件】|【保存】命令，将文件进行保存。

提示　在上图的操作过程中，有时可能因为误操作，而使添加的形状提示点无法显示，这时可以单击菜单栏中的【视图】|【显示形状提示】命令，将其显示；如果添加了多余的形状提示点，可以按住鼠标将其拖曳到舞台外，从而将其删除，而单击菜单栏中的【修改】|【形状】|【删除所有提示】命令，又可以将添加的形状提示点全部删除。

Flash
CS 4

6.6　实例指导：制作浪漫餐厅动画

　　补间形状动画是 Flash 中比较常用的动画类型，用于创建类似于形变的动画效果。在本节中将制作一个"浪漫餐厅"的动画实例，在此本实例中将以简单图形变化的补间形状动画表现出窗帘的飘动效果，并将这些窗帘飘动的动画在舞台中进行多个复制与变形，使其效果更加丰富，感觉更加真实，其最终效果如图 6-46 所示。

图 6-46　"浪漫餐厅"动画效果

制作"浪漫餐厅"动画效果——具体步骤

步骤1　单击菜单栏中的【文件】|【打开】命令，打开本书配套光盘"第 6 章/素材"目录下的"浪漫餐厅.fla"文件，如图 6-47 所示。

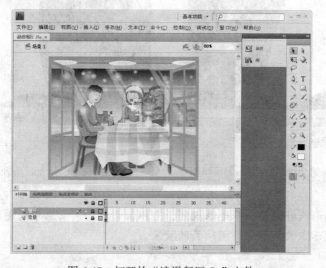

图 6-47　打开的"浪漫餐厅.fla"文件

步骤2 在【时间轴】面板中选择"窗户"图层，单击【新建图层】■按钮，在"窗户"图层之上创建出一个新的图层，设置其名称为"窗帘"。

步骤3 单击菜单栏中【插入】|【新建元件】命令，弹出【创建新元件】对话框，在此对话框中设置【名称】为"窗帘1"，【类型】为"影片剪辑"，如图6-48所示。

步骤4 单击【创建新元件】对话框中 确定 按钮，切换到"窗帘1"影片剪辑元件编辑窗口中。

步骤5 在"窗帘1"影片剪辑元件编辑窗口的舞台中心绘制一个白色的窗帘图形，如图6-49所示。

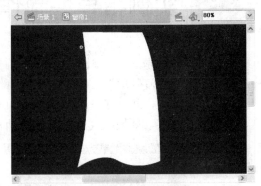

图6-48 【创建新元件】对话框中参数　　　　图6-49 绘制的窗帘图形

步骤6 在绘制的窗帘图形所在的"图层1"图层第40帧插入帧，设置动画播放时间为40帧，然后在第38帧插入关键帧，此时第38帧处的窗帘图形与第1帧相同。

步骤7 在"图层1"图层第18帧处插入关键帧，将此帧处的窗帘图形进行调整，然后在"图层1"图层第20帧也插入关键帧，这样第20帧处的窗帘图形与第18帧相同，如图6-50所示。

步骤8 选择"图层1"图层第1帧与第18帧之间任意一帧，单击鼠标右键，在弹出菜单中选择【创建补间形状】命令，在第1帧与第18帧之间创建出补间形状动画，使用同样的方法在第20帧与第38帧之间也创建出补间形状动画，如图6-51所示。

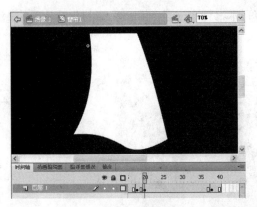

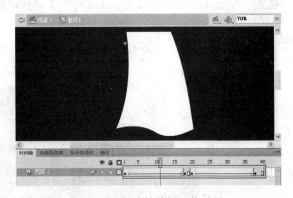

图6-50 第18帧与第20帧处调整后的窗帘图形　　　图6-51 创建的补间形状动画

提示　　如果创建的形状补间动画不是很规则，可以为形状补间动画中的图形添加形状提示点，通过形状提示点控制形状补间动画的效果。

步骤9 按照创建"窗帘1"影片剪辑元件同样的方法创建出"窗帘2"影片剪辑元件，"窗帘2"

影片剪辑元件中第 1 帧与第 38 帧处窗帘图形相同，第 18 帧与第 20 帧处窗帘图形相同，如图 6-52 所示。

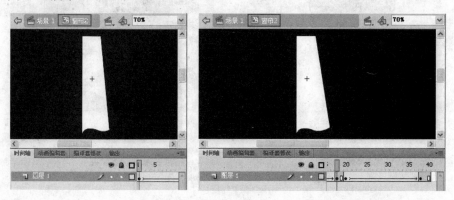

图 6-52　"窗帘 2"影片剪辑元件中第 1 帧与第 18 帧处的图形

步骤10　单击编辑栏中的 场景1 按钮，切换到当前场景中，然后选择【时间轴】面板中"窗帘"图层，将【库】面板中"窗帘 1"与"窗帘 2"影片剪辑元件拖曳到舞台的左侧。

步骤11　使用【选择工具】将舞台中的"窗帘 1"与"窗帘 2"影片剪辑实例全部选择，按住 Alt 键向右拖曳鼠标，将"窗帘 1"与"窗帘 2"影片剪辑实例向舞台右侧进行复制，然后单击菜单栏中【修改】|【变形】|【水平翻转】命令，将复制的影片剪辑进行水平方向上的翻转，如图 6-53 所示。

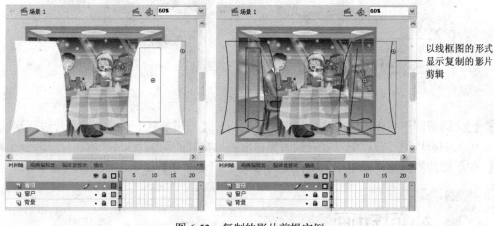

以线框图的形式显示复制的影片剪辑

图 6-53　复制的影片剪辑实例

提示　在上图中，由于"窗帘 1"与"窗帘 2"影片剪辑实例都为白色，而且又重叠在一起，所以会分不清彼此，为了能够让读者更清楚地看到"窗帘 1"与"窗帘 2"影片剪辑实例的位置，所以暂且将"窗帘"图层以线框的方式进行显示。

步骤12　使用【任意变形工具】将左侧与右侧的"窗帘 1"与"窗帘 2"影片剪辑实例进行变形操作，使其覆盖在舞台的两侧，并具有不同的形状，如图 6-54 所示。

步骤13　选择舞台中所有的"窗帘 1"与"窗帘 2"影片剪辑实例，在【属性】面板【色彩效果】类别中设置【样式】选项为 Alpha，并设置 Alpha 参数值为 25%，从而将舞台中的窗帘设置为半透明的状态，如图 6-55 所示。

图 6-54　变形后的"窗帘 1"与"窗帘 2"影片剪辑实例

图 6-55　影片剪辑实例的属性

步骤14　到此动画制作完成，单击菜单栏中的【控制】|【测试影片】命令，对影片进行测试，在弹出的影片测试窗口中可以看到两侧窗帘随风飘舞的动画效果。

步骤15　如果影片测试无误，单击菜单栏中的【文件】|【保存】命令，将文件进行保存。

6.7　补间动画

　　补间动画是一种全新的动画类型，它是 Flash CS4 新增功能的核心之一，功能强大且易于创建，不仅可以大大简化 Flash 动画的制作过程，而且还提供了更大程度的控制。在 Flash CS4 中，补间动画是一种基于对象的动画，不再是作用于关键帧，而是作用于动画元件本身，从而使 Flash 的动画制作更加专业。

6.7.1　补间动画与传统补间动画的区别

　　Flash CS4 软件支持两种不同类型的补间从而创建动画，一种是前面学习的传统补间动画，而另外一种就是 CS4 版本新增功能的补间动画，通过它可以对补间的动画进行最大程度的控制，与前面学习的传统补间相比，二者存在很大的差别。

（1）传统补间动画是基于关键帧的动画，通过两个关键帧中两个对象的变化创建的动画效果。其中关键帧是显示对象实例的帧；而补间动画是基于对象的动画，整个补间范围只有一个动画对象，动画中使用的是属性关键帧而不是关键帧。

（2）补间动画在整个补间范围上由只有一个对象。

（3）补间动画和传统补间动画都只允许对特定类型的对象进行补间。若应用补间动画，则在创建补间时会将所有不允许的对象类型转换为影片剪辑；而应用传统补间动画会将这些对象类型转换为图形元件。

（4）补间动画会将文本视为可补间的类型，而不会将文本对象转换为影片剪辑；传统补间动画则会将文本对象转换为图形元件。

（5）在补间动画范围上不允许添加帧标签；传统补间则允许在动画范围内添加帧标签。

（6）补间目标上的任何对象脚本都无法在补间动画范围的过程中更改。

（7）在时间轴中可以将补间动画范围视为单个对象进行拉伸和调整大小，而传统补间动画可以对补间范围的局部或整体进行调整。

（8）如果要在补间动画范围中选择单个帧，必须按住 Ctrl 键单击该帧；而传统补间动画中的选择单帧只需要单击即可选择。

（9）对于传统补间动画，缓动可应用于补间内关键帧之间的帧；对于补间动画，缓动可应用于补间动画范围的整个长度，如果仅对补间动画的特定帧应用缓动，则需要创建自定义缓动曲线。

（10）利用传统补间动画可以在两种不同的色彩效果（如色调和 Alpha 透明度）之间创建动画；而补间动画可以对每个补间应用一种色彩效果，可以通过在【动画编辑器】面板的"色彩效果"属性中单击【添加颜色、滤镜或缓动】 按钮进行色彩效果的选择。

（11）只可以使用补间动画来为 3D 对象创建动画效果；无法使用传统补间动画为 3D 对象创建动画效果。

（12）只有补间动画才能保存为动画预设。

（13）对于补间动画中属性关键帧无法像传统补间动画那样对动画中单个关键帧的对象应用交换元件的操作，而是将整体动画应用于交换的元件；补间动画也不能在【属性】面板的"循环"选项下设置图形元件的"单帧"数。

6.7.2 创建补间动画

同前面学习的传统补间动画一样，补间动画对于创建对象的类型也有所限制，只能应用于元件的实例和文本字段，并且要求同一图层中只能选择一个对象，如果选择同一图层多个对象，将会弹出一个用于提示是否将选择的多个对象转换为元件的提示框，如图 6-56 所示。

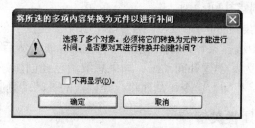

图 6-56 弹出的提示框

在进行补间动画的创建时，对象所处的图层类型可以是系统默认的常规图层，也可以比较特殊的引导层、遮罩层或被遮罩层。创建补间动画后，如果原图层是常规图层，那么它将成为补间图层；如果是引导层、遮罩层或被遮罩层，它将成为补间引导、补间遮罩或补间被遮罩图层，如图 6-57 所示。

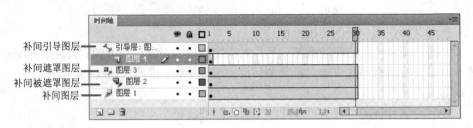

补间引导图层
补间遮罩图层
补间被遮罩图层
补间图层

图 6-57 创建补间动画后的各图层显示效果

在 Flash CS4 中，创建补间动画的操作方法可以通过右键菜单，也可以通过菜单命令，两者相比，前者更方便快捷，比较常用。

1．通过右键菜单创建补间动画

通过右键菜单创建补间动画有两种方法，这是由于创建补间动画的右键菜单有两种弹出方式，首先在【时间轴】面板中选择某帧，或者在舞台中选择对象，然后单击鼠标右键，都会弹出右键菜单，选择其中的【创建补间动画】命令，都可以为其创建补间动画，如图 6-58 所示。

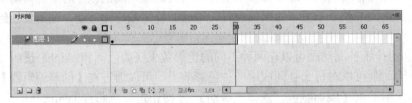

图 6-58 创建补间动画后的【时间轴】面板

> **提示** 创建补间动画的帧数会根据选择对象在【时间轴】面板中所处的位置不同而有所不同。如果选择的对象是处于在【时间轴】面板的第一帧中，那么补间范围的长度等于一秒的持续时间，例如当前文档的"帧频"为 30fps，那么在【时间轴】面板中创建补间动画的范围长度也是 30 帧，而如果当前"帧频"小于 5fps，则创建的补间动画范围长度将为 5 帧；如果选择对象存在于多个连续的帧中，则补间范围将包含该对象占用的帧数。

如果想删除创建的补间动画，可以在【时间轴】面板中选择已经创建补间动画的帧，或者在舞台中选择已经创建补间动画的对象，然后单击鼠标右键，在弹出的右键菜单中选择【删除补间】命令，就可以将已经创建的补间动画删除。

2．使用菜单命令创建补间动画

除了使用右键菜单创建补间动画外，同样 Flash CS4 也提供了创建补间动画的菜单命令，首先在【时间轴】面板中选择某帧，或者在舞台中选择对象，然后单击菜单栏中的【插入】|【补间动画】命令，可以为其创建补间动画；如果想取消已经创建好的补间动画，可以单击菜单栏中的【插入】|【删除补间】命令，从而将已经创建的补间动画删除。

6.7.3 在舞台中编辑属性关键帧

在 Flash CS4 中，"关键帧"和"属性关键帧"性质不同，其中"关键帧"是指在【时间轴】面板中舞台上实实在在的动画对象所处的动画帧，而"属性关键帧"则是指在补间动画的特定时间或帧中为对象定义的属性值。

　　在舞台中可以通过【变形】面板或【工具】面板中的各种工具进行属性关键帧的各项编辑，包括位置、大小、旋转、倾斜等。如果补间对象在补间过程中更改舞台位置，那么在舞台中将显示补间对象在舞台上移动时所经过的路径，此时可以通过【工具】面板中【选择工具】▶、【部分选取工具】▶、【任意变形工具】▦和【变形】面板等编辑补间的运动路径。下面通过实例动画来学习在舞台中编辑属性关键帧和编辑补间运动路径的具体操作：

在舞台中编辑属性关键帧——具体步骤

步骤1　单击菜单栏中的【文件】|【打开】命令，打开本书配套光盘"第 6 章/素材"目录下的"冲浪.fla"文件，如图 6-59 所示。

图 6-59　打开的"冲浪.fla"文件

步骤2　选择舞台中的"卡通"影片剪辑实例，然后单击鼠标右键，在弹出右键菜单中选择【创建补间动画】命令，从而为其创建补间动画，由于当前文档的"帧频"为 30fps，因此创建补间动画的范围长度也是 30 帧，如图 6-60 所示。

图 6-60　创建补间动画后的显示

步骤3 在【时间轴】面板中将播放头拖曳到第 30 帧处，然后选择舞台中的"卡通"影片剪辑实例，然后在【变形】面板中设置缩放比例为 60%，此时在补间范围第 30 帧中将添加一个属性关键帧，以小菱形显示，如图 6-61 所示。

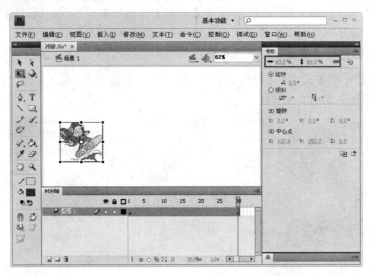

图 6-61　创建属性关键帧的显示

步骤4 确认【时间轴】面板播放头处于第 30 帧处，然后按住鼠标通过【选择工具】将其拖曳舞台右上角处，此时将显示一个如图 6-62 所示的运动路径，其中每一个蓝色控制点对应【时间轴】面板的一帧。

步骤5 在舞台中分别选择运动路径左侧的第一个蓝色控制点和右侧最后一个控制点，然后通过【转换锚点工具】依次调整贝塞尔手柄效果如图 6-63 所示。

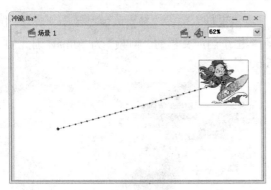

图 6-62　显示的运动路径

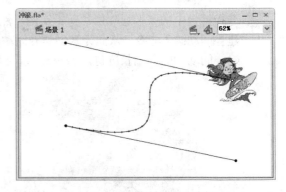

图 6-63　调整后的运动路径

步骤6 单击菜单栏中的【控制】|【测试影片】命令，在弹出的测试窗口中可以舞台中的卡通人物由左侧向右上方沿运动路径移动，同时由大到小的动画效果。

6.7.4　使用动画编辑器调整补间动画

在 Flash CS4 软件中通过动画编辑器可以查看所有补间属性和属性关键帧，从而对补间动画进行全面细致控制。首先在【时间轴】面板中选择已经创建的补间范围，或者选择舞台中已经创建补间动画的对象后，然后单击菜单栏中的【窗口】|【动画编辑器】命令，可以弹出一个如图 6-64 所示的【动画编辑器】面板。

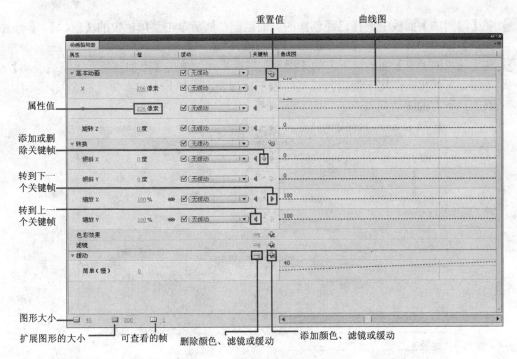

图 6-64 【动画编辑器】面板

在【动画编辑器】面板中自上向下共有 5 个属性类别可供调整，分别为 "基本动画"、"转换"、"色彩效果"、"滤镜" 和 "缓动"，其中 "基本动画" 用于设置 X、Y 和 3d 旋转属性；"转换" 用于设置倾斜和缩放属性；而如果要设置 "色彩效果"、"滤镜" 和 "缓动" 属性，则必须首先单击【添加颜色、滤镜或缓动】 ✥ 按钮，然后在弹出菜单中选择相关选项，将其添加到列表中才能进行设置。

通过【动画编辑器】面板不仅可以添加并设置各属性关键帧，还可以在右侧的 "曲线图" 中使用贝赛尔控件对大多数单个属性的补间曲线的形状进行微调，并且允许创建自定义缓动曲线等。下面通过一个简单实例来学习在【动画编辑器】面板设置各属性的具体操作，如下所示：

使用动画编辑器调整补间动画——具体步骤

步骤1 单击菜单栏中的【文件】|【打开】命令，打开本书配套光盘 "第 6 章/素材" 目录下的 "南瓜.fla" 文件，如图 6-65 所示，这是一个已经创建补间动画的文件，补间动画的范围长度为 30 帧。

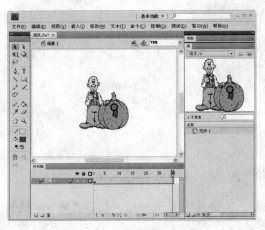

图 6-65 打开的 "南瓜.fla" 文件

步骤2 在【时间轴】面板中选择已经创建的补间范围，然后单击菜单栏中的【窗口】|【动画编辑器】命令，即可弹出【动画编辑器】面板。

步骤3 在【动画编辑器】面板最下方的【缓动】属性类别处单击【添加颜色、滤镜或缓动】 ⏚ 按钮，可弹出一个用于编辑预设缓动的下拉列表，选择其中的"弹簧"选项，从而将其添加到下方的缓动列表中，如图6-66所示，以备使用。

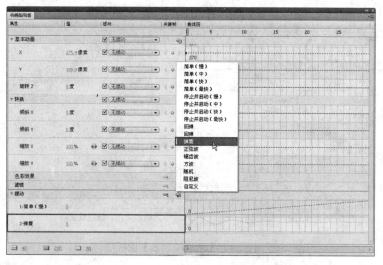

图6-66 添加"弹簧"预设缓动后的显示

步骤4 为了便于操作，在【动画编辑器】面板最下方的【可查看的帧】 ▥ 处设置参数为30，这时在右侧的"曲线图"中将显示创建补间的所有帧数，即30帧。

步骤5 在【基本动画】属性类型下的"X"轴相对应的右侧曲线段最后一个位置处单击鼠标右键，在弹出菜单中选择【插入关键帧】命令，从而在第30帧的位置处添加一个属性关键帧，如图6-67所示。

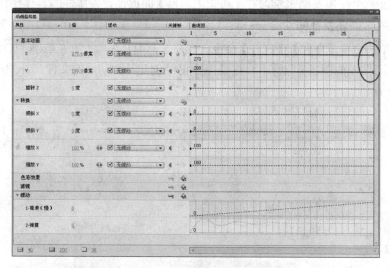

图6-67 在第30帧处添加的属性关键帧

步骤6 在"曲线图"中将播放头拖曳到第1帧处，然后调整该帧处的"X"轴数值为"–100"像素，如图6-68所示。

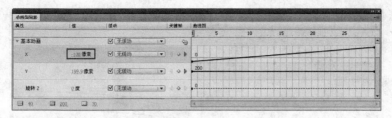

图 6-68 【基本动画】属性类型 "X" 轴的参数

步骤7 在【基本动画】属性类型右侧的"缓动"处单击 无缓动 按钮，在弹出的下拉列表中选择刚才添加的"弹簧"预设缓动，即可为该属性类型添加"弹簧"缓动，如图 6-69 所示。

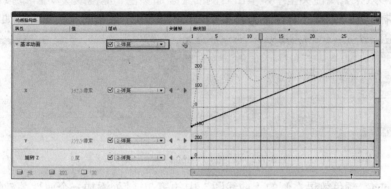

图 6-69 添加"弹簧"预设缓动后的显示

提示 到此通过【动画编辑器】面板完成了【基本动画】属性类型中 "X" 轴的补间动画的位置、缓动等编辑，当然读者在练习时也可以根据如上方法对其中的 "Y" 和 "旋转 Z" 进行相同的设置，在此不再一一列举。

步骤8 在【转换】属性类型中选择"缩放 X"，然后在右侧曲线段第 30 帧处单击鼠标右键，在弹出菜单中选择【插入关键帧】命令，同样在第 30 帧添加一个属性关键帧。

步骤9 单击【转到上一个关键帧】◀ 按钮，在"曲线图"中将播放头定位到上一个关键帧，即第 1 帧，然后设置"缩放 X"和"缩放 Y"的参数均为 5%，如图 6-70 所示。

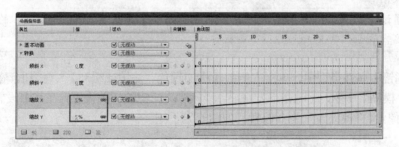

图 6-70 "缩放 X" 和 "缩放 Y" 的参数设置

步骤10 在"曲线图"中，按住 Alt 键的同时拖曳"缩放 X"和"缩放 Y"曲线图第 30 帧处的属性关键帧，此时会显示一个贝塞尔手柄，调整其曲线形态如图 6-71 所示。

提示 到此通过【动画编辑器】面板完成了【转换】属性类型中"缩放 X"和"缩放 Y"的补间动画的缩放编辑，并通过使用标准贝塞尔控件处理曲线，从而精确控制属性曲线的形状。

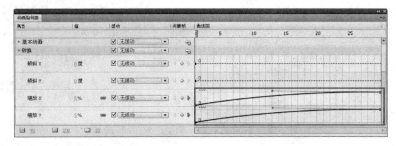

图 6-71 "缩放 X"和"缩放 Y"的属性曲线形态

步骤11 在【色彩效果】属性类型中，单击右侧的【添加颜色、滤镜或缓动】 按钮，在弹出菜单中选择"Alpha"，此时在下方将显示"Alpha"颜色效果的相关设置，如图 6-72 所示。

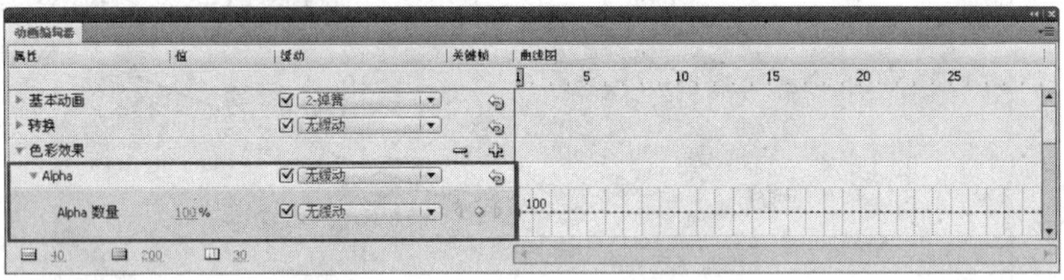

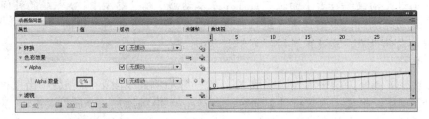

图 6-72 添加的"Alpha"颜色效果

步骤12 在"Alpha"颜色效果右侧的"曲线图"中的第 30 帧处添加一个属性关键帧，然后单击【转到上一个关键帧】 按钮，选择"曲线图"第 1 帧，并设置"Alpha"的参数为 0%，如图 6-73 所示。

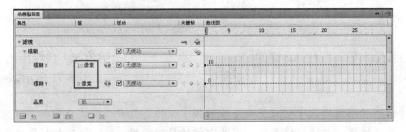

图 6-73 调整后的"Alpha"参数

提示 到此通过【动画编辑器】面板完成了【色彩效果】属性类型中"Alpha"的补间动画的淡入编辑。

步骤13 在【滤镜】属性类型中，单击右侧的【添加颜色、滤镜或缓动】 按钮，在弹出菜单中选择"模糊"命令，此时在下方将显示"模糊"滤镜的相关设置，在其中设置 "模糊 X"为 10 像素、"模糊 Y"为 0 像素，如图 6-74 所示。

图 6-74 调整后的"模糊"滤镜参数

步骤14 在"模糊"滤镜右侧的"曲线图"中的第 30 帧处添加一个属性关键帧,然后选择"曲线图"第 30 帧,然后设置"模糊 X"的参数值为 0 像素,如图 6-75 所示。

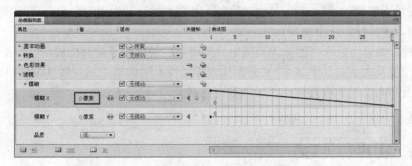

图 6-75 调整后的"模糊"滤镜参数

步骤15 到此,通过【动画编辑器】面板进行了补间动画的各个属性的不同调整,关闭【动画编辑器】面板,此时在"南瓜.fla"文件中调整补间动画后的显示如图 6-76 所示。

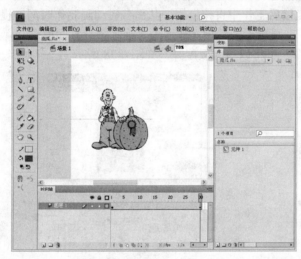

图 6-76 调整补间动画后的显示

步骤16 单击菜单栏中的【控制】|【测试影片】命令,在弹出的测试窗口中可以看到舞台中的卡通人物由小到大、由透明到完全显示、由模糊到清楚的动画,并且在显示过程中会出现弹簧式的位置变化。

6.7.5 在【属性】面板中编辑属性关键帧

除了可以使用前面介绍的方法编辑属性关键帧外,通过【属性】面板也可以进行一些编辑,首先在【时间轴】面板中将播放头拖曳到某帧处,然后选择已经创建好的补间范围,展开【属性】面板,此时可以显示"补间动画"的相关设置,如图 6-77 所示。

(1)缓动:用于设置补间动画的变化速率,可以在右侧直接输入数值进行设置。

(2)旋转:用于显示当前属性关键帧的是否旋转,以及旋转次数、角度以及方向。

图 6-77 【属性】面板

177

1）旋转：与前面学习的传统补间动画中的"旋转"参数设置不同，在此可以设置属性关键帧旋转的程度等于前面设置的"旋转次数"和后面的"旋转角度"的相加总和。

2）方向：单击右侧的 自动 ▼ 按钮，在弹出的下拉列表中用于设置旋转的方向，有"无"、"顺时针"和"逆时针"三个选项。

（3）路径：如果当前选择的补间范围中补间对象已经更改了舞台位置，可以在此设置补间运动路径的位置及大小。其中 X 和 Y 分别代表【属性】面板第 1 帧处属性关键帧的 X 轴和 Y 轴位置；宽度和高度用于设置运动路径的宽度与高度。

Flash
6.8 动画预设

CS 4

动画预设是 Flash CS4 新增功能之一，提供了预先设置好的一些补间动画，可以直接将它们应用于舞台对象，当然也可以将自己制作好的一些比较常用的补间动画保存为自定义预设，以备与他人共享或者在以后工作中直接调用，从而节省动画制作时间，提高工作效率。

在 Flash CS4 中，动画预设的各项操作通过【动画预设】面板进行，单击菜单栏中的【窗口】|【动画预设】命令，可将以该面板展开，如图 6-78 所示。

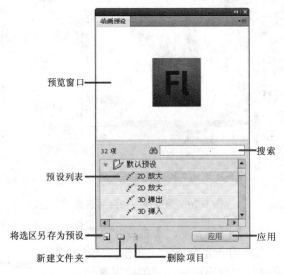

图 6-78 【动画预设】面板

6.8.1 应用动画预设

应用动画预设的操作通过【动画预设】面板中的 应用 按钮进行，可以将动画预设应用于一个选定的帧，也可以将动画预设应用于不同图层上的多个选定帧，其中每个对象只能应用一个预设，如果将第二个预设应用于相同的对象，那么第二个预设将替换第一个预设。应用动画预设的操作非常简单，具体步骤如下：

步骤1 首先在舞台上选择需要添加动画预设的对象。

步骤2 然后在【动画预设】面板的"预设列表"中选择需要应用的预设，Flash 随附的每个动画预设都包括预览，通过在上方"预览窗口"中进行动画效果的显示预览。

步骤3 选择合适的动画预设后，单击【动画预设】面板中的 应用 按钮，就可以将选择预设应用到舞台选择的对象中。

在应用动画预设时需要注意，在【动画预设】面板中"预设列表"中的各 3D 动画的动画预设只能应用于影片剪辑实例，而不能应用于图形或按钮元件，也不适用于文本字段。因此如果想要对选择对象应用各 3D 动画的动画预设，需要将其转换为影片剪辑实例。

6.8.2　将补间另存为自定义动画预设

除了可以将 Flash 对象进行动画预设的应用外，Flash CS4 还允许将已经创建好的补间动画另存为新的动画预设，这些新的动画预设存放在【动画预设】面板中"自定义预设"文件夹中。将补间另存为自定义动画预设的操作可以通过【动画预设】面板下方的【将选区另存为预设】按钮完成，具体操作如下：

步骤1　首先选择【时间轴】面板中的补间范围，或者选择舞台中应用了补间的对象。

步骤2　然后单击【动画预设】面板下方的【将选区另存为预设】按钮，此时可弹出【将预设另存为】对话框，在其中可以设置另存预设的合适名称，如图 6-79 所示。

步骤3　单击对话框中的　确定　按钮，将选择的补间另存为预设，并存放在【动画预设】面板中"自定义预设"文件夹中，如图 6-80 所示。

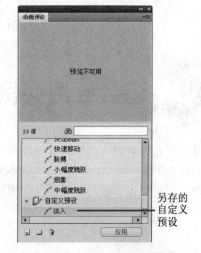

| 图 6-79　【将预设另存为】对话框 | 图 6-80　【动画预设】面板 |

另存的自定义预设

6.8.3　创建自定义预设的预览

将选择补间另存为自定义动画预设后，对于细心的读者来说，还会发现一个不足之处，那就是选择【动画预设】面板中已经另存的自定义动画预设后，在"预览窗口"中无法进行预览，如果自定义预设很多的话，这将会给操作带来极大不便，当然在 Flash CS4 中也可以进行创建自定义预设的预览，具体操作步骤如下：

步骤1　首先创建补间动画，并将其另存为自定义预设。

步骤2　然后创建一个只包含补间动画的 FLA 文件，注意使用与自定义预设完全相同的名称将其保存为 FLA 格式文件，并通过"发布"命令将该 FLA 文件创建 SWF 文件。

步骤3　将刚才创建的 SWF 文件放置在已保存的自定义动画预设 XML 文件所在的目录中。如果用户使用的是 Windows 系统，那么就可以放置在如下目录中：<硬盘>/Documents and Settings/<用户>/Local Settings/Application Data/Adobe/Flash CS4/<语言>/Configuration/

Motion Presets/中。

到此，完成刚才选择自定义预设的创建预览操作，重新启动 Flash CS4 中，这时选择【动画预设】面板 "自定义预设" 文件夹中的相对应的自定义预设后，在 "预览窗口" 中就可以进行预览，如图 6-81 所示。

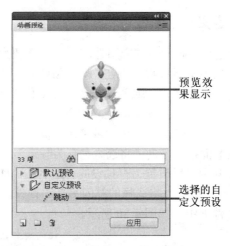

图 6-81　自定义预设的预览显示

Flash　　　　　　　　　　　　　　　　　　　　　　　　　　CS 4

6.9 综合应用实例：制作 "家居广告" 动画

通过前面的学习，相信大家已经熟练掌握了 Flash 基本动画的制作，包括逐帧动画、传统补间动画、形状补间动画以及 CS4 版本新增的补间动画等，接下来将前面所学内容加以综合应用，并运用一些操作技巧，制作一个家居广告动画，最终效果如图 6-82 所示。

图 6-82　"家居广告" 动画效果

制作"家居广告"动画——步骤提示

1. 制作背景色彩变化的传统补间动画。

2. 制作标题文字逐帧出现的动画。

3. 制作副标题文字位移及透明度变化的传统补间动画。

4. 为文字内容应用动画预设。

5. 制作沙发模糊位移的补间动画。

6. 测试与保存 Flash 动画文件。

制作"家居广告"动画实例的步骤提示示意图，如图 6-83 所示。

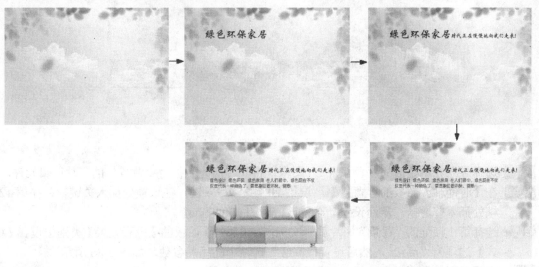

图 6-83 步骤提示示意图

制作"家居广告"动画效果——具体步骤

步骤1 启动 Flash CS4，创建一个空白的 Flash 文档。

步骤2 在工作区域中单击鼠标右键，选择弹出菜单中的【文档属性】命令，在弹出【文档属性】
对话框中设置参数如图 6-84 所示。

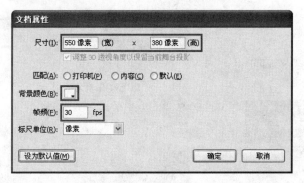

图 6-84 【文档属性】对话框

步骤3 单击 确定 按钮，完成对文档属性的各项设置。

步骤4 在【时间轴】面板中将"图层 1"图层重新命名为"背景"，然后通过菜单栏【文件】|
【导入】|【导入到舞台】命令，在弹出的【导入】对话框中双击本书配套光盘"第 6 章/
素材"目录下"背景.jpg"图像文件，将其导入到舞台中，并通过【信息】面板调整其大小及位置与舞台相等，如图 6-85 所示。

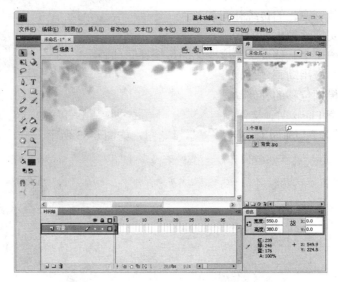

图 6-85　导入并调整后的"背景.jpg"图像

步骤 5 选择导入并调整后的"背景.jpg"图像，将其转换为名称为"背景"的影片剪辑元件。

步骤 6 在【时间轴】面板的"背景"图层第 20 帧，按 F6 键，在该帧处插入关键帧，在第 120 帧处插入普通帧，从而设置动画播放时间为 120 帧。

步骤 7 选择第 1 帧处的"背景"影片剪辑实例，在【属性】面板的【色彩效果】类别中设置【样式】选项为"高级"，然后设置"高级"选项中的相关参数，如图 6-86 所示。

步骤 8 在【时间轴】面板中选择"背景"图层第 1 帧与第 20 帧间的任意一帧，单击鼠标右键，选择弹出菜单中的【创建传统补间】命令，并在【属性】面板的【补间】类别中设置【缓动】参数为 100，从而创建"背景"影片剪辑实例由白色图像到清晰图像逐渐过渡的色调减速变化的传统补间动画。

步骤 9 在"背景"图层之上创建新层"标题文字 1"，并在该层第 10 帧处插入关键帧，然后在该帧处输入绿色文字"绿色环保家居"，如图 6-87 所示。

图 6-86　"高级"选项参数设置

图 6-87　输入的绿色文字

步骤10 选择输入的绿色文字，按 Ctrl+B 组合键，将其中的每个文字分离单独的文本框。

步骤11 按住 Shift 键的同时，单击选择第 11 帧至第 15 帧的所有帧，然后单击鼠标右键，选择弹出菜单中的"转换为关键帧"，将选择各帧转换为关键帧。

步骤12 选择"标题文字 1"图层第 10 帧，在该帧处将除"绿"之外的文字全部删除，同样方法，在第 11 帧处只保留"绿色"，如图 6-88 所示。

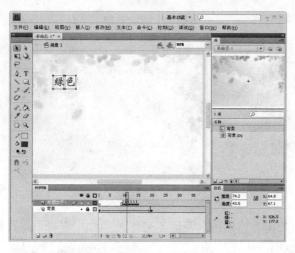

图 6-88 第 11 帧处的文字显示

步骤13 其他依次类推，那么在第 15 帧处就会将绿色"绿色环保家居"全部显示，从而创建出文字依次出现的逐帧动画，如图 6-89 所示。

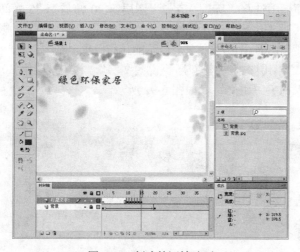

图 6-89 创建的逐帧动画

步骤14 在【时间轴】面板中分别选择第 10 帧至第 14 帧的各关键帧，然后依次按 F5 键两次，在两个关键帧之间添加两个普通帧，从而调整文字显示速度稍慢些，如图 6-90 所示。

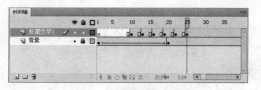

图 6-90 调整后的逐帧动画

步骤15 在"标题文字 1"图层之上创建新层"标题文字 2",并在该层第 20 帧处插入关键帧,然后在舞台中输入绿色文字"时代正在慢慢地向我们走来!",如图 6-91 所示。

图 6-91　输入的绿色文字

步骤16 选择输入的"时代正在慢慢地向我们走来!"绿色文字选择,将其转换为名称为"标题文字"影片剪辑元件。

步骤17 在"标题文字 2"图层第 35 帧处插入关键帧,然后选择第 20 帧处的"标题文字"影片剪辑实例,在舞台中将其水平向左移动一小段距离,并在【属性】面板的【色彩效果】类别中设置【样式】选项为 Alpha,其参数值为 0%。

步骤18 在【时间轴】面板中选择"标题文字 2"图层第 20 帧与第 35 帧间的任意一帧,单击菜单栏中的【插入】|【传统补间】命令,从而创建出"标题文字"影片剪辑实例由左向右移动一小段距离、而且由透明到完全显示的传统补间动画。

步骤19 在"标题文字 2"图层之上创建新层"说明文字",并在该层第 30 帧处插入关键帧,然后在舞台中输入相关说明文字,如图 6-92 所示。

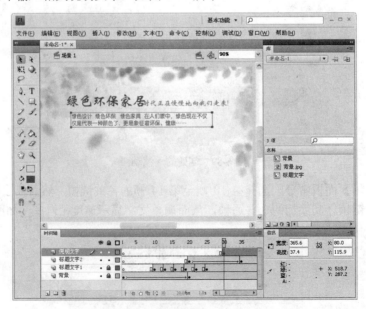

图 6-92　输入的说明文字

步骤20 选择输入的相关说明文字，将其转换为名称为"说明文字"影片剪辑元件。

步骤21 确认舞台中的"说明文字"影片剪辑实例处于选择状态，在【动画预设】面板的"预设列表"中选择"2D 放大"预设，单击 ▭应用▭ 按钮，从而轻松将"2D 放大"预设动画应用到"说明文字"实例中，然后在"说明文字"图层第 120 帧处插入帧，从而设置此图层中的对象也显示到 120 帧，此时应用动画预设后的【时间轴】面板如图 6-93 所示。

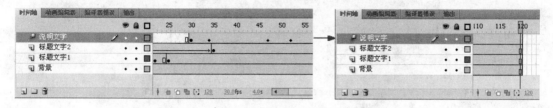

图 6-93　应用动画预设后的【时间轴】面板

步骤22 在"说明文字"图层之上创建新层"沙发"，并在该层第 40 帧处插入关键帧，然后导入本书配套光盘"第 6 章/素材"目录下"沙发倒影.png"和"沙发.png"图像，调整其位置如图 6-94 所示。

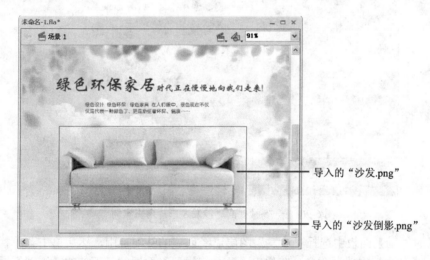

导入的"沙发.png"

导入的"沙发倒影.png"

图 6-94　导入的"沙发倒影.png"和"沙发.png"图像

步骤23 选择调整后的"沙发倒影.png"和"沙发.png"图像，将其转换为名称为"沙发"影片剪辑元件。

步骤24 选择舞台中的"沙发"影片剪辑实例，然后单击鼠标右键，在弹出右键菜单中选择【创建补间动画】命令，从而为其创建补间动画。

步骤25 在【时间轴】面板中按住 Ctrl 键的同时单击"沙发"图层第 75 帧，将其选择，然后单击鼠标右键，在弹出菜单中选择【插入关键帧】|【位置】命令，从而在该帧处添加一个"位置"属性关键帧。

步骤26 同样方法，再次在"沙发"图层第 80 帧处添加一个"位置"属性关键帧。

步骤27 在【时间轴】面板中将播放头拖曳到第 40 帧处，然后将"沙发"影片剪辑实例水平向左移动到舞台外，此时将显示一个运动路径，如图 6-95 所示。

步骤28 在【时间轴】面板中将播放头拖曳到第 75 帧处，然后在舞台中将"沙发"影片剪辑实例水平向右移动一小段距离，如图 6-96 所示。

图 6-95 第 40 帧处的"沙发"影片剪辑实例

图 6-96 第 75 帧处的"沙发"影片剪辑实例

步骤29 在【时间轴】面板中选择"沙发"图层已经创建的补间范围，然后单击菜单栏中的【窗口】|【动画编辑器】命令，在弹出【动画编辑器】面板的最下方的【缓动】属性类别处单击【添加颜色、滤镜或缓动】 ⊕ 按钮，选择其中的"简单（快）"选项，将其添加到下方的缓动列表中，如图 6-97 所示。

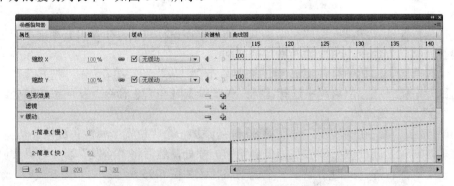

图 6-97 添加"简单（快）"选项后的缓动列表

步骤30 在【基本动画】属性类型右侧的"缓动"处单击 `无缓动 ▾` 按钮,在弹出的下拉列表中选择刚才添加的"简单(快)"缓动,即可为该属性类型添加"简单(快)"缓动,如图 6-98 所示。

步骤31 将右侧"曲线图"中将播放头拖曳到第 40 帧处,在【滤镜】属性类型中,单击右侧的【添加颜色、滤镜或缓动】 按钮,在弹出菜单中选择"模糊"命令,在其中设置 "模糊 X"为 100 像素、"模糊 Y"为 0 像素,如图 6-99 所示。

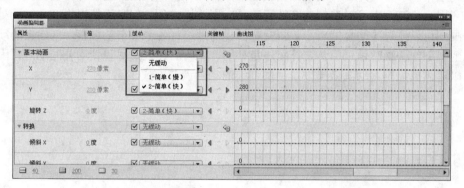

图 6-98　添加"简单(快)"缓动后的显示

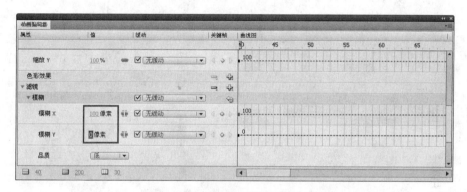

图 6-99　调整后的"模糊"滤镜参数

步骤32 在"模糊"滤镜右侧"曲线图"中的第 80 帧处添加一个属性关键帧,然后将播放头拖曳到第 80 帧处,并设置"模糊 X"的参数值为 0 像素,如图 6-100 所示。

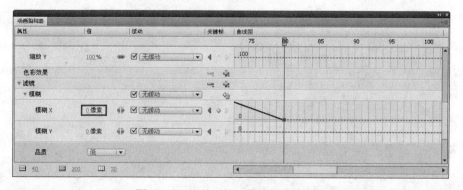

图 6-100　调整后的"模糊"滤镜参数

步骤33 同样方法,在【模糊】属性类型右侧的"缓动"处单击 `无缓动 ▾` 按钮,在弹出的下拉列表中选择"简单-慢"缓动,即可为该属性类型添加"简单-慢"缓动。

步骤34　单击菜单栏中的【控制】|【测试影片】命令，对影片进行测试，在弹出的影片测试窗口中可以看到一片清爽的绿色中，"绿色环保家居"逐个显示、"时代正在慢慢地向我们走来!"由左向右淡入、说明文字由小到大放大显示、沙发由左向右带有运动模糊进入到舞台中的动画效果。

步骤35　如果影片测试无误，将制作的文件名称保存为"家居广告.fla"。

至此整个"家居广告.fla"的动画实例全部制作完成，本实例中重点为传统补间动画与补间动画的应用。从实例中可以看到传统补间动画应用比较方便，但是不能提供细致动画处理，而补间动画则可以通过【动画编辑器】面板对创建动画进行各个细节的调整，创建出的动画更加细腻。至于制作动画时是采用传统补间还是补间，作者的建议是尽量使用补间动画，因为补间动画可以提供更加丰富动画效果以及更加细致的动画调节方式。

第 7 章

高级动画制作

内容介绍

除了前面学习的基础动画类型外，Flash 软件还提供了多个高级特效动画，包括运动引导层动画、遮罩动画以及最新版本 Flash CS4 新增的骨骼动画等，通过它们可以创建更加生动复杂的动画效果，本章将对这些高级特效动画的创建方法与技巧进行详细讲解。

学习重点

- ◗ 运动引导层动画
- ◗ 实例指导：制作小蜜蜂飞舞动画
- ◗ 遮罩动画
- ◗ 实例指导：制作饮食片头动画
- ◗ 骨骼动画
- ◗ 综合应用实例：制作森林乐园动画

7.1　运动引导层动画

　　运动引导层动画是指对象沿着某种特定的轨迹进行运动的动画，特定的轨迹也被称为固定路径或引导线。作为动画的一种特殊类型，运动引导层动画的制作需要至少使用两个图层，一个是用于绘制固定路径的运动引导层，一个是运动对象的图层，在最终生成的动画中，运动引导层中的引导线不会显示出来。

　　运动引导层就是绘制对象运动路径的图层，通过此图层中的运动路径，可以引导被引导层中对象沿着绘制的路径运动，在【时间轴】面板中，一个运动引导层下可以有多个图层，也就是多个对象可以沿同一条路径同时运动，此时运动引导层下方的各图层也就成为被引导层。在Flash中，创建运动引导层的常用方法有以下几种：

　　方法一：在【时间轴】面板中选择需要添加运动引导层的图层，然后单击鼠标右键，选择弹出菜单中的【添加传统运动引导层】命令即可。

　　方法二：通过在【图层属性】对话框中进行设置。

1．使用【添加传统运动引导层】命令创建运动引导层

　　使用【添加传统运动引导层】命令创建运动引导层是最为方便的一种方法，具体操作如下：

步骤1　在【时间轴】面板中选择需要创建运动引导层动画的对象所在的图层。

步骤2　然后单击鼠标右键，在弹出菜单中选择【添加传统运动引导层】命令，即可在刚才所选图层的上面创建一个运动引导层（此时创建的运动引导层前面的图标以 🎮 显示），并且将原来所选图层设为被引导层，如图 7-1 所示。

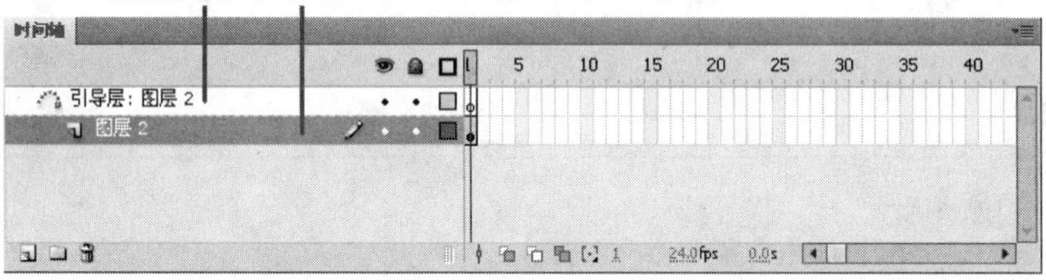

图 7-1　使用【添加传统运动引导层】命令创建运动引导层

2．使用【图层属性】对话框创建运动引导层

　　【图层属性】对话框用于显示与设置图层的属性，包括设置图层的类型等，使用【图层属性】对话框创建运动引导层的具体操作步骤如下：

步骤1　选择【时间轴】面板中需要设置为运动引导层的图层，单击菜单栏中的【修改】|【时间轴】|【图层属性】命令，或者在该图层处单击右键，选择弹出菜单中的【属性】命令，都可弹出【图层属性】对话框。

步骤2　在【图层属性】对话框中，选择【类型】选项的"引导层"选项，如图 7-2 所示。

步骤3　单击 确定 按钮，此时，将当前图层设置为运动引导层，如图 7-3 所示。

提示　此时创建的运动引导层前面的图标是一个小斧头 🪓 的图标,说明它还不能制作运动引导层动画,只能起到注释图层的作用,只有将其下面的图层转换为被引导层后,才能开始制作运动引导层动画。

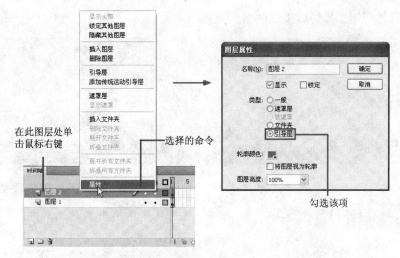

图 7-2　弹出【图层属性】对话框

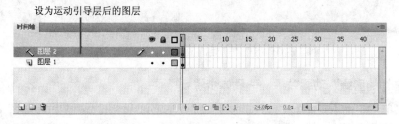

图 7-3　设为运动引导层后的显示

步骤 4 选择运动引导层下方的需要设为被引导层的各图层（可以是单个图层，也可以是多个图层），按住鼠标左键，将其拖曳到运动引导层的下方，可以将其快速转换为被引导层，这样一个引导层可以设置多个被引导层，如图 7-4 所示。

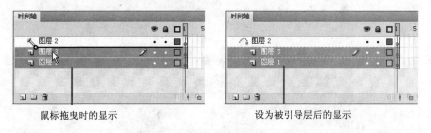

鼠标拖曳时的显示　　　　　　　　　　　　设为被引导层后的显示

图 7-4　设置为被引导层的过程

提示 在【时间轴】面板中选择某个图层后，单击鼠标右键，选择弹出菜单中的【引导层】命令，也可以将选择图层设为运动引导层，其作用与使用【图层属性】对话框进行运动引导层的设置相同。

7.2 实例指导：制作小蜜蜂飞舞动画

前面学习了运动引导层的创建方法后，接下来通过实例"辛勤的蜜蜂"来讲解创建运动引导层动画的具体应用，最终效果如图 7-5 所示。

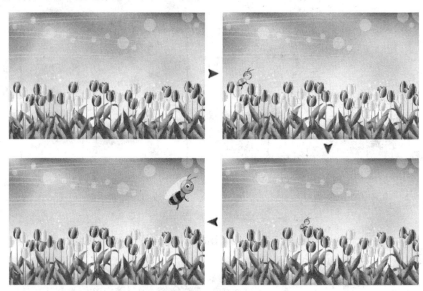

图 7-5 "辛勤的蜜蜂"动画效果

制作"辛勤的蜜蜂"动画效果——具体步骤

步骤1 单击菜单栏中的【文件】|【打开】命令，打开本书配套光盘"第 7 章/素材"目录下的"辛勤的蜜蜂.fla"文件，如图 7-6 所示。

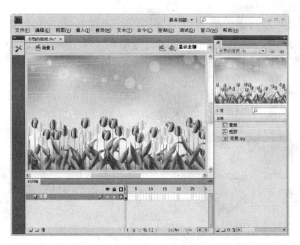

图 7-6 打开的"辛勤的蜜蜂.fla"文件

在打开的"辛勤的蜜蜂.fla"文件中可以观察到该文件中包括一个图层，用于显示动画"背景"图像，在【库】面板中除了"背景"图像，还包括一个"蜜蜂"影片剪辑元件和"翅膀"图元件。

步骤2 在【时间轴】面板中第 85 帧处插入普通帧，从而设置该动画播放时间为 85 帧。

步骤3 在"背景"图层之上创建新层"蜜蜂"，然后将【库】面板中的"蜜蜂"影片剪辑元件拖曳到舞台中。

步骤4 在【时间轴】面板中选择"蜜蜂"图层，单击鼠标右键，在弹出菜单中选择【添加传统运动引导层】命令，在"蜜蜂"图层之上创建一个运动引导层，系统自动命名为"引导层："蜜蜂"，如图 7-7 所示。

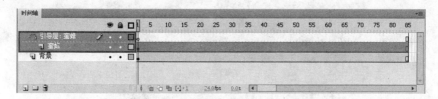

图 7-7 创建运动引导层后的【时间轴】面板

步骤5 在舞台中，使用【铅笔工具】✐绘制一条运动引导线，如图 7-8 所示。

图 7-8 绘制的运动引导线

步骤6 确认【工具】面板中的◎按钮处于被激活状态，使用【选择工具】▶调整舞台中"蜜蜂"影片剪辑实例的中心点与运动引导线左面的端点对齐，并在【变形】面板中调整大小比例为 50%，如图 7-9 所示。

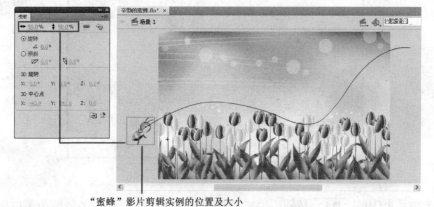

"蜜蜂"影片剪辑实例的位置及大小

图 7-9 第 1 帧处的"蜜蜂"影片剪辑实例

步骤7 同样方法，调整第 85 帧处的"蜜蜂"影片剪辑实例的中心点与运动引导线右侧的端点对齐，在【变形】面板中调整大小比例为 100%，如图 7-10 所示。

图 7-10 第 85 帧处的"蜜蜂"影片剪辑实例

步骤 8 在【时间轴】面板中选择"蜜蜂"图层第 1 帧与第 85 帧间的任意一帧，单击鼠标右键，选择弹出菜单中的【创建传统补间】命令，到此，该运动引导层动画制作完成，此时的【时间轴】面板如图 7-11 所示。

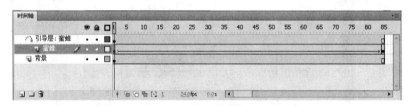

图 7-11 创建动画后的【时间轴】面板

步骤 9 为了使动画效果更自然，在【时间轴】面板中选择"蜜蜂"图层第 1 帧与第 85 帧间的任意一帧，然后在【属性】面板中单击"缓动"选项右侧的 ✐ 按钮，在弹出的【自定义缓入/缓出】对话框中添加一个控制点，并调整两侧的控制手柄如图 7-12 所示。

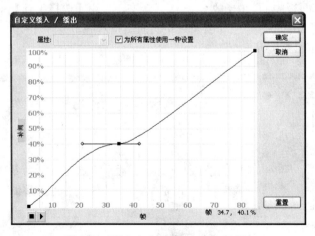

图 7-12 【自定义缓入/缓出】对话框

步骤 10 单击对话框中的 确定 按钮，完成对对象变化速率的设置，然后单击菜单栏中的【控制】|【测试影片】命令，对影片进行测试，可以观察到一个形象生动的"蜜蜂"在色彩鲜艳的花丛中沿着绘制的引导线飞舞运动，并且在飞舞的过程中会在某个花朵上采蜜的动画效果。

步骤 11 如果影片测试无误，单击菜单栏中的【文件】|【保存】命令，将文件进行保存。

7.3 遮罩动画

　　同运动引导层动画相同，在 Flash 中遮罩动画的创建也至少需要两个图层才能完成，分别是遮罩层和被遮罩层。位于上方用于设置遮罩范围的被称为遮罩层，而位于下方则是被遮罩层。遮罩层如同一个窗口，通过它可以看到其下被遮罩层中的区域对象，而被遮罩层中区域以外的对象将不会显示，如图 7-13 所示。另外，在制作遮罩动画时还需要注意，一个遮罩层下可以包括多个被遮罩层，不过按钮内部不能有遮罩层，也不能将一个遮罩应用于另一个遮罩。

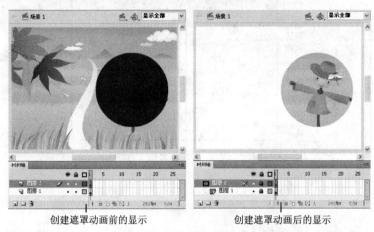

创建遮罩动画前的显示　　　　　　　创建遮罩动画后的显示

图 7-13　创建遮罩动画前后的显示

　　遮罩层其实是由普通图层转化而来的，Flash 会忽略遮罩层中的位图、渐变色、透明、颜色和线条样式，其中的任何填充区域都是完全透明的，任何非填充区域都是不透明的，因此遮罩层中的对象将作为镂空的对象存在，遮罩层的创建方法十分简单，可以通过菜单进行创建，也可以通过【图层属性】对话框进行创建，下面分别介绍。

　　方法一：在【时间轴】面板中选择需要设为遮罩层的图层，然后单击鼠标右键，选择弹出菜单中的【遮罩层】命令即可。

　　方法二：通过在【图层属性】对话框中进行设置。

1. 使用【遮罩层】命令创建遮罩层

　　使用【遮罩层】命令创建遮罩层是最为方便的一种方法，具体操作步骤如下：

步骤1　在【时间轴】面板中选择需要设置为遮罩层的图层。

步骤2　单击鼠标右键，在弹出菜单中选择【遮罩层】命令，即可将当前图层设为遮罩层，其下的一个图层也被相应地设为被遮罩层，二者以缩进形式显示，如图 7-14 所示。

遮罩层　被遮罩层

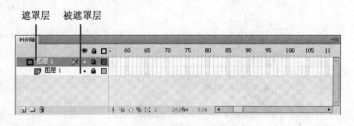

图 7-14　使用【遮罩层】命令创建遮罩层

2. 使用【图层属性】对话框创建遮罩层

在【图层属性】对话框中除了可以用于设置运动引导层外，还可以设置遮罩层与被遮罩层，具体操作如下：

步骤1 选择【时间轴】面板中需要设置为遮罩层的图层，单击菜单栏中的【修改】|【时间轴】|【图层属性】命令，或者在该图层处单击右键，选择弹出菜单中的【属性】命令，都可弹出【图层属性】对话框。

步骤2 在【图层属性】对话框中，选择【类型】下的"遮罩层"选项，如图 7-15 所示。

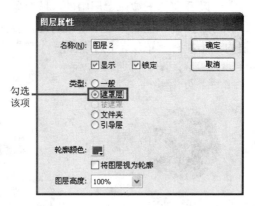

图 7-15 点选"遮罩层"选项

步骤3 单击 确定 按钮，此时，将当前图层设为遮罩层，如图 7-16 所示。

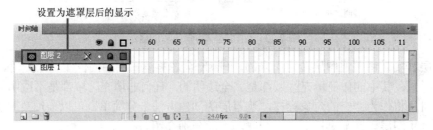

图 7-16 设为遮罩层后的显示

步骤4 按照同样的方法，在【时间轴】面板中选择需要设置为被遮罩层的图层，单击鼠标右键，选择弹出菜单中的【属性】命令，在弹出的【图层属性】对话框中选择【类型】中的"被遮罩"选项，可以将当前图层设置为被遮罩层，如图 7-17 所示。

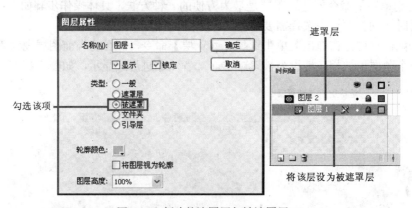

图 7-17 创建的遮罩层与被遮罩层

提示　在【时间轴】面板中，一个遮罩层下可以包括多个被遮罩层，除了可以使用上述的方法
　　　设置被遮罩层外，还可以按住鼠标左键，将需要设为被遮罩层的图层拖曳到遮罩层处，
　　　快速将该层转换为被遮罩层。

Flash **CS 4**

7.4　实例指导：制作饮食片头动画

　　遮罩动画是一种应用较多的特殊动画类型，比如常见的探照灯效果、百叶窗效果、放大镜、水波等都是通过遮罩动画创建的，将遮罩的手法与创意完美结合，可以创建出令人惊叹的动画效果，接下来通过一个饮食网的片头动画实例来讲解创建遮罩动画的具体应用，其最终效果如图 7-18 所示。

图 7-18　"饮食片头"动画效果

制作"饮食片头"动画效果——具体步骤

步骤1　单击菜单栏中的【文件】|【打开】命令，打开本书配套光盘"第 7 章/素材"目录下的"饮食片头.fla"文件，如图 7-19 所示。

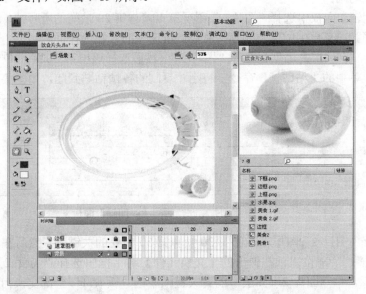

图 7-19　打开的"饮食片头.fla"文件

在打开的"饮食片头 fla"文件中可以观察到该文件中包括多个图层，所用素材存放在【库】面板中，其中"遮罩图形"图层中的图形就是用于创建遮罩动画。

步骤2 在【时间轴】面板中所有图层第 60 帧处插入普通帧，从而设置该动画播放时间为 60 帧。

步骤3 在"背景"图层之上创建新层"图片 1"，然后将【库】面板中的"美食 1"影片剪辑元件拖曳到"图片 1"图层中，为了便于读者观察，在此将"遮罩图形"图层取消显示，如图 7-20 所示。

步骤4 在【时间轴】面板"图片 1"图层第 20 帧插入关键帧。

步骤5 选择第 1 帧处的"美食 1" 影片剪辑实例，然后在【属性】面板的【色彩效果】选项中单击【样式】右侧的 无 按钮，在弹出菜单中选择"高级"命令，设置参数如图 7-21 所示。

图 7-20 "美食 1.gif"图像的位置

图 7-21 "高级"选项参数设置

步骤6 在【时间轴】面板中选择"图片 1"图层第 1 帧与第 20 帧间的任意一帧，单击鼠标右键，选择弹出菜单中的【创建传统补间】命令，并在【属性】面板的【补间】选项中设置"缓动"参数为 100，从而创建"美食 1"影片剪辑实例由白色逐渐显示的色调减速变化的传统补间动画。

步骤7 在【时间轴】面板中选择"图片 1"图层第 1 帧与第 20 帧间的所有帧，然后单击鼠标右键，选择弹出菜单中的"复制帧"命令，将选择的各帧选择。

步骤8 在"图片 1"图层之上创建新层"图片 2"，然后选择该层第 30 帧，单击鼠标右键，选择弹出菜单中的"粘贴帧"命令，将刚才复制的各帧粘贴到此，如图 7-22 所示。

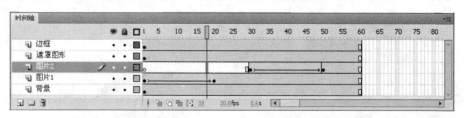

图 7-22 复制并粘贴帧后的【时间轴】面板

步骤9 分别选择"图片 2"图层粘贴的第 30 帧和第 50 帧处的关键帧，然后在【属性】面板中依次单击 交换 按钮，在弹出的【交换元件】对话框中选择"美食 2"的元件，如图 7-23 所示，将"图片 2"图层中的各关键帧中的"美食 1"全部交换为"美食 2"影片剪辑实例。

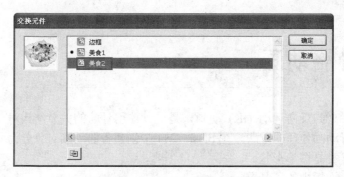

图 7-23 【交换元件】对话框

步骤10 在【时间轴】面板中选择"遮罩图形"图层，然后单击鼠标右键，在弹出菜单中选择【遮罩层】命令，从而将该层设为遮罩层，其下的一个图层也被相应地设为被遮罩层，如图7-24 所示。

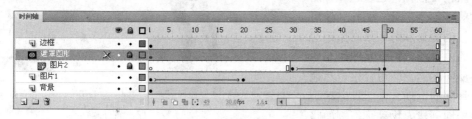

图 7-24 创建遮罩动画后的【时间轴】面板

步骤11 选择"图片 1"图层，然后单击右键，选择弹出菜单中的【属性】命令，在弹出【图层属性】对话框中选择【类型】的"被遮罩"选项，将"图片 1"图层也设为被遮罩层，如图 7-25 所示，到此该遮罩动画全部制作完成。

图 7-25 设为遮罩层后的显示

步骤12 单击菜单栏中的【控制】|【测试影片】命令，对影片进行测试，可以观察到在轻快、温馨的橙色背景下，在一个特定的环形区域中诱人美食图片不断淡入的动画效果。

步骤13 如果影片测试无误，单击菜单栏中的【文件】|【保存】命令，将文件进行保存。

7.5 骨骼动画

骨骼动画也称之为反向运动 (IK) 动画，是一种使用骨骼的关节结构对一个对象或彼此相关的一组对象进行动画处理的方法。在 Flash CS4 中创建骨骼动画对象分为两种，一种是元件的实例对象，另一种是图形形状。

首先使用【工具】面板中的【骨骼工具】 在元件的实例对象或形状上创建出对象的骨骼，然后移动其中的一个骨骼，与这个骨骼相连的其他骨骼也会移动，通过这些骨骼的移动即可创建出骨骼动画。使用骨骼进行动画处理时，只需指定对象的开始位置和结束位置即可，然后通过反向运动，即可轻松自然地创建出骨骼的运动。使用骨骼动画可以轻松地创建人物动画，例如胳膊、腿和面部表情，如图 7-26 所示。

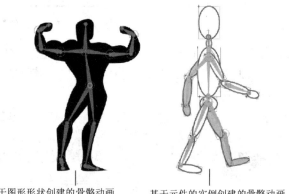

基于图形形状创建的骨骼动画　　基于元件的实例创建的骨骼动画

图 7-26　创建的骨骼动画

7.5.1 创建基于元件的骨骼动画

在 Flash CS4 中可以对图形形状创建骨骼动画，也可以对元件实例创建骨骼动画。元件的实例可以是影片剪辑、图形和按钮实例，如果是文本，则需要将文本转换为实例。如果创建基于元件实例的骨骼，可以使用【骨骼工具】 将多个元件实例进行骨骼绑定，移动其中一个骨骼会带动相邻的骨骼进行运动。使用【骨骼工具】 创建基于元件实例的骨骼动画的操作步骤如下：

步骤1　单击菜单栏中的【文件】|【打开】命令，打开本书配套光盘"第 7 章/素材"目录下的"化妆美女.fla"文件，如图 7-27 所示。

图 7-27　打开的"化妆美女.fla"文件

在打开的"化妆美女.fla"文件中可以观察到美女身体的各个部位都分别放置在不同的图层，并且身体每个部位都转换为元件的实例。接下来将通过【骨骼工具】✔️创建小臂沿着大臂运动的骨骼动画。

步骤2 在【工具】面板中选择【骨骼工具】✔️，此时图标变为十字下方带个骨头的图标形式✔️，然后将光标放置到美女肩膀位置处单击并向肘部位置拖曳，创建出骨骼，同时自动创建出一个"骨架_1"的图层，"手臂"与"胳膊"图层中的对象自动剪切到"骨架_1"图层中，如图 7-28 所示。

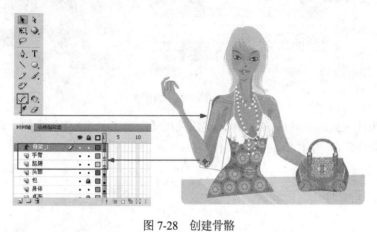

图 7-28　创建骨骼

步骤3 此时选择【选择工具】▶️，然后拖动美女的大臂，则小臂会随着大臂进行移动。如果拖动美女的小臂，则小臂会沿着肘部进行旋转移动，如图 7-29 所示。

拖动大臂则小臂随着大臂做运动

拖动小臂则小臂沿着肘部关节运动

图 7-29　使用选择工具移动小臂

步骤4 在【时间轴】面板中选择所有图层的第 50 帧，然后单击 F5 键，为所有图层第 50 帧插入普通帧，设置动画的播放时间为 50 帧，如图 7-30 所示。

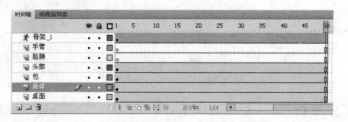

图 7-30　为所有图层第 50 帧插入普通帧

步骤5 将播放头拖曳到时间轴的第 1 帧，然后使用【选择工具】 ▶ 将美女的小臂拖曳到身体的外侧，如图 7-31 所示。

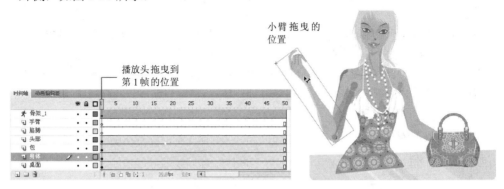

图 7-31　第 1 帧小臂的位置

步骤6 将播放头拖曳到时间轴的第 20 帧，然后使用【选择工具】 ▶ 将美女的小臂向身体的内侧拖曳，如图 7-32 所示。

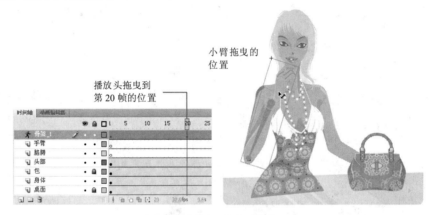

图 7-32　第 20 帧小臂的位置

步骤7 将播放头拖曳到时间轴的第 50 帧，然后使用【选择工具】 ▶ 将美女的小臂再向身体的外侧拖曳，如图 7-33 所示。

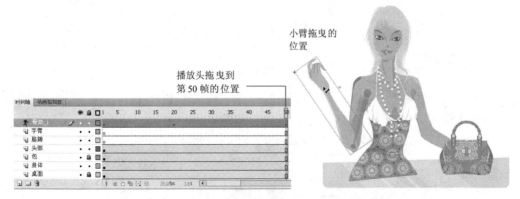

图 7-33　第 20 帧小臂的位置

步骤8 单击菜单栏中的【控制】|【测试影片】命令，对影片进行测试，可以观察到美女手臂由身体外侧向内侧移动，再由身体内侧向外侧移动的动画。

7.5.2 创建基于图形的骨骼动画

在 Flash CS4 中不仅可以对元件实例创建骨骼动画，还可以对图形形状创建骨骼动画。与创建基于元件实例的骨骼动画不同，基于图形形状的骨骼动画对象可以是一个图形形状，也可以是多个图形形状，在向单个形状或一组形状添加第一个骨骼之前必须选择所有形状。将骨骼添加到所选内容后，Flash 将所有的形状和骨骼转换为骨骼形状对象，并将该对象移动到新的骨架图层，在某个形状转换为骨骼形状后，它无法再与其他形状进行合并操作。对于基于图形形状的骨骼动画也需要使用【骨骼工具】 创建，创建的方法如下：

步骤1 单击菜单栏中的【文件】|【打开】命令，打开本书配套光盘"第 7 章/素材"目录下的"武者.fla"文件，如图 7-34 所示。

图 7-34 打开的"武者.fla"文件

在打开的"武者.fla"文件中可以观察到人物为一个单独的图形形状，接下来将使用【骨骼工具】 创建人物踢腿动作的骨骼动画。

步骤2 在【工具】面板中选择【骨骼工具】 ，此时图标变为十字下方带个骨头的图标形式 ，然后将光标放置到人物的胯部位置处单击并向膝盖位置拖曳，接着再由膝盖向脚踝位置拖曳，最后在由脚踝向脚底位置拖曳，创建出一系列的骨骼，同时自动创建出一个"骨架_1"的图层，"人物"图层中的对象自动剪切到"骨架_1"图层中，如图 7-35 所示。

图 7-35 为人物添加骨骼

步骤3 在【时间轴】面板中选择所有图层的第 50 帧，然后单击 F5 键，为所有图层第 50 帧插入普通帧，设置动画的播放时间为 50 帧。

步骤4 将播放头拖曳到时间轴的第 20 帧，然后在"骨架_1"图层第 20 帧位置处单击鼠标右键，在弹出菜单中选择【插入姿势】命令，在"骨架_1"图层第 20 帧创建一个关键帧，此关键帧与第 1 帧中人物图形相同，如图 7-36 所示。

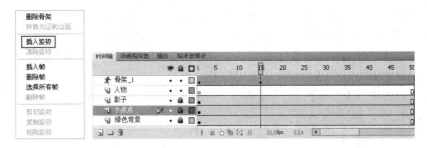

图 7-36 插入关键帧

步骤5 将播放头拖曳到时间轴的第 1 帧，然后使用【选择工具】拖曳人物的脚到腿部的下方，如图 7-37 所示。

图 7-37 第 1 帧小臂的位置

步骤6 单击菜单栏中的【控制】|【测试影片】命令，对影片进行测试，可以人物踢腿动作的动画效果。

7.5.3 骨骼的属性

为对象创建骨骼后，选择其中的骨骼，在【属性】面板中将出现此骨骼的相关属性设置，如图 7-38 所示。

图 7-38 骨骼的属性

（1）【联接：旋转】：此选项默认情况下是处于启用状态，即【启用】复选框被勾选，用于指定被选中的骨骼可以沿着父骨骼对象进行旋转；如果将【约束】复选框勾选，还可以设置此骨骼对象旋转的最小度数与最大度数。

（2）【联接：X 平移】：如果将【启用】复选框勾选，则选中的骨骼可以沿着 X 轴方向进行平移；如果将【约束】复选框勾选，还可以设置此骨骼对象在 X 轴方向平移的最小值与最大值。

（3）【联接：Y 平移】：如果将【启用】复选框勾选，则选中的骨骼可以沿着 Y 轴方向进行平移；如果将【约束】复选框勾选，还可以设置此骨骼对象在 Y 轴方向平移的最小值与最大值。

7.5.4 编辑骨骼对象

创建骨骼后，可以使用多种方法编辑它们，可以重新定位骨骼及其关联的对象、在对象内移动骨骼、更改骨骼的长度、删除骨骼以及编辑包含骨骼的对象。

1．移动骨骼对象

为对象添加骨骼后，使用【选择工具】移动骨骼对象，只能对父级骨骼进行环绕的运动，如果需要移动骨骼对象，可以使用【任意变形工具】选择需要移动的对象，然后拖动对象，则骨骼对象的位置发生改变，联接的骨骼长短也随着对象的移动发生变化，如图 7-39 所示。

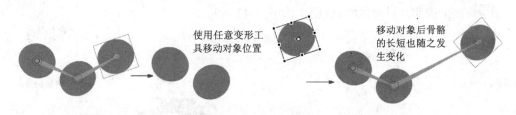

图 7-39　移动骨骼对象

2．重新定位骨骼

为对象添加骨骼后，选择并移动对象上的骨骼，此时只能对骨骼进行旋转运动，并不能改变骨骼的位置。如果需要对对象上的骨骼进行重新定位，还需要使用【任意变形工具】进行操作，首先使用【任意变形工具】选择需要重新定位的骨骼对象，然后移动选择对象的中心点，则此时骨骼的联接位置移动到中心点的位置，如图 7-40 所示。

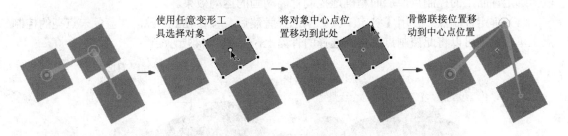

图 7-40　重新定位骨骼对象

3．删除骨骼

删除骨骼的操作非常简单，只需使用【选择工具】选择需要删除的骨骼，然后按 Delete 键，即可将其删除，如图 7-41 所示。

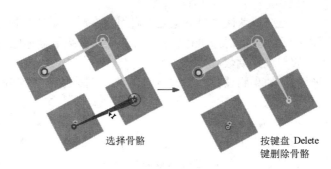

选择骨骼　　　　　　　　　　按键盘 Delete
　　　　　　　　　　　　　　键删除骨骼

图 7-41　删除骨骼

7.5.5　绑定骨骼

为图形形状添加骨骼后，发现在移动骨架时图形形状并不能按令人满意的方式进行扭曲。此时可以使用【工具】面板中【绑定工具】 编辑单个骨骼和形状控制点之间的连接。这样，就可以控制在每个骨骼移动时形状的扭曲方式，从而得到满意的结果。如果在【工具】面板【绑定工具】 没有显示，可以在【骨骼工具】 处按住鼠标一小段时间，在弹出的下拉列表中即可选择【绑定工具】 ，如图 7-42 所示。

使用【绑定工具】 可以将多个控制点绑定到一个骨骼，也可以将多个骨骼绑定到一个控制点。使用【绑定工具】 单击骨骼，将显示骨骼和控制点之间的连接，选择的骨骼以红色的线显示，骨骼的控制点以黄色的点显示，如图 7-43 所示。

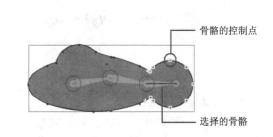

骨骼的控制点

选择的骨骼

图 7-42　选择的绑定工具　　　　　　　　　图 7-43　骨骼的控制点

基于图形形状的骨骼动画，在骨骼运动时是由控制点控制动画的变化效果，可以通过绑定、取消绑定骨骼上的控制点，从而精确地控制骨骼动画的运动效果。

（1）绑定控制点：使用【绑定工具】 选择骨骼后，按住 Shift 键，在蓝色未点亮的控制点上单击，则可以将此控制点绑定到选择的骨骼上，如图 7-44 所示。

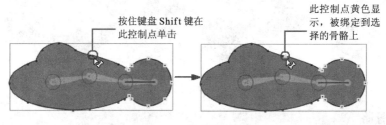

按住键盘 Shift 键在　　　　　　　此控制点黄色显
此控制点单击　　　　　　　　　示，被绑定到选
　　　　　　　　　　　　　　　择的骨骼上

图 7-44　绑定控制点

（2）取消绑定控制点：使用【绑定工具】 选择骨骼后，按住 Ctrl 键，在黄色显示绑定在

骨骼的控制点上单击，则可以取消此控制点在骨骼上的绑定，如图 7-45 所示。

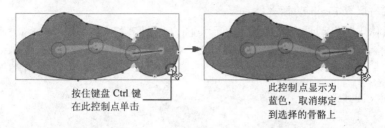

按住键盘 Ctrl 键
在此控制点单击

此控制点显示为
蓝色，取消绑定
到选择的骨骼上

图 7-45　取消绑定控制点

Flash　　　　　　　　　　　　　　　　　　　　　　　　**CS 4**

7.6　综合应用实例：制作"森林乐园"动画

本节中将制作一个"森林乐园"动画实例，此实例通过骨骼创建了袋鼠跳跃的动画效果，再通过运动引导线引导袋鼠跳跃的轨迹，最后使用遮罩动画创建了漂亮的文字闪烁动画效果，其最终效果如图 7-46 所示。

图 7-46　制作的"森林乐园"动画

制作"森林乐园"动画——步骤提示

（1）导入动画的背景；

（2）导入袋鼠图形创建出袋鼠跳跃的骨骼动画；

（3）为跳跃的袋鼠创建运动引导层动画；

（4）创建袋鼠影子的运动引导层动画；

（5）为"森林文字"创建遮罩动画；

（6）测试与保存 Flash 动画文件。

制作"森林乐园"动画实例步骤提示示意图，如图 7-47 所示。

图 7-47 步骤提示示意图

制作的"森林乐园"动画——具体步骤

步骤1 启动 Flash CS4，创建一个新的文档。然后在工作区域中单击鼠标右键，选择弹出菜单中的【文档属性】命令，在弹出的【文档属性】对话框中设置【宽】参数为 600 像素，【高】参数为 450 像素，如图 7-48 所示。

步骤2 单击 确定 按钮，完成文档属性的各项设置，并将创建的文件名称保存为"森林乐园.fla"。

步骤3 单击菜单栏中的【文件】|【导入】|【导入到舞台】命令，导入本书配套光盘"第 7 章/素材"目录下的"草地.jpg"图像文件。

步骤4 设置导入的"草地.jpg"图像的左顶点 X、Y 轴坐标值全部为 0，即"草地.jpg"图像与舞台完全重合。

步骤5 将"草地.jpg"图像文件所在的图层名称改为"背景"，然后在"背景"图层之上创建一个新的图层，并设置新图层名称为"袋鼠"，如图 7-49 所示。

图 7-48 【文档属性】对话框

图 7-49 创建的"袋鼠"图层

步骤6 单击菜单栏中的【文件】|【导入】|【导入到舞台】命令，导入本书配套光盘"第 7 章/素材"目录下的"袋鼠.png"图像文件。

步骤7 选择导入的"袋鼠.png"图像文件，将其转换为名称为"袋鼠"的影片剪辑元件。

步骤8 双击"袋鼠"影片剪辑元件实例，切换到"袋鼠"影片剪辑元件编辑窗口中，然后选择"袋鼠.png"图像文件，单击菜单栏中【修改】|【分离】命令，将袋鼠图形打散，如图7-50 所示。

步骤9 使用【套索工具】 分别将袋鼠的身体、大腿、小腿选择分离出来，并分别将袋鼠身体、大腿、小腿转换为名称为"身体"、"腿"、"脚"的影片剪辑元件，如图 7-51 所示。

图 7-50 打散的袋鼠图形　　　　图 7-51 袋鼠图形中分离的各个影片剪辑元件

步骤10 在【工具】面板中选择【骨骼工具】 ，此时图标变为十字下方带个骨头的图标形式 ，然后将光标放置到袋鼠前腿根位置处单击并向袋鼠大腿根位置处拖曳，创建出骨骼，同时自动创建出骨架图层，继续使用【骨骼工具】 由袋鼠大腿根位置处向袋鼠小腿位置处拖曳，继续创建出骨骼，如图 7-52 所示。

步骤11 在"骨架"图层第 20 帧处插入帧，然后将时间轴上播放头拖曳到第 10 帧，调整此帧处袋鼠的骨骼，如图 7-53 所示。

步骤12 将时间轴上播放头拖曳到第 20 帧，调整此帧处袋鼠的骨骼，如图 7-54 所示。

图 7-52 创建的骨骼　　　图 7-53 调整第 10 帧处袋鼠的骨骼　　　图 7-54 调整第 20 帧处袋鼠的骨骼

步骤13 单击 场景1 按钮切换到当前场景的舞台中，将"袋鼠"影片剪辑拖曳到"袋鼠"图层中，并使用【任意变形工具】 将其缩小为原来的一半大小，将其放置到舞台左下角，如图7-55 所示。

步骤14 选择舞台中的"袋鼠"影片剪辑实例，按 Ctrl+C 组合键将其复制，然后在"背景"图层之上创建一个新的图层，设置图层名称为"袋鼠阴影"，并按 Ctrl +V 组合键将"袋鼠"图层中"袋鼠"影片剪辑实例粘贴到"袋鼠阴影"图层中。

图 7-55　缩小的 "袋鼠" 影片剪辑元件

步骤15 选择 "袋鼠阴影" 图层中 "袋鼠" 影片剪辑实例，在【属性】面板【色彩效果】中设置
【样式】选项为 "高级"，并设置【红】、【绿】、【蓝】参数值都为 0%，【R】、【G】、【B】
参数值都为 102，Alpha 参数值为 64，此时舞台中的 "袋鼠" 影片剪辑实例以半透明灰
色显示，如图 7-56 所示。

图 7-56　设置 "袋鼠" 影片剪辑实例的属性

步骤16 使用【任意变形工具】将灰色透明的 "袋鼠" 影片剪辑进行变形操作，并放置到全彩
显示的 "袋鼠" 影片剪辑实例的下方，如图 7-57 所示。

步骤17 在 "袋鼠" 图层之上单击鼠标右键，在弹出菜单中选择 "添加传统运动引导层" 命令，
在 "袋鼠" 图层之上创建出运动引导层，同时 "袋鼠" 图层被转换为被运动引导层，然
后在运动引导层中绘制出 "袋鼠" 跳跃的运动轨迹，如图 7-58 所示。

图 7-57　袋鼠阴影的位置

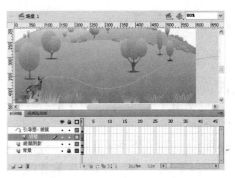

图 7-58　绘制的运动引导线

步骤18 选择所有图层第 240 帧，按 F5 键，为所有图层第 240 插入普通帧，然后在"袋鼠"图层第 240 帧插入关键帧，并设置"袋鼠"图层第 1 帧处"袋鼠"影片剪辑实例的中心点与运动引导线左端点重合，然后设置第 240 帧处的"袋鼠"影片剪辑实例与运动引导线右端点重合，如图 7-59 所示。

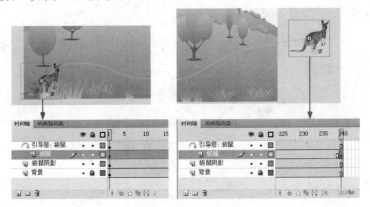

图 7-59 袋鼠影片剪辑的位置

步骤19 在"袋鼠"图层第 1 帧与第 240 帧之间任意一帧上单击鼠标右键，在弹出菜单中选择【创建传统补间】命令，创建出运动引导动画。

步骤20 选择"袋鼠阴影"图层，将其向上拖曳，使其也变为与"袋鼠"图层一样的被运动引导层，然后选择第 1 帧处的灰色透明袋鼠对象，使用【任意变形工具】将"袋鼠"影片剪辑实例的中心点移动到运动引导线的左端点位置，使其中心点与运动引导线左端点重合，如图 7-60 所示。

将对象中心点
与运动引导线
左端点重合

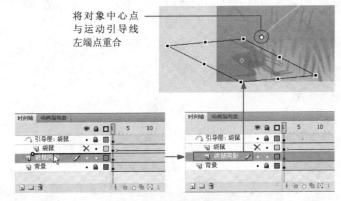

图 7-60 袋鼠影片剪辑的位置

步骤21 在"袋鼠阴影"图层第 240 帧插入关键帧，并设置将此帧处的灰色透明袋鼠对象的移动到右侧运动引导线位置，使其中心点与运动引导线右端点重合，如图 7-61 所示。

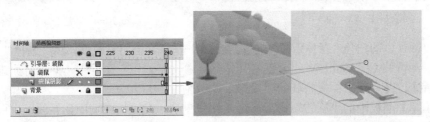

图 7-61 第 240 帧袋鼠阴影的位置

步骤22 在"袋鼠阴影"图层第 1 帧与第 240 帧之间任意一帧上单击鼠标右键，在弹出菜单中选择【创建传统补间】命令，创建出运动引导动画。

步骤23 创建一个名称为"旋转"的影片剪辑元件，并在影片剪辑元件中绘制一个类似风车的图形，设置其中的扇叶的颜色依次为"淡绿色（#99CC00）"、"淡蓝色（#65CCFF）"、"橙色（#FF6600）"，如图 7-62 所示。

颜色为"淡绿色（#99CC00）"

颜色为"淡蓝色（#65CCFF）"

颜色为"橙色（#FF6600）"

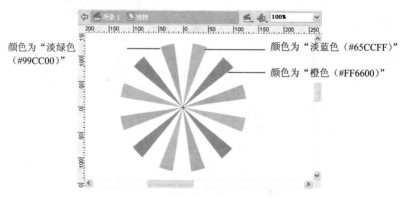

图 7-62　绘制的图形

步骤24 单击 场景 1 按钮切换到当前场景的舞台中，然后在运动引导层之上创建一个新的图层，并设置新图层名称为"文字"，然后在舞台左上角输入白色的"森林乐园"文字，并通过【属性】面板为其添加"投影"滤镜效果，如图 7-63 所示。

步骤25 选择舞台中的白色"森林乐园"文字，将其转换为名称为"文字动画"的影片剪辑元件并切换到此影片剪辑元件的编辑窗口中。

步骤26 在"文字动画"的影片剪辑元件编辑窗口中，将文字所在图层名称设置为"文字"，然后在"文字"之上创建新图层，设置新图层名称为"发光"，然后在"发光"图层之上创建一个名称为"文字遮罩"的图层，如图 7-64 所示。

图 7-63　输入的文字

图 7-64　创建的新图层

步骤27 选择舞台中的白色"森林乐园"文字，按 Ctrl+C 组合键将其复制，然后选择"文字遮罩"图层，再按 Ctrl+Shift+V 组合键将其粘贴到"文字遮罩"图层中，并保持原来的位置，然后通过【属性】面板将其的"投影"滤镜删除。

步骤28 将【库】面板中的"旋转"影片剪辑元件拖曳到"发光"图层中，并放置到白色文字的上方，如图 7-65 所示。

图 7-65　"旋转"影片剪辑实例的位置

步骤29 在所有图层第 120 帧处插入普通帧，在"发光"图层第 120 帧处插入关键帧，并在"发光"图层第 1 帧与第 120 帧之间创建传统补间动画，并在【属性】面板中设置【旋转】选项为"顺时针"，从而创建出"旋转"影片剪辑实例旋转的动画，如图 7-66 所示。

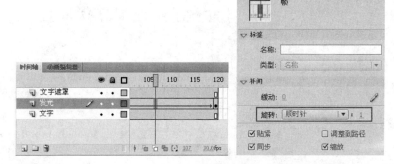

图 7-66　设置传统补间动画属性

步骤30 在"文字遮罩"图层上单击鼠标右键，在弹出菜单中选择【遮罩层】命令，将"文字遮罩"图层转换为遮罩层，"发光"图层转换为被遮罩层，从而创建出遮罩动画，如图 7-67 所示。

图 7-67　创建的遮罩动画

步骤31 在编辑栏中单击 场景 1 按钮切换到当前场景的舞台中，然后单击菜单栏中【窗口】|【测试影片】命令，弹出影片测试窗口，在影片测试窗口中可以看到文字闪烁与袋鼠跳跃的动画效果。

步骤32 单击菜单栏中【文件】|【保存】命令，将制作的动画文件保存。

至此，整个"森林乐园"动画全部制作完成，本实例中应用到了骨骼动画、运动引导线动画以及遮罩动画，通过几种高级动画的综合应用从而创建出最终的动画。读者可以尝试着导入其他的动画对象以及创建不同的遮罩动画效果，进一步掌握这几种高级动画的应用技巧。

◀◀ 第 3 篇

加 速 篇

第 8 章

多媒体应用

内容介绍

　　随着版本的不断升级，Flash 软件已经成为一款不折不扣的网络多媒体编辑软件，多媒体元素主要体现在两个方面——声音和视频，Flash 动画不同于传统的动画，它不仅可以使用文字、图像等元素，而且还整合了声音和视频多媒体元素，其中声音可以烘托动画的表现气氛，调动观看者的情绪，配合视频文件的使用，使得动画更加引人入胜。在 Flash 软件中不仅可以导入声音和视频，而且还可以对其进行各项编辑操作。通过它们可以制作更加交互、动感更强的动画效果，本章将对 Flash 软件声音、视频的相关知识进行学习。

学习重点

　　◗ 导入声音
　　◗ 编辑声音
　　◗ 压缩 Flash 声音
　　◗ 实例指导：为"放鞭炮"动画添加声音
　　◗ Flash 视频控制
　　◗ 综合应用实例：制作电视机播放动画

8.1 导入声音

Flash 导入声音的格式有多种，不仅可以导入常用的 MP3、WAV 格式的声音文件，如果系统安装了 QuickTime 4 或更高版本，还可以导入 AIFF、Sun AU 等附加的声音文件格式。首先单击菜单栏中的【文件】|【导入】子菜单中的【导入到舞台】或者【导入到库】命令，然后在弹出的【导入】或【导入到库】对话框中双击选择需要选择的声音文件，即可将选择的声音文件导入到当前文档的【库】面板中，无论使用哪种方法导入声音时，只能将声音导入到 Flash 的【库】面板中，而不能直接导入到舞台中，图 8-1 所示就是导入声音文件后的【库】面板。

如果想要将导入到【库】面板的声音文件应用在 Flash 文档中，可以按住鼠标左键，将导入的声音文件从【库】面板拖曳到舞台中，即可将该声音文件添加到当前文档的工作层中，添加后，在【时间轴】面板当前图层中会出现声音的音轨，以波形的形式显示，不过，在为文档添加声音时需要注意以下几点：

（1）建议在一个单独的图层上放置声音，将声音与动画内容分开，便于对动画进行管理。

（2）声音必须添加在关键帧或空白关键帧上。

（3）如果要在一个动画文档中添加多个声音文件时，建议每一个声音都要放置在一个独立的图层上，从而便于管理。

在新版本 Flash CS4 软件中，除了可以导入声音文件外，还提供了一个"声音"公用库面板，其中包含了可以用作效果的多种有用声音文件。单击菜单栏中的【窗口】|【公用库】|【声音】命令，可以将该"声音"公用库打开，如图 8-2 所示，其中各声音的使用与【库】面板中的声音文件相同，按住鼠标左键将其拖曳到舞台中即可。

图 8-1 导入声音后的【库】面板

图 8-2 "声音"公用库

8.2 编辑声音

为动画添加声音后，Flash 软件还提供了对导入声音的各项编辑操作，通过在【属性】面板的【声音】选项进行各项编辑，包括删除声音、切换声音、声音淡入和淡出、声音音量大小、声音同步、声音循环等，从而使其更加符合动画的要求。

8.2.1 删除或切换声音

在为当前文档添加声音文件时，除了可以使用前面介绍的按住鼠标左键将其从【库】面板中拖曳到当前工作文档中之外，还可以在【属性】面板中的【声音】选项进行设置，首先选择声音图层的任意一帧，然后在【声音】选项中单击【名称】右侧的 [无 ▼] 按钮，在弹出的下拉列表中即可进行声音的添加、删除和切换，如图 8-3 所示。

图 8-3 弹出的下拉列表

（1）删除声音：在弹出的下拉列表中选择【无】该项，可以将该帧处添加的声音删除。

（2）添加声音：在弹出的下拉列表中选择所要添加的声音文件即可在将该声音文件添加到当前文档中。

（3）切换声音：如果该文档中包括多个声音，在下拉列表中选择不同的声音文件，可以进行各声音的切换。

8.2.2 套用声音效果

为 Flash 文档添加声音文件后，还可以在【属性】面板中为声音套用不同的声音效果，包括淡入、淡出、左右声道的不同播放等，使之更符合动画的要求。首先选择声音图层的任意一帧，然后在展开【属性】面板的【声音】选项中，单击【效果】右侧的 [无 ▼] 按钮，在弹出的下拉列表即可套用内建的声音特效，如图 8-4 所示。

图 8-4 套用声音效果

（1）【无】：选择该项，不对声音应用效果，如果以前的声音添加了特效，还可以将以前添加了的特效删除。

（2）【左声道】|【右声道】：选择该项，只在左声道或右声道中播放声音。

（3）【向右淡出】|【向左淡出】：选择该项，会将声音从一个声道切换到另一个声道。

（4）【淡入】：选择该项，在声音的持续时间内逐渐增加音量。

（5）【淡出】：选择该项，在声音的持续时间内逐渐减小音量。

（6）【自定义】：选择该项，或者单击 [无 ▼] 右侧的 ✎ 按钮，可弹出如图 8-5

所示的【编辑封套】对话框，从而根据自己的需要自定义编辑声音的效果，其中上面的编辑窗口为左声道，下面的编辑窗口为右声道。

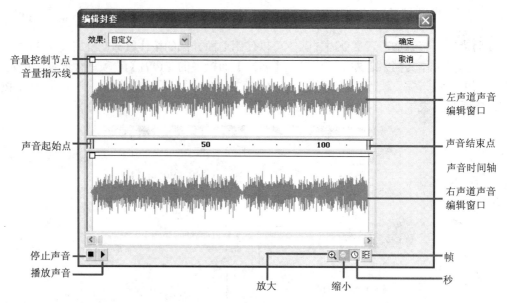

图 8-5　【编辑封套】对话框

1)【音量控制节点】：以小方框显示，在音量指示线处单击，可以添加一个音量控制节点，按住鼠标拖曳音量控制节点，可以改变音量指示线的垂直位置，从而调整音量，音量指示线的位置越高，声音越大，反之则相反；对于一些不需要的音量控制节点，可以按住鼠标将其拖曳出编辑窗口即可将其删除。

2)【声音起始点】与【声音结束点】：用于截取声音文件的片段，使声音更符合动画的要求，方法很简单，使用鼠标向内拖动时间轴两侧的声音起始点与声音结束点即可，改变了声音文件的长度后，如果双击两侧的声音起始点与声音结束点，还可以将声音文件恢复为原来的长度。

3)【播放声音】▶：单击该按钮，可以播放编辑后的声音，从而试听声音效果。

4)【停止声音】■：单击该按钮，可以停止声音的播放。

5)【放大】和【缩小】：单击该按钮，可以放大或缩小声道编辑窗口的显示比例，从而便于进一步地调整。

6)【秒】和【帧】：用于设置声道编辑窗口中的单位。单击【秒】按钮，可以将声道编辑窗口以"秒"为单位，此时可以观察播放声音所需的时间；单击【帧】按钮，以"帧"为单位，方便用户查看声音在时间轴上的分布。

8.2.3　声音同步效果

将声音添加到 Flash 文档后，有时会遇到声音不同步的问题，所谓声音同步效果就是指声音与动画同步进行播放，可以通过【属性】面板的【声音】选项进行设置，如图 8-6所示。

（1）同步声音：单击该处，在弹出的下拉选项中设置声音同步的类型，共有四种。

1)【事件】：系统默认时的类型，选择该项，声音信息将全部集中在设定的起始帧中。下载及播放声音时，由于声音信息全集中在一个帧里，所以要等到声音全部下载完毕才能播放，如果声音文件比较大，会导致动画播放不流畅。由于【事件】类型的声音是一次下载完毕，所以播放声音时，也是一次播放完整个声音。【事件】类型的声音和动画属于相互独立的。

2）【开始】：此选项和【事件】选项是一样的，只是如果声音正在播放，就不会播放新的声音实例。

3）【停止】：该选项将使指定的声音静音。需要指出的是【停止】类型只能指定停止一个声音文件的播放，若想要停止动画中的所有声音，需要使用 ActionScript 脚本命令控制。

4）【数据流】：选择此项则 Flash 会强制动画和音频流同步。如果 Flash 不能足够快地绘制动画帧，就跳过帧。与事件声音不同，音频流随着影片的停止而停止。而且，音频流的播放时间绝对不会比帧的播放时间长。数据流声音通常用作动画的背景音乐。

图 8-6　【属性】面板的声音同步选项

（2）声音循环：单击该处，在弹出的下拉选项中设置声音是进行重复还是循环。

1）【重复】：选择该项，可以设置声音的重复，并可在右侧进行重复次数的设置。

2）【循环】：选择该项，用于设置声音的不断循环。

Flash
8.3　压缩 Flash 声音
CS 4

通常情况下，声音文件的体积都很大，在 Flash 中使用声音后，生成的动画文件体积也要相应地增大不少，所以就需要对声音文件进行压缩。

在 Flash 软件中，声音的压缩操作通过【声音属性】对话框完成，首先选择需要进行压缩的导入声音文件，然后在【库】面板中单击下方的 ⓘ 按钮，或者单击鼠标右键，选择弹出右键菜单中的【属性】命令，在弹出的【声音属性】对话框中单击【压缩】选项，即可在下拉列表中选择相应压缩格式，如图 8-7 所示。

图 8-7　【声音属性】对话框

【声音属性】对话框的最上方用于显示声音文件的文件名、声音文件的路径、创建时间和声音的长度，【默认】压缩选项是指导出的声音会以【发布设置】话框中的声音输出设定值为输出依据。

8.3.1　ADPCM 压缩格式

【ADPCM】压缩格式用于设置 8 位或 16 位声音数据的压缩，适用于较短的声音文件，例如按钮被按下时的声音等，选择【ADPCM】选项后的【声音属性】对话框如图 8-8 所示。

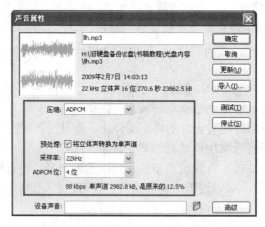

图 8-8　选择 ADPCM 压缩格式后的【声音属性】对话框

（1）【预处理】：勾选后面的【将立体声转换为单声道】选项，可以将混合立体声道转换为单声道，此项对于单声道不产生任何影响。

（2）【采样率】：用于控制声音保真度和文件大小。采样率值越大，声音的保真效果越好，相应的文件也越大；反之，则会降低声音品质，减小文件大小。

（3）【ADPCM 位】：用于决定编辑中使用的位数，压缩比越高，声音文件越小，声音品质越差。

8.3.2　MP3 压缩格式

【MP3】压缩格式适用于较长的声音文件，以及设定为数据流类型的声音文件。如果动画要采用的声音质量类似于 CD 音乐的配乐，最适合选用 MP3 压缩格式。选择【MP3】选项后的【声音属性】对话框如图 8-9 所示。

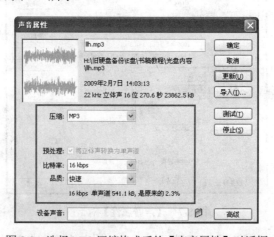

图 8-9　选择 MP3 压缩格式后的【声音属性】对话框

（1）【比特率】：用于设置导出声音文件中每秒播放的位数，支持 8Kb/s～160Kb/s CBR（恒定比特率）。当导出音乐时，需要将比特率设为 16Kb/s 或更高，以获得最佳效果。

（2）【品质】：用于设置压缩速度和声音品质。选择【快速】选项时压缩速度较快，但声音品质较低；选择【中等】选项时，压缩速度较慢，但声音品质较高；选择【最佳】选项时，压缩速度最慢，但声音品质最高。

8.3.3 原始和语音压缩格式

【原始】压缩选项是指在导出声音时不会对声音文件进行压缩，只能调整声音文件的采样率；【语音】格式用于设定声音的采样频率，主要用于动画中人物的配音，选择【原始】和【语音】压缩格式后的【声音属性】对话框如图 8-10 所示。

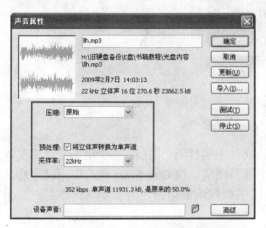 

图 8-10 选择【原始】和【语音】压缩格式后的【声音属性】对话框

8.4 实例指导：为"放鞭炮"动画添加声音

在 Flash 软件中，导入声音的应用有多种，可以将声音作为动画的背景音乐，渲染动画的气氛；也可以将少量声音添加到按钮上，使其具有更强的交互性，其动画效果如图 8-11 所示。

图 8-11 "放鞭炮"动画效果

为"放鞭炮"动画添加声音——具体步骤

步骤1 单击菜单栏中的【文件】|【打开】命令，打开本书配套光盘"第8章/素材"目录下的"放鞭炮.fla"文件，如图8-12所示。

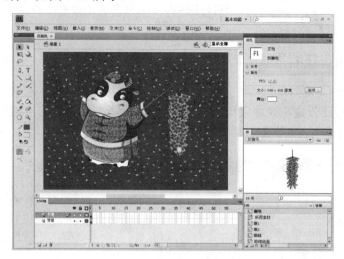

图8-12 打开的"放鞭炮.fla"文件

在打开的"放鞭炮.fla"文件中可以观察到该文件中包括两个图层，一个用于放置喜庆背景的"背景"图层，一个用于放置卡通图形的"卡通"图层。按Ctrl+Enter组合键测试影片，可以看到在弹出的测试窗口中一个活泼可爱的卡通牛放鞭炮的动画，为了使动画效果更具感染力，接下来为该文件添加放鞭炮的声音。

步骤2 在【时间轴】面板中选择"卡通"图层，单击【新建图层】 按钮，在该层之上创建出一个新的图层，设置其名称为"声音"。

步骤3 单击菜单栏中的【文件】|【导入】|【导入到库】命令，在【导入到库】对话框中选择本书配套光盘"第8章/素材"目录下"鞭炮声.wav"声音文件，如图8-13所示。

步骤4 单击 打开(O) 按钮，将声音文件导入到当前文档的【库】面板中，如图8-14所示。

图8-13 【导入到库】对话框

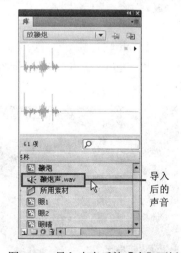

导入后的声音

图8-14 导入声音后的【库】面板

步骤5 在【库】面板中按住鼠标将"鞭炮声.wav"声音元件拖曳到舞台中，从而为动画添加声音，此时在"声音"图层中显示声音的音轨，如图8-15所示。

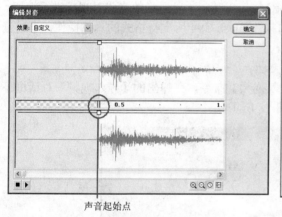

图 8-15　添加声音后的【时间轴】面板

到此完成了声音的添加操作，按 Ctrl+Enter 组合键，对添加声音后的动画文件进行测试，在弹出的测试窗口中可以看到一个活泼可爱的卡通牛正在放鞭炮的动画，同时还伴有放鞭炮的声音，不过随着动画播放一段时间后，声音会有一段时间的无声间隔，这是由于导入的声音文件的问题，接下来开始对该声音文件进行编辑。

步骤6 选择"声音"图层中的第 1 帧，然后展开【属性】面板中的【声音】选项，单击其下【效果】右侧的 无 ▾ 按钮，在弹出的下拉列表中选择"自定义"选项。

步骤7 在弹出的【编辑封套】对话框中，通过下方的【放大】 🔍 和【缩小】 🔍 按钮，调整声道编辑窗口的显示比例，然后使用鼠标向内拖动时间轴两侧的声音起始点与声音结束点的位置如图 8-16 所示。

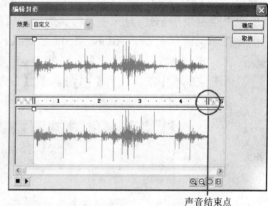

声音起始点　　　　　　　　　　　　　　　　　　　　　　　　声音结束点

图 8-16　【编辑封套】对话框中声音起始点与声音结束点的位置

步骤8 设置完成后，单击 确定 按钮，从而只截取部分需要的声音片段。

步骤9 在【属性】面板的【声音】选项下，设置声音的"同步"选项为"事件"，并且设置下方的播放为"循环"，如图 8-17 所示。

图 8-17　【声音】选项设置

步骤10 到此，该声音文件编辑完成，单击菜单栏中的【控制】|【测试影片】命令，对影片进行测试，可以看到动画播放的同时，声音也循环播放的动画效果。

步骤11 如果影片测试无误，单击菜单栏中的【文件】|【保存】命令，将文件进行保存。

Flash　　CS 4

8.5　Flash 视频控制

Flash CS4 是一个功能强大的工具软件，它允许用户将视频、数据、图形、声音和交互式控制融为一体，从而可以轻松创作高质量的基于 Web 网页的视频演示文稿。

8.5.1　Adobe Media Encoder 编码器

在进行 Flash CS4 视频导入之前，不得不提一个编码应用程序——Adobe Media Encoder，它是 Flash CS4 安装时可选安装的组件，支持 H.264，通过它可以轻松将多种文件格式转换为高质量的 H.264 视频（MP4、3gp）或 Flash 媒体（FLV、F4V）文件，并且可控制性更强。

在 Flash CS4 中，导入视频文件必须使用以 FLV 或 H.264 格式编码的视频，如果视频不是 FLV 或 F4V 格式，那么就需要使用 Adobe Media Encoder 以适当的格式对视频进行编码。下面以"空中飞翔.avi"为例学习将其他视频转换为 Flash CS4 所支持格式的具体操作，不过读者朋友在学习前必须安装 Adobe Media Encoder。

步骤1 启动 Flash CS4，创建一个空白的 Flash 文档。

步骤2 单击菜单栏中的【文件】|【导入】|【导入视频】命令，在弹出的【导入视频】对话框下方单击 启动 Adobe Media Encoder 按钮，如图 8-18 所示。

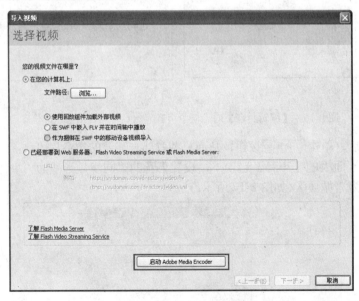

图 8-18　【导入视频】对话框

步骤3 此时会弹出一个【另存为】对话框，单击其中的 取消 按钮，稍停片刻，便会启动 Adobe Media Encoder，如图 8-19 所示。

步骤4 单击右侧的 添加... 按钮，在弹出【打开】对话框中选择本书配套光盘"第 8 章/素材"目录下的"空中飞翔.avi"视频文件，如图 8-20 所示。

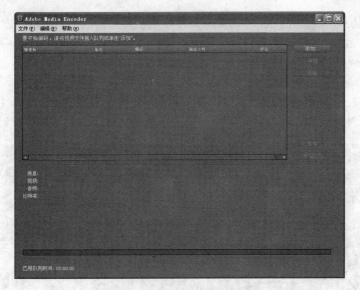

图 8-19　启动的 Adobe Media Encoder

图 8-20　弹出的【打开】对话框

步骤5 单击对话框中 打开⑩ 按钮，将选择视频进行添加，此时在 Adobe Media Encoder 中将显示添加的"空中飞翔.avi"，如图 8-21 所示。

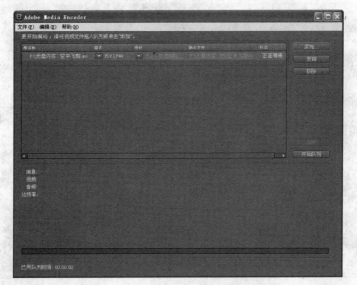

图 8-21　添加的"空中飞翔.avi"视频

提示 使用 Adobe Media Encoder 可以实现工作效率最大化，允许添加多个视频文件进行处理，并且通过右侧的 复制 或 移除 按钮，可以将当前添加到 Adobe Media Encoder 中当前选择的视频文件进行复制或者删除操作。

步骤6 单击菜单栏中的【编辑】|【导出设置】命令，可弹出如图 8-22 所示【导出设置】对话框，用于对导出视频进行时间的修剪、大小的裁切以及音频调整等设置。

图 8-22 【导出设置】对话框

步骤7 设置完成后，单击下方的 确定 按钮，完成对视频的导出设置，然后在 Adobe Media Encoder 单击右侧的 开始队列 按钮，开始视频的编码转换，此时在下方将以黄色进度条的形式显示进程，如图 8-23 所示。

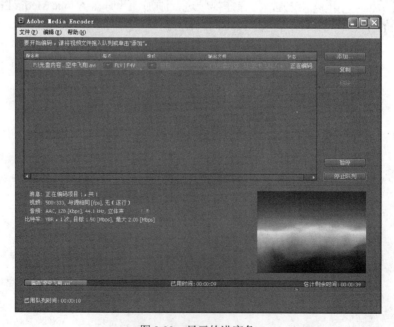

图 8-23 显示的进度条

步骤8 进度条完成后，在 Adobe Media Encoder 选择视频的"状态"项中将以 ✓ 显示，表示完成视频的编码转换，此时转换后的视频文件——即"空中飞翔.f4v"将自动保存与"空中飞翔.avi"所处的同一文件夹中。

8.5.2　导入 Flash 视频

通过前面的学习了解到，Flash CS4 软件对于导入视频的格式有了更高要求，即必须使用以 FLV 或 H.264 格式编码的视频，如果导入视频不是该类编码视频的话，就需要通过 Adobe Media Encoder 进行编码转换再将其进行导入。

在 Flash CS4 中，导入视频的操作通过【导入视频】对话框完成，单击菜单栏中的【文件】|【导入】|【导入视频】命令，即可弹出【导入视频】对话框，在其中不仅选择导入视频以用于流式加载或渐进式下载，还可以选择将视频嵌入到 swf 中，根据导入视频的应用不同，导入视频时会有一系列不同的向导对话框。

导入视频以用于流式加载或渐进式下载——具体步骤

步骤1 启动 Flash CS4，创建一个空白的 Flash 文档。

步骤2 单击菜单栏中的【文件】|【导入】|【导入视频】命令，可弹出【导入视频】对话框的【选择视频】窗口，如图 8-24 所示。

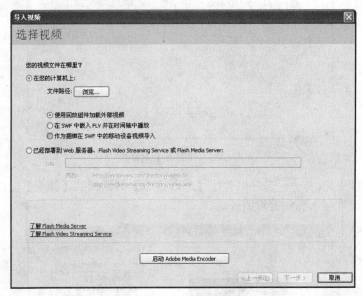

图 8-24　【选择视频】窗口

（1）【在您的计算机上】：勾选该项，可以通过单击右侧的 浏览... 按钮，在弹出的【打开】对话框中选择本地计算机上的视频文件。

（2）【已经部署到 Web 服务器、Flash Video Streaming Service 或 Flash Media Server】：勾选该项，在下方输入 URL，可以直接导入存储在 Web 服务器、Flash Media Server 或 FVSS 的视频。

步骤3 单击 浏览... 按钮，在弹出的【打开】对话框中选择本书配套光盘"第 8 章/素材"目录下的"城市街道.f4v"视频文件，如图 8-25 所示。

步骤4 单击对话框中 打开(O) 按钮，打开选择的视频，然后在【选择视频】窗口下方勾择【使用播放组件加载外部视频】选项，如图 8-26 所示。

图 8-25 【打开】对话框

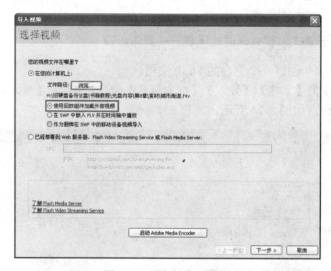

图 8-26 【打开】对话框

步骤5 单击对话框中的 下一步> 按钮，弹出【导入视频】对话框的【外观】窗口，如图 8-27 所示，用于设置导入视频剪辑的外观。

图 8-27 【导入视频】对话框【外观】窗口

（1）【外观】：单击该处，在弹出的下拉列表中可以设置不同的视频外观效果，如果选择最上方的【无】选项，表示不使用任何视频外观；

（2）【颜色】：单击该处的■颜色色块，在弹出的颜色调色板中可以设置外观的颜色；

（3）URL：系统默认下，该处为灰色，为不可用状态，如果在上方弹出的下拉列表中选择最下方的【自定义外观 URL】选项，那么就可以在此处输入服务器上外观的 URL，从而选择自己设计的自定义外观。

步骤6 在此使用系统默认外观设置，单击对话框中的 下一步> 按钮，弹出【导入视频】对话框【完成视频导入】窗口，如图 8-28 所示。

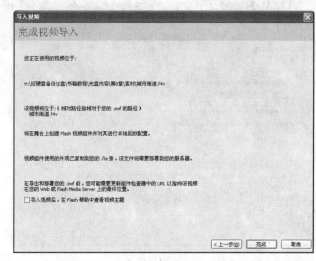

图 8-28　【导入视频】对话框【完成视频导入】窗口

步骤7 单击对话框中的 完成 按钮，此时会弹出一个【获取元数据】进度条，如图 8-29 所示，开始导入视频文件。

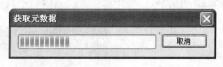

图 8-29　【正在加载 FLV 尺寸】进度条

步骤8 进度条结束后，将视频文件导入到当前的舞台中，并且存放在【库】面板中，其类型为"编译剪辑"，如图 8-30 所示。

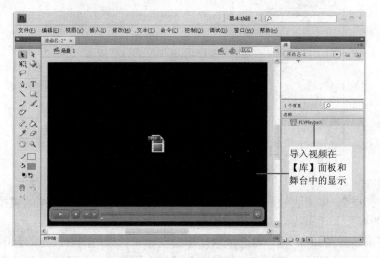

导入视频在【库】面板和舞台中的显示

图 8-30　导入后的视频文件

在 SWF 文件中嵌入视频——具体步骤

步骤1 启动 Flash CS4，创建一个空白的 Flash 文档。

步骤2 单击菜单栏中的【文件】|【导入】|【导入视频】命令，在弹出【导入视频】对话框的【选择视频】窗口中单击 浏览... 按钮，在弹出的【打开】对话框中选择本书配套光盘 "第 8 章/素材" 目录下的 "美食.flv" 视频文件。

步骤3 在【选择视频】窗口下方勾选【在 SWF 中嵌入 FLV 并在时间轴上播放】选项，如图 8-31 所示。

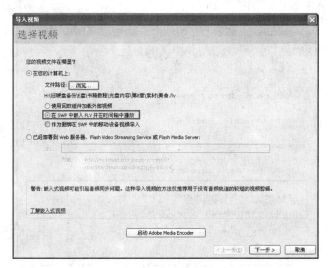

图 8-31 【导入视频】对话框【选择视频】窗口

步骤4 单击对话框中的 下一步 > 按钮，弹出【导入视频】对话框的【嵌入】窗口，如图 8-32 所示。

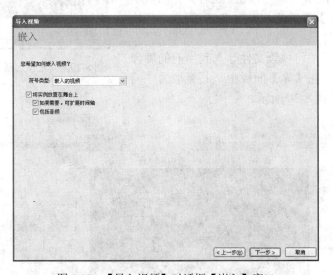

图 8-32 【导入视频】对话框【嵌入】窗口

（1）【符号类型】：单击该处，在弹出的下拉列表中用于选择导入视频的类型，共有 3 种，分别是【嵌入的视频】、【影片剪辑】和【图形】。

（2）【将实例放置在舞台上】：勾选该项，那么在导入视频的同时，在舞台中将创建一个视频的实例，反之不勾选的话，则只将视频导入到【库】面板中，而不会在舞台中存在。

（3）【如果需要，可扩展时间轴】：勾选该项，在导入视频的同时，会根据导入视频的帧数设置相应的时间轴帧。

（4）【包括音频】：勾选该项，在导入视频时连同音频一起导入，反之，则只导入视频画面，而不导入视频中的声音。

步骤 5 在此使用系统默认设置，单击对话框中的 下一步＞ 按钮，弹出【导入视频】对话框【完成视频导入】窗口，如图 8-33 所示。

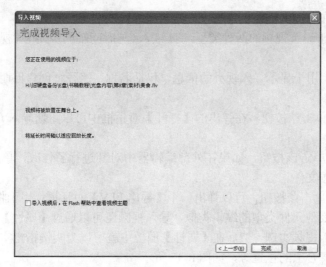

图 8-33 【导入视频】对话框【完成视频导入】窗口

步骤 6 单击对话框中的 完成 按钮，此时会弹出一个【正在处理】进度条，如图 8-34 所示，开始导入视频文件。

步骤 7 进度条结束后，将视频文件导入到当前的舞台中，并且存放在【库】面板中，其类型为"嵌入的视频"，如图 8-35 所示。

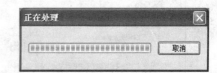

图 8-34 【正在处理】进度条

导入视频在【库】面板和舞台中的显示

图 8-35 导入后的视频文件

233

8.5.3　编辑 Flash 视频

将视频导入到 Flash CS4 中，可以通过【库】面板对导入视频进行设置，也可以通过【属性】面板进行设置。

如果当前导入视频是 SWF 文件中嵌入视频，那么在【库】面板中选择需要进行设置的视频，然后单击鼠标右键，选择弹出菜单中的【属性】命令，可弹出【视频属性】对话框，如图 8-36 所示。

（1）【元件】：在右侧的输入框中可以设置导入视频的名称。

（2）【类型】：用于设置视频的两种类型，有【嵌入（与时间轴同步）】和【视频（受 ActionScript 控制）】两种。

（3）【源文件】：用于显示导入视频的信息，包括名称、路径、创建日期、像素尺寸、长度和文件大小等。

（4） 导入(I)... ：单击该按钮，在弹出的【打开】对话框中可以重新导入 flv 格式的文件而替换当前的视频。

（5） 更新(U) ：单击该按钮，如果在外部编辑器中对其进行了修改，单击该按钮将选择文件更新为原来的视频文件。

（6） 导出... ：单击该按钮，可以弹出一个【导出 FLV】对话框，用于将视频导入为 FLV。

同前面学习的其他元件类型的编辑类似，导入视频还可以通过【属性】面板进行编辑，首先选择舞台中的导入视频实例，然后在【属性】面板中就可以为实例指定实例名称、更改其宽度和高度、调整在舞台上的位置等，如图 8-37 所示。

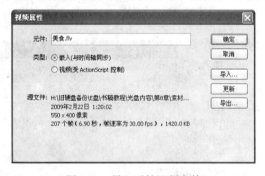

图 8-36　导入后的视频文件

图 8-37　【属性】面板

8.6　综合应用实例：制作电视机播放动画

前面讲解了声音与视频的相关知识，下面通过一个"电视播放"动画来熟悉 Flash 中多媒体元素综合应用的具体操作，其动画效果如图 8-38 所示。

制作电视机播放动画效果——步骤提示

（1）打开"电视播放.fla"素材文件；

（2）创建新层"视频"，导入"视频片头.flv"视频；

（3）为导入的"视频片头.flv"视频创建遮罩动画；

（4）创建新层"声音"，导入"Sound_001.wav"声音文件；

（5）测试与保存 Flash 动画文件。

图 8-38　电视机播放动画效果

制作电视机播放动画实例的步骤提示示意图如图 8-39 所示。

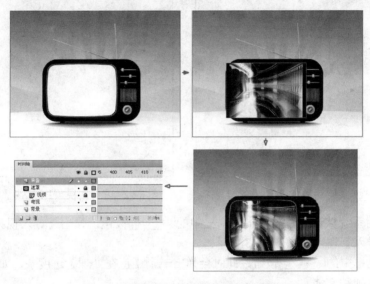

图 8-39　电视机播放动画效果的步骤提示

制作电视机播放动画效果——具体步骤

步骤1　单击菜单栏中的【文件】|【打开】命令，打开本书配套光盘"第 8 章/素材"目录下的"电视播放.fla"文件，如图 8-40 所示。

图 8-40　打开的"电视播放.fla"文件

步骤2 在【时间轴】面板中"电视"图层之上创建新层，设置其名称为"视频"。

步骤3 单击菜单栏中的【文件】|【导入】|【导入视频】命令，在弹出【导入视频】对话框的【选择视频】窗口中单击 浏览… 按钮，然后在弹出的【打开】对话框中双击选择本书配套光盘"第 8 章/素材"目录下的"视频片头.flv"视频文件，最后勾选下方的【在 SWF 中嵌入 FLV 并在时间轴上播放】选项，如图 8-41 所示。

步骤4 单击对话框中的 下一步> 按钮，弹出【导入视频】对话框的【嵌入】窗口，如图 8-42 所示。

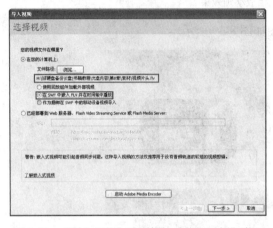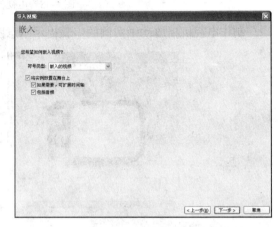

图 8-40　【导入视频】对话框的【选择视频】窗口　　　图 8-42　【导入视频】对话框的【嵌入】窗口

步骤5 在此使用系统默认设置，单击对话框中的 下一步> 按钮，弹出【导入视频】对话框【完成视频导入】窗口，如图 8-43 所示。

步骤6 单击对话框中的 完成 按钮，此时会弹出一个【正在处理】进度条，如图 8-44 所示，开始导入视频文件。

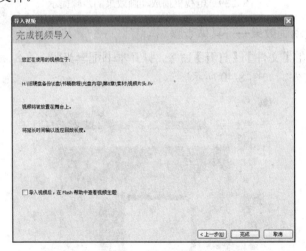

图 8-43　【导入视频】对话框【完成视频导入】窗口

图 8-44　【正在处理】进度条

步骤7 进度条结束后，将视频文件导入到当前的舞台中，并在【变形】面板中调整舞台中视频实例大小比例为 60%，调整其位置如图 8-45 所示。

图 8-45 导入的视频

步骤8 在【时间轴】面板中 "视频" 图层之上创建新层，设置其名称为 "遮罩"，并且为了便于以后的操作观看，在此将 "视频" 图层隐藏显示。

步骤9 选择 "电视" 图形中间的白色屏幕区域，然后单击菜单栏中的【编辑】|【复制】命令，将其复制到剪切板中。

步骤10 在【时间轴】面板中选择 "遮罩" 图层，然后单击菜单栏中【编辑】|【粘贴到当前位置】命令，将刚才复制的白色屏幕区域复制到该层原来的位置处，如图 8-46 所示。

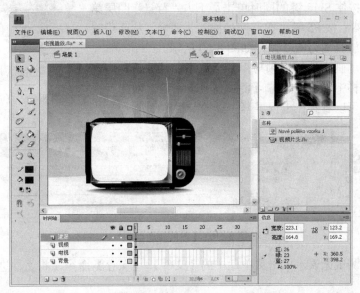

图 8-46 复制并粘贴的白色屏幕区域

步骤11 在【时间轴】面板中选择 "遮罩" 图层，然后单击鼠标右键，在弹出菜单中选择【遮罩层】命令，从而将该层设为 "遮罩层"，如图 8-47 所示。

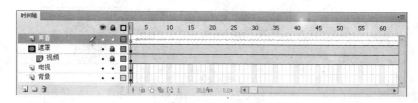

图 8-47　【时间轴】面板

步骤12　在【时间轴】面板中"视频"图层之上创建新层"声音",然后单击菜单栏中的【文件】|【导入】|【导入到库】命令,在【导入到库】对话框中双击选择本书配套光盘"第 8 章/素材"目录下"Sound_001.wav"声音文件,从而将该声音导入到【库】面板中。

步骤13　在【库】面板中按住鼠标将"Sound_001.wav"声音元件拖曳到舞台中,从而为动画添加声音,此时在"声音"图层中显示声音的音轨,如图 8-48 所示。

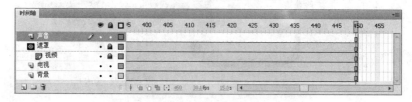

图 8-48　添加声音后的【时间轴】面板

步骤14　在【时间轴】面板中选择"声音"图层中的任意一帧,然后在【属性】面板的【声音】选项下,设置声音的"同步"选项为"数据流",并且设置下方的播放为"循环",如图 8-49 所示。

步骤15　在【时间轴】面板中选择最上方的"声音"图层第 450 帧,然后按住 Shift 键的同时单击最下方"背景"图层第 450 帧,然后按 F5 键,在该帧处插入普通帧,从而设置动画的播放时间为 450 帧,如图 8-50 所示。

步骤16　到此,该动画文件的视频与声音全部添加并编辑完成,单击菜单栏中的【控制】|【测试影片】命令,对影片进行测试,可以看到在电视屏幕中播放节目的动画效果。

图 8-49　【声音】选项设置

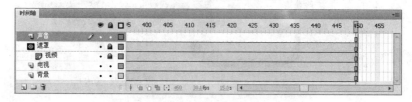

图 8-50　【时间轴】面板

步骤17　如果影片测试无误,单击菜单栏中的【文件】|【保存】命令,将文件进行保存。

第 9 章

ActionScript 应用

内容介绍

ActionScript 是 Flash 提供的一种动作脚本语言,具有强大的交互功能,通过 ActionScript 脚本应用, 用户对动画元件的控制得到了加强。在本章中将介绍基本的 ActionScript 的原理、动作面板以及使用比较常用 ActionScript 基本动作脚本制作交互动画的方法等。

学习重点

- ActionScript 简介
- ActionScript 语言及其语法
- 对象
- 动作面板
- 基本 ActionScript 动作命令
- 综合应用实例: 制作 "财神到" 动画

9.1 ActionScript 简介

ActionScript 是 Flash 专用的编程语言，具备强大的交互功能，提高了动画与用户之间的交互。在制作普通动画时，用户是不需要使用 ActionScript 动作脚本就可以制作 Flash 动画，但是要提供与用户交互、使用用户置于 Flash 对象之外，如控制动画中的按钮、影片剪辑，则需要使用 ActionScript 动画脚本。通过 ActionScript 的应用，扩展了 Flash 动画的应用范围，如网络中比较常见的 Flash 网站、多媒体课件、Flash 游戏等，随着 ActionScript 动作脚本功能的不断加强，Flash 的应用范围也不仅局限与网络应用，逐步扩展到移动设备领域，使其不折不扣的成为跨媒体应用开发软件。

9.1.1 ActionScript 的发展历程

ActionScript 动作脚本最早出现在 Flash 3 中，其版本为 ActionScript 1.0，它主要的应用是围绕着帧的导航和鼠标的交互。随着 Flash 版本的升级，ActionScript 动作脚本也不断发展，到 Flash 5 版本时，ActionScript 已经很像 JavaScript 了，ActionScript 同时也变成了一种 prototyped（原型）语言，允许类似于在 javscript 中的简单的 oop 功能。到 Flash MX 2004 时 ActionScript 升级到 2.0 版本，它带来了两大改进——变量的类型检测和新的 class 类语法。ActionScript 2.0 对于 flash 创作人员来说是一个非常好的工具，可以帮助调试更大更复杂的程序。

目前 Flash 最新的版本为 Flash CS4，也就是本书所讲解的 Flash 版本，其中 ActionScript 也升级到全新的 ActionScript 3.0，它并不是一个带有新的版本号的 ActionScirpt 语言，而是一个具有全新的虚拟机——即 Flash Player 在回放时执行 ActionScript 的底层软件。ActionScript 1.0 和 ActionScript 2.0 使用的都是 AVM1（ActionScript 虚拟机 1），因此它们在需要回放时本质上是一样的，ActionScript 2.0 是增加了强制变量类型和新的类语法，它实际上在最终编译时变成了 ActionScript 1.0，而 ActionScript 3.0 运行在 AVM2 上，是一种新的专门针对 ActionScirpt 3.0 代码的虚拟机。因此，基于上面种种原因，ActionScript 3.0 影片不能直接与 ActionScript 1.0 和 ActionScript 2.0 影片通信，ActionScript 1.0 和 ActionScript 2.0 的影片可以直接通信，因为它们使用的是相同的虚拟机；如果要使 ActionScirpt 3.0 影片与 ActionScirpt 1.0 或 ActionScript 2.0 的影片通信，只能通过 local connection。ActionScript 3.0 的改变要比由 ActionScirpt 1.0 过渡到 ActionScirpt 2.0 更深远更有意义。

9.1.2 ActionScript 3.0 的新特性

ActionScript 3.0 和以前的版本相比，具有很大区别，功能更加强大更加完善，程序的执行效率更高。它提供了一个全新的虚拟机来运行它的程序，并且 ActionScript 3.0 在 Flash Player 中的回放速度要比 ActionScript 2.0 代码快了 10 倍。总体来说 ActionScript 3.0 具有如下的一些新特性。

1．语法方面的增强和改动

（1）引入了 package（包）和 namespace（命名空间）两个概念。其中 package 用来管理类定义，防止命名冲突，而 namespace 则用来控制程序属性方法的访问。

（2）新增内置类型 int（32 比特整数），uint（非负 32 比特整数），用来提速整数运算。

（3）新增*类型标识，用来标识类型不确定的变量，通常在运行时变量类型无法确定时使用。在 AS2 中这种情况下需要用 Object 作为类型表识。

（4）新增 is 和 as 两个运算符来进行类型检查。其中，is 代替 AS2 中的 instanceof 来查询类实例的继承关系，而 as 则是用来进行不抛错误的类型转换。

（5）新增 in 运算符来查询某实例的属性或其 prototype 中是否存在指定名称的属性。

（6）新增 for each 语句来循环操作 Array 及 Object 实例。

（7）新增 const 语句来声明常量。

（8）新增 Bound Method 概念。当一个对象的方法被赋值给另外一个函数变量时，此函数变量指向的是一个 Bound Method，以保证对象方法的作用域仍然维持在声明此方法的对象上。这相当于 AS2 中的 mx.util.Delegate 类，在 AS3 中这个功能完全内置在语言中，不需要额外写代码。

（9）AS3 的方法声明中允许为参数指定默认值（实现可选参数）。

（10）AS3 中方法如果声明返回值，则必须明确返回。

（11）AS2 中表示方法没有返回值的 Void 标识，在 AS3 中变更为 void。

2．OOP 方面的增强

通过类定义而生成的实例，在 AS3 中是属于 Sealed 类型，即其属性和方法无法在运行时修改。这部分属性在 AS2 中是通过类的 prototype 对象来存储，而在 AS3 中则通过被称为 Trait 的概念对象存储管理，无法通过程序控制。这种处理方式一方面减少了通过 prototype 继承链查找属性方法所耗费的时间（所有父类的实现方法和属性都会被直接复制到对应的子类的 Trait 中），另一方面也减少了内存占用量，因为不用动态的给每一个实例创建 hashtable 来存储变量。如果仍然希望使用 AS2 中类实例在运行时的动态特性，可以将类声明为 dynamic。

3．API 方面的增强

API 方面的增强主要表现在如下几个方面：

（1）新增 Display，使 AS3 可以控制包括 Shape、Image、TextField、Sprite、MovieClip、Video、SimpleButton、Loader 在内的大部分 DisplayList 渲染单位。这其中 Sprite 类可以简单理解为没有时间轴的 MovieClip，适合用来作为组件等不需要时间轴功能的子类的基础。而新版的 MovieClip 也比 AS2 多了对于 Scene（场景）和 Label（帧标签）的程序控制。另外，渲染单位的创建和销毁通过联合 new 操作符以及 addChild/removeChild 等方法实现，类似 attachMovie 的旧方法已被舍弃，同时以后也无须去处理深度值。

（2）新增 DOM Event API，所有在 DisplayList 上的渲染单位都支持全新的三段式事件播放机制，以 Stage 为起点自上而下的播报事件到 target 对象（此过程称为 Capture Phase），然后播报事件给 target 对象（此过程称为 Target Phase），最后再自下而上的播报事件（此过程称为 Bubbling Phase）。

（3）新增内置的 Regular Expressions（正则表达式）支持，使 AS3 能够高效地创建、比较和修改字符串，以及迅速地分析大量文本和数据以搜索、移除和替换文本模式。

（4）新增 ECMAScript for XML（E4X）支持。E4X 是 AS3 中内置的 XML 处理语法。在 AS3 中 XML 成为内置类型，而之前的 AS2 版本 XML 的处理 api 转移到 flash.xml.*包中，以保持向下兼容。

（5）新增 Socket 类，允许读取和写入二进制数据，使通过 AS 来解析底层网络协议（比如 POP3、SMTP、IMAP、NNTP 等）成为可能，使 Flash Player 可以连接邮件服务器和新闻组。

（6）新增 Proxy 类来替代在 AS2 中的 Object.__resolve 功能。

（7）新增对于 Reflect（反射）的支持，相关方法在 flash.util.* 包中。

9.2　ActionScript 语言及其语法

计算机语言和人类的语言一样，都有自己的指令与语法结构，在编写程序时必须按照它的语法编写，这样计算机才能读懂它所表达的含义。ActionScript 也属于一种计算机语言，它也有自己的指令与语法，只有了解它的语言与语法，才能运用 ActionScript 语句对 Flash 交互动画进行控制。

9.2.1　数据类型

数据类型描述一个数据片段以及可以对其执行各种操作。在 Flash 中有两种数据类型——原始数据类型和引用数据类型。原始数据类型是指字符串、数字和布尔值，它们都有一个常数值，因此可以包含它们所代表的元素的实际值；引用数据类型是指影片剪辑和对象，它们的值可能发生更改，因此它们包含对该元素的实际值的引用。

1．Boolean（布尔值）类型

Boolean（布尔值）只有两个值，即 true（真）和 false（假），Flash 动作脚本也会根据需要将 Boolean 数据 true 和 false 转换为 1 和 0。Boolean 数据经常与逻辑运算符一起使用进行程序的判断，从而控制程序的流程。

2．int（整数）数据类型

int（整数）数据类型是介于-2,147,483,648 (-2^{31})～2,147,483,647 (2^{31}-1)的 32 位整数（包括-2,147,483,648 和 2,147,483,647）。早期的 ActionScript 版本仅提供 Number（数字）数据类型，该数据类型既可用于整数又可用于浮点数。在 ActionScript 3.0 中，如果不使用浮点数，那么使用 int 数据类型来代替 Number 数据类型会更快更高效。

3．空值类型

空值数据类型只有一个值，即 null。此值意味着“没有值”，即缺少数据。

4．Number（数字）数据类型

Number（数字）数据类型中包含的都是数字，所有数据类型的数据都是双精度浮点数。数据类型可以使用算术运算符加（+）、减（-）、乘（*）、除（/）、求模（%）、递增（++）和递减（--）来处理运算，也可以使用内置的 Math 对象的方法处理数字。

5．String（字符串）数据类型

String（字符串）数据类型是诸如字母、数字和标点符号等字符的序列，放于双引号之间，也就是说，把一些字符放置在双引号之间就构成了一个字符串。例如：

```
yourname="mu qin he";
```

在上面的例子中变量 yourname 的值就是引号中的字符串“mu qin he”。

6．uint 数据类型

uint 数据类型是 32 位的整数数据类型，其数值范围是 0～4 294 967 295，也就是 0～2^{32}-1。Number、int、uint 都是数值数据类型，但是它们却有不同的应用范围，对于浮点型数值可以选用 Number 数据类型，对于带负数的整数可以选用 int 数据类型，对于正整数就可以选用 uint 数据类型。

7．void 数据类型

void 数据类型仅包含一个值——undefined。在早期的 ActionScript 版本中，undefined 是 Object 类实例的默认值。在 ActionScript 3.0 中，Object 实例的默认值是 null。如果尝试将值

undefined 赋予 Object 类的实例，Flash Player 会将该值转换为 null，用户只能为无类型变量赋予 undefined 值。无类型变量是指缺乏类型注释或者使用星号（*）作为类型注释的变量。只能将 void 用作返回类型注释。

8．对象类型

对象是一些属性的集合，每个属性都有名称和值，属性的值可以是任何的 Flash 数据类型，也可以是对象数据类型，这样就可以将对象相互包含，或"嵌套"它们。要指定对象和它们的属性，可以使用点"."运算符。例如：

```
myname.age=25
```

在上面的例子中 age 是 myname 的属性，通过"."运算符对象 myname 得到了它的 age 属性值。

9.2.2 变量

变量在 ActionScript 中用于存储信息，它可以在保持原有名称的情况下使其包含的值随特定的条件而改变。形象的理解，可以把变量想象成一个容器，容器本身相同的，而容器里装的东西可以随时改变。在 ActionScript 中要声明变量，须将 var 语句和变量名结合使用。例如：

```
var i ;
```

在上面语句中 ActionScript 声明了一个名为 i 的变量。

变量可以是多种数据类型：数值类型、字符串类型、布尔值类型、对象类型或影片剪辑类型，一个变量在脚本中被指定时，它的数据类型将影响到变量的改变。

1．变量的命名规则

一个变量是有变量名和变量值构成，变量名用于区分变量的不同，变量值用于确定变量的类型和数值，在动画的不同位置可以为变量赋予不同的数值。变量名可以是一个单词或几个单词构成的，也可以是一个字母，在 Flash CS4 中为变量命名必须遵循以下的规则：

（1）变量名必须是一个标识符，标识符的开头的第一个字符必须是字母，其后的字符可以是数字、字母或下划线。

（2）变量的名称不能使用 Flash CS4 中 ActionScript 的关键字或命令名称，如 true、false、null 等。

（3）对变量的名称设置尽量使用具有一定含义的变量名。

（4）变量名称区分大小写，如 Name 和 name 是两个不同的变量名称。

2．变量的赋值

在早期 ActionScript 1.0 版本中声明变量时，不需要用户去考虑数据的类型，但自从升级到 ActionScript 2.0 以后，声明变量时就要首先声明变量的类型了，下面是声明变量的格式：

```
var variableName:datatype=value;
```

variableName 为定义的变量名

datatype 为数据类型

value 为变量值

例如，var age:Number=25;

其含义为将数字类型的变量 age 赋值为 25。

提示 在声明变量时，变量的数据类型必须与赋值的数据类型一致，例如变量设置的数据类型是字符，结果却给它赋数字，这样就是错误的。

3．变量的作用域

变量的作用域是指这个变量可以被引用的范围，ActionScript 中的变量可以是全局的，也可以是局部的，全局变量可以被所有时间轴共享，局部变量只能在它自己的代码段中有效（{} 之间的代码段）。

下面列举一个定义局部变量的实例：

```
var b:tixing=new tixing();
 for (var i:uint=0; i<1; i++) {
 b.x=tuxing.x+180
 b.y=tuxing.y
}
function next_movie1(event:MouseEvent):void
{
    nextFrame();
    addChild(b);
}
next_button.addEventListener(MouseEvent.CLICK,next_movie1);
```

这段代码定义了一个类的变量 b，然后在 for 语句中使用 var 定义了一个局部变量 i，这个变量 i 只在这个 for 循环中有意义，如果在程序其他地方想使用到这个变量 i 的值是做不到的，当这个 for 循环执行完毕之后，变量 i 也就被释放了。

在一个函数的主要部分中运用局部变量是一个很好的习惯，通过定义局部变量可以使这个函数成为独立的代码段，需要在别处使用这个代码段，直接将其调用即可。

9.2.3　运算符与表达式

运算符指的是能够提供对常量和变量进行运算的符号。在 ActionScript 中有大量的运算符号，包括整数运算符、字符串运算符和二进制数字运算符等。表达式是用运算符将常量、变量和函数以一定的运算规则组织在一起的运算式。表达式可以分为算术表达式、字符串表达式和逻辑表达式 3 种。

1．运算符优先级和结合律

在一个语句中使用两个或多个运算符时，一些运算符会优先于其他的运算符。ActionScript 动作脚本按照一个精确的层次来确定首先执行哪个运算符。例如，乘法总是先于加法执行；括号中的项目会优先于乘法。

当两个或多个运算符优先级相同时，它们的结合律会确定它们的执行顺序。结合律的结合顺序可以是从左到右或者从右到左。

表 9-1 列出了所有的动作脚本运算符及其结合律，按优先级从高到低排列。

表 9-1　Flash 动作脚本的运算符及其结合律

运　算　符	说　　明	结　合　律
最高优先级		
+	一元加号	从右到左
-	一元减号	从右到左
~	按位一次求反	从右到左
!	逻辑 "非"	从右到左
not	逻辑 "非"（Flash 4 样式）	从右到左
++	后递增	从左到右

运 算 符	说 明	结 合 律
最高优先级		
--	后递减	从左到右
( )	函数调用	从左到右
[ ]	数组元素	从左到右
.	结构成员	从左到右
++	前递增	从右到左
--	前递减	从右到左
new	分配对象	从右到左
delete	取消分配对象	从右到左
typeof	对象类型	从右到左
void	返回未定义值	从右到左
*	相乘	从左到右
/	相除	从左到右
%	求模	从左到右
+	相加	从左到右
add	字符串连接（原为 &）	从左到右
-	相减	从左到右
<<	按位左移位	从左到右
>>	按位右移位	从左到右
>>>	按位右移位（无符号）	从左到右
<	小于	从左到右
<=	小于或等于	从左到右
>	大于	从左到右
>=	大于或等于	从左到右
Lt	小于（字符串版本）	从左到右
le	小于或等于（字符串版本）	从左到右
gt	大于（字符串版本）	从左到右
==	等于	从左到右
!=	不等于	从左到右
eq	等于（字符串版本）	从左到右
ne	不等于（字符串版本）	从左到右
&	按位"与"	从左到右
^	按位"异或"	从左到右
|	按位"或"	从左到右
&&	逻辑"与"	从左到右
and	逻辑"与"（Flash 4）	从左到右
||	逻辑"或"	从左到右
or	逻辑"或"（Flash 4）	从左到右
?:	条件	从右到左
=	赋值	从右到左
*=, /=, %=, +=, -=, &=, |=, ^=, <<=, >>=, >>>=	复合赋值	从右到左
,	多重计算	从左到右
最低优先级		

2．运算符的类型

运算符是指一些特定的字符，使用它们来连接、比较、修改已定义的变量。在 Flash CS4 中，运算符具体可以分为数字运算符、比较运算符、字符串运算符、逻辑运算符、位运算符、等于运算符和赋值运算符。

（1）数字运算符：数字运算符可以执行加法、减法、乘法、除法运算，也可以执行其他算术运算。

表 9-2 为各类数字运算符。

表 9-2　数 字 运 算 符

运　算　符	执行的运算
+	加法
*	乘法
/	除法
%	求模（除后的余数）
-	减法
++	递增
--	递减

（2）比较运算符：比较运算符用于比较数值的大小，比较运算符返回的是 Boolean 类型的数值：true 和 false。比较运算符通常用于 if 语句或者循环语句中进行判断和控制。

表 9-3 为各类数字比较运算符。

表 9-3　比 较 运 算 符

运　算　符	执行的运算
<	小于
>	大于
<=	小于或等于
>=	大于或等于

（3）逻辑运算符：逻辑运算符是用在逻辑类型的数据中间，也就是用于连接布尔变量。在 Flash 中提供的逻辑运算符有三种。

表 9-4 为各类逻辑运算符。

表 9-4　逻 辑 运 算 符

运　算　符	执行的运算
&&	逻辑"与"
‖	逻辑"或"
!	逻辑"非"

（4）位运算符：位运算符是对数字的底层操作，主要是针对二进制的操作。在 Flash 中提供了 7 种位运算符。

表 9-5 为各类位运算符。

表 9-5　位 运 算 符

运　算　符	执行的运算
&	按位"与"
		按位"或"

运 算 符	执行的运算
^	按位"异或"
~	按位"非"
<<	左移位
>>	右移位
>>>	右移位填零

（5）等于运算符：使用等于运算符可以确定两个运算数的值或标识是否相等。这个比较运算符会返回一个布尔值。如果运算符为字符串、数字或布尔值，它们会按照值进行比较；如果运算符是对象或数组，它们将按照引用进行比较。

表 9-6 为各等于运算符。

表 9-6 等 于 运 算 符

运 算 符	执行的运算
＝＝	等于
＝＝＝	全等
!=	不等于
!＝＝	不全等

（6）赋值运算符：

使用赋值运算符可以为一个变量进行赋值，如下例所示：

```
name = "user";
```

还可以使用复合赋值运算符来联合运算，复合赋值运算符会对两个运算对象都执行，然后把新的值赋给第一个运算对象，如下例所示：

i += 10；它也就相当于：i = i+10；

表 9-7 为各赋值运算符。

表 9-7 赋 值 运 算 符

运 算 符	执行的运算
=	赋值
+=	相加并赋值
-=	相减并赋值
*=	相乘并赋值
%=	求模并赋值
/=	相除并赋值
<<=	按位左移位并赋值
>>=	按位右移位并赋值
>>>=	右移位填零并赋值
^=	按位"异或"并赋值
|=	按位"或"并赋值
&=	按位"与"并赋值

9.2.4 ActionScript 脚本的语法

ActionScript 脚本语言的语法是指在编写和执行 ActionScript 语句时必须遵循的规则。

ActionScript 语句的基本语法包括点语法、括号和分号、字母的大小写、关键字与注释等。

1．点语法

点语法是由于在语句中使用了一个 ".." 而得名的,它是基于 "面向对象" 概念的语法形式。在点语法中左边是对象名,右边是属性或方法。例如,一个影片剪辑的实例名称为 cir,它的 y 轴坐标值属性为 50,那么这条语句可以写为 cir._y=50;。

2．分号

Flash 中的 ActionScript 语句都是以一个分号 ";" 结束的,如果在 ActionScript 语句后面忘记使用了这个分号,Flash 将不会对其进行编译。

如下例为使用 ";" 结束的 ActionScript 语句:

```
num1 = 600;
```

3．括号

在 ActionScript 中,括号主要包括大括号 "{}" 和小括号 "()" 两种。其中大括号用于将代码分成不同的块, Flash 中 "{}" 是成对使用的,在程序的开始使用 "{",相应的在程序结束位置使用 "}",这样使用 "{}" 就可以将一段一段的程序分隔出来,每个分隔出的程序可以看作是一个完整的表达式。小括号通常用于放置动作命令的参数、定义一个函数以及调用该函数。在使用小括号时因它的位置不同其作用也不同,当用作定义函数时,在小括号内可以输入参数;当用在表达式中时,可以对表达式进行求值;此外,使用小括号可以替换表达式中优先的命令,也可以使用小括号使脚本更容易阅读。

4．区分大小写

ActionScript 3.0 是一种区分大小写的语言。大小写不同的标识符会被视为不同变量或函数。例如,下面的代码中 "name" 和 "Name" 是创建的两个不同的变量:

```
var name: String;
var Name: String;
```

5．关键字

在程序开发过程中,不要使用与 Flash 的各种内建类的属性名、方法名或是 Flash 的全局函数名同名的标识符作为变量名或函数名。此外,在 Flash 中还有一些称作 "关键字" 的语句,它们是保留给 ActionScript 使用的,是 Flash 的语法的一部分,它们在 Flash 中具有特殊的意义,不能在代码中将它们用作标识符,例如 if、new、with 都属于关键字。

6．注释

对于一个小的程序,注释并不会显得很重要,但是对于一个有很多行代码的程序,如果没有一个注释的话,这段程序就会让读该代码的人非常痛苦,即使是作者本人,也会被自己写的程序弄糊涂,所以在程序中添加注释是任何一种编程语言都需要的,作为每一个编写程序的人也应该养成在程序中添加注释的习惯。

在 Flash 中添加注释是使用 "//",凡是在 "//" 之后的语句都被视作注释,Flash 在执行的时候会自动跳过这条语句运行下面的代码。如:

```
var someNumber:Number = 3; // a single line comment
```

使用 "//" 只能注释掉一行代码,如果要注释掉多行代码可以使用 "/*" 和 "*/",使用 "/*" 和 "*/" 可以将括在其中的多行代码注释掉,如:

```
/* This is multiline comment that can span
more than one line of code. */
```

9.2.5　函数

函数简单地说就是一段代码，这段代码可以实现某一种特定的功能，并且将其使用特殊的方式定义、封装和命名。函数在程序中可以重复地使用，这样就可以大大减少代码的数量，增加了效率，同时通过传递参数的方法，还可以让函数处理各个不同的数据，从而返回不同的值。

1. 定义函数

Flash CS4 允许用户自己定义函数来满足程序设计的需要，同内置的函数一样，自定义函数可以返回值、传递参数，也可以在定义函数后再被任意调用。

在 Flash CS4 中定义函数时需要使用 Function 关键字来声明一个函数，具体语法如下：

```
function 函数名（参数, ……）
```

例如：

```
function attachLabel(tx,ty,side,size)
{
    newlbl="label"+this.fdepth++;
    this.attachMovie("label",newlbl,this.fdepth);
    this[ newlbl ]._x=tx;
    this[ newlbl ]._y=ty;
    this[ newlbl ]._xscale=size*100;
    this[ newlbl ]._yscale=size*100;
    this[ newlbl ].txt=String(random(10000000));
    this[ newlbl ].gotoAndPlay(side);
    return newlbl;
}
```

在上面的例子中定义了一个名称为 attachLable 的函数，该函数有 4 个参数，分别为 tx、ty、side 与 size。

在 Flash 中可以在任何需要的地方定义函数，但是一定要在函数被调用之前定义，否则 Flash 动作脚本将会出错。

2. 传递参数

参数是用于装载数据的代码，在函数中会将参数当作具体的值来执行，如下面的例子：

```
function pic(name,size)
{
    pic1.x=name;
    pic1.y=size;
}
```

在上面的例子中，pic1 是一个影片剪辑的实例名称，在这个影片剪辑中定义了两个变量 x 和 y，现在使用这个函数就可以分别为它们赋值了，如：

```
pic("bird",500);
```

3. 使用函数返回数值

在 Flash 中，如果想要让函数返回需要的数值，可以使用 return 语句实现，但在后面需要跟上一个返回的表达式，如下脚本所示：

```
function area (length,width)
{
return lenth*width;
}
```

在上个例子中 length 和 width 是变量，area 是函数，定义函数后可以按照下面的方法来返回一个值，如：

```
x=area(10,20);
```

9.3　对象

ActionScript 3.0 是面向对象化（OPP）的脚本语言。所谓对象就是将所有一类物品的相关信息组织起来，放在一个称作类（class）的集合里，这些信息被称为属性（Properties）和方法（Method），然后为这个类创建实体（Instance），这些实体就被称为对象（Object）。如 Flash 中创建的影片剪辑实例就可以看作一个对象，单击这个影片剪辑就可以看作这个对象的事件，影片剪辑的位置则可以看作对象的属性，而改变影片剪辑的方式则可看作对象的方法。

9.3.1　属性

属性是对象的基本特性，如影片剪辑的大小、位置、颜色等。它表示某个对象中绑定在一起的若干数据块中的一个。对象的属性通用结构为：

对象名称（变量名）.属性名称;

如下面的语句：

```
mc.x=200;
mc.y=300;
```

上面两个语句中的 mc 为影片剪辑对象，x 和 y 就是对象的属性，通过这两个语句可以设置名称为 mc 的影片剪辑对象的 x 与 y 轴属性坐标值分别为 200 与 300 像素。

9.3.2　方法

方法是指可以由对象执行的操作。如 Flash 中创建的影片剪辑元件，使用播放或停止命令控制影片剪辑的播放与停止，这个播放与停止就是对象的方法。对象的方法通用结构为：

对象名称（变量名）方法名();

对象的方法中的小括号用于指示对象执行的动作，可以将值或变量放入小括号中，这些值或变量称为方法的"参数"，如下面的语句：

```
mymovie.gotoAndPlay(15);
```

上面语句中的 mymovie 为影片剪辑对象，gotoAndPlay 就是控制影片剪辑跳转并播放的方法，小括号中的 15 则是执行方法的参数。

9.3.3　事件

事件是指触发程序的某种机制，例如单击某个按钮，然后就会执行跳转播放帧的操作，这个单击按钮的过程就是一个"事件"，通过单击按钮的事件激活了跳转播放帧的这项程序。 在 ActionScript 3.0 中，每个事件都由一个事件对象表示。事件对象是 Event 类或其某个子类的实例。事件对象不但存储有关特定事件的信息，还包含便于操作事件对象的方法。例如，当 Flash Player 检测到鼠标单击时，它会创建一个事件对象（MouseEvent 类的实例）以表示该特定鼠标单击事件。

为响应特定事件而执行的某些动作的技术称为"事件处理"。在执行事件处理 ActionScript 代码中，包含三个重要元素：

（1）事件源：发生该事件的是哪个对象？例如，哪个按钮会被单击，或哪个 Loader 对象正在加载图像？这个按钮或 loader 就称之为事件源。

（2）事件：将要发生的什么事情，以及希望响应什么事情？如单击按钮或鼠标移到按钮上，这个单击或鼠标移到就是一个事件。

（3）响应：当事件发生时，希望执行的哪些步骤？

在 ActionScript 3.0 中编写事件侦听器代码会采用以下基本结构：

```
function eventResponse(eventObject:EventType):void
{
            // 此处是为响应事件而执行的动作。
}
eventTarget.addEventListener(EventType.EVENT_NAME, eventResponse);
```

此代码执行两个操作：首先，它定义一个函数，这是指定为响应事件而执行的动作的方法。接下来，调用源对象的 addEventListener()方法，实际上就是为指定事件"订阅"该函数，以便当该事件发生时，执行该函数的动作。当事件实际发生时，事件目标将检查其注册为事件侦听器的所有函数和方法的列表，然后依次调用每个对象，以将事件对象作为参数进行传递。

在以上代码中 eventResponse 为函数的名称，用户可以自己定义。EventType 是为所调度的事件对象指定相应的类名称。EVENT_NAME 为指定事件相应的常量。EventTarget 为事件目标的名称，如为按钮实例 but 设置事件，则上面代码中的 EventTarget 写为 but。如下面代码是单击按钮实例 but 后执行跳转播放当前场景第 20 帧的操作。

```
function playmovie(a_event:MouseEvent):void
{
    gotoAndPlay(20);
}
but.addEventListener(MouseEvent.MOUSE_UP, playmovie);
```

9.4 动作面板

在 ActionScript 1.0 和 ActionScript 2.0 中，ActionScript 脚本可以输入到时间轴、选择的按钮或影片剪辑中，但在 ActionScript 3.0 中所有的 ActionScript 脚本只能添加到时间轴或将 ActionScript 脚本输入到外部文件中。对于 ActionScript 脚本可以在【动作】面板中输入。Flash CS4 的【动作】面板提供了两种动作脚本编辑模式，一种是通过"脚本助手"输入动作脚本，它为初学者使用脚本编辑器提供了一个简单的、具有提示性和辅助性的友好界面，并且经过改进，比之前版本更加完善；另外一种则是直接在【动作】面板中输入动作脚本。【动作】面板可以通过单击菜单栏中的【窗口】|【动作】命令或按快捷键 F9 打开，如图 9-1 所示。

（1）动作工具箱：其中包含了 Flash 中所使用的所有 ActionScript 脚本语言，在此窗口中将不同的动作脚本分类存放，需要使用什么动作命令可以直接从此窗口中选择。

（2）脚本导航器：此窗口中可以显示 Flash 中所有添加动作脚本的对象，而且还可以显示当前正在编辑的脚本的对象。

（3）窗口菜单按钮：单击此按钮可以弹出关于【动作】面板的命令菜单。

（4）按钮区域：提供了进行添加 ActionScript 脚本以及相关操作的按钮。

（5）脚本窗口：此窗口是编辑 ActionScript 动作脚本的场所，在其中可以直接输入选择对象的 ActionScript 动作脚本，也可以通过选择"动作工具箱"中相应的动作脚本命令添加到此窗口中。

（6）状态栏：用于显示当前添加脚本的对象以及光标所在的位置。

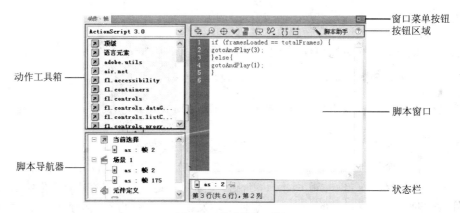

图 9-1 【动作】面板

在编辑动作脚本时，如果熟悉 ActionScript 脚本语言，可以直接在"脚本窗口"中输入动作脚本；如果对 ActionScript 脚本语言不是很熟悉，则可以单击 脚本助手 按钮，激活"脚本助手"模式，如图 9-2 所示。在脚本助手模式中，提供了对脚本参数的有效提示，可以帮助新手用户避免可能出现的语法和逻辑错误。

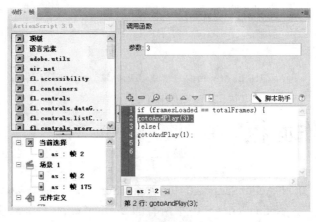

图 9-2 脚本助手模式

Flash
9.5 基本 ActionScript 动作命令
CS 4

Flash 除了它的动画特性外，还有重要的一点就是它的交互性，Flash 的交互性是通过 ActionScript 脚本编程语言来实现的。对于动画设计者来说，没有必要完全掌握复杂的 ActionScript 脚本语言，只需了解一些比较简单、常用的 ActionScript 动作命令就足以应付平时的动画制作需要。

9.5.1　控制影片回放

如果在 Flash 动画中不设置任何 ActionScript 动作脚本，Flash 是从开始到结尾播放动画的每一帧。如果想自由地控制动画的播放、停止以及跳转，可以通过 ActionScript 动作脚本中的 "Play"、"Stop"、"goto"等命令完成。这些命令是 Flash 中最基础的 ActionScript 动作脚本应用，都是用于控制影片播放，本节中对这些命令进行详细讲解。

1．播放及停止播放影片

在 Flash 中可以使用 play()和 stop()动作命令控制影片的播放与停止，它们通常与按钮结合使用，控制影片剪辑或控制主时间轴的播放与停止。例如，舞台上有一个影片剪辑元件，其中包含一个汽车开动的动画，其实例名称设置为 car，如果要控制 car 影片剪辑实例停止播放，则可以输入如下的脚本：

```
car.stop();
```

如果想通过点击一个名称为 but_play 的按钮，实现汽车动画的播放，这时就可以使用 play()的方法来实现，与 stop()控制方法一样，也要将代码添加到时间轴的关键帧中，添加的代码如下：

```
function playmovie(event:MouseEvent):void     // 创建名称为playmovie函数
{
    car.play();                               //播放实例名称为car的影片剪辑
}
but_play.addEventListener(MouseEvent.CLICK, playmovie); //为按钮添加单击的事件。
```

上面的代码是指创建一个名称为 "playmovie" 的函数，在函数参数中设置了鼠标事件，并在函数中为 car 的影片剪辑实例设置 play()的方法，然后通过 addEventListener 侦听事件，设置单击名称为 but_play 的按钮执行 "playmovie" 函数的中的内容。

2．快进和后退

使用 nextFrame()和 prevFrame()动作命令可以控制 Flash 动画向后或向前播放一帧后停止播放，但是播放到影片的最后一帧或最前一帧后，则不能再循环回来继续向后或向前播放。如下面的代码就是控制单击名称为 but_mov 的按钮后 car 的影片剪辑向后播放一帧并停止播放。

```
function playmovie(event:MouseEvent):void
{
    car. nextFrame();
}
but_mov.addEventListener(MouseEvent.CLICK, playmovie);
```

3．跳到不同帧播放或停止播放

使用 goto 命令可以跳转影片指定的帧或场景，跳转后执行的命令有两种 gotoAndPlay 和 gotoAndStop，这两个命令用于控制动画跳转播放或跳转停止播放指定的帧或场景中的帧。

它们的语法形式为：

```
gotoAndPlay (场景，帧);
gotoAndStop (场景，帧);
```

如下面的语句：

```
function playmovie(event:MouseEvent):void
{
    gotoAndStop ("end");
```

```
}
but_mov.addEventListener(MouseEvent.CLICK, playmovie);
```

上面的语句表示单击实例名称为 but_mov 按钮后，动画跳转到名称为 end 帧标签处并停止播放。

9.5.2　实例指导：制作动感街舞动画

通过 Play 与 Stop 命令可以控制动画的播放与停止，这两个命令应用的对象可以是时间轴，也可以是按钮。下面便通过制作"动感街舞"的动画实例来学习为按钮添加 Play 与 Stop 语句的方法，其最终效果如图 9-3 所示。

图 9-3　"动感街舞"动画的最终效果

制作动感街舞动画——具体步骤

步骤1　打开本书配套光盘"第 9 章/素材"目录下的"动感街舞.fla"文件，如图 9-4 所示。

图 9-4　打开的"动感街舞.fla"文件

步骤2　在舞台右下角选择"播放"按钮，在【属性】面板中设置【实例名称】为"but_play"，然后再选择"停止"按钮，在【属性】面板中设置【实例名称】为"but_stop"，如图 9-5 所示。

步骤3　在【时间轴】面板中选择"按钮"图层，然后单击【新建图层】■按钮，在"按钮"图层之上创建一个新的图层，并设置新图层的名称为"as"。

步骤4　选择"as"图层第一帧，打开【动作】面板，在【动作】面板中输入如下的动作脚本：

图 9-5　设置按钮实例的名称

```
function playmovie(event:MouseEvent):void
{
    play();
}
but_play.addEventListener(MouseEvent.CLICK,playmovie);
function stopmovie(event:MouseEvent):void
{
    stop();
}
but_stop.addEventListener(MouseEvent.CLICK,stopmovie);
```

步骤 5　按 **Ctrl+Enter** 组合键弹出测试影片窗口，在此窗口中可以看到人物跳舞的动画，单击"停止"按钮则动画人物停止跳舞的动作，再次单击"播放"按钮，则动画人物又开始跳舞的动作。

9.5.3　实例指导：制作图像浏览动画

　　通过 goto 命令可以控制动画的跳转，通常这个命令会与按钮结合使用。下面通过制作一个"图像浏览"的动画实例来学习使用 goto 命令控制影片跳转的方法，其最终效果如图 9-6 所示。

图 9-6　"图像浏览"动画的最终效果

制作图像浏览动画——具体步骤

步骤 1　打开本书配套光盘"第 9 章/素材"目录下的"图像浏览.fla"文件，如图 9-7 所示。

图 9-7　打开的"图像浏览.fla"动画文件

> **提示** 如果此时测试影片，可以看到几个图像交替显示的动画，这是因为没有为其设置
> ActionScript 脚本命令，如果设置相应的 ActionScript 脚本命令后，则可以控制影片的播
> 放与跳转。

步骤 2 在【时间轴】面板"按钮"图层之上创建一个新层，设置名称为"帧标签"。

步骤 3 在"帧标签"图层第 31 帧、第 61 帧、第 91 帧分别插入关键帧，然后分别设置第 1 帧、
第 31 帧、第 61 帧、第 91 帧这些关键帧的帧标签名称为"chun"、"xia"、"qiu"、"dong"，
如图 9-8 所示。

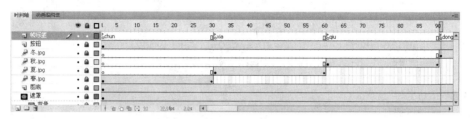

图 9-8　设置帧标签后的【时间轴】面板

步骤 4 在"帧标签"图层之上创建一个新层，并设置新图层的名称为"as"。

步骤 5 在"as"图层第 30 帧、第 60 帧、第 90 帧、第 120 帧分别插入关键帧。

步骤 6 分别选择"as"图层第 30 帧、第 60 帧、第 90 帧、第 120 帧，在【动作】面板中输入"stop();"
命令，分别设置动画播放到这些关键帧时停止播放，如图 9-9 所示。

图 9-9　【动作】面板

步骤 7 选择舞台中的"春"按钮，在【属性】面板中设置按钮的实例名称为"but_chun"，如图
9-10 所示。

图 9-10　设置按钮的实例名称

步骤8 按照相同的方法分别设置"夏"、"秋"、"冬"按钮的的实例名称分别为"but_xia"、"but_qiu"、"but_dong"。

步骤9 选择"as"图层第一帧，在【动作】面板中输入如下的动作脚本：

```
function playchun(event:MouseEvent):void
{
    gotoAndPlay("chun");
}
but_chun.addEventListener(MouseEvent.CLICK,playchun);
function xiamovie(event:MouseEvent):void
{
    gotoAndPlay("xia");
}
but_xia.addEventListener(MouseEvent.CLICK,xiamovie);
function qiumovie(event:MouseEvent):void
{
    gotoAndPlay("qiu");
}
but_qiu.addEventListener(MouseEvent.CLICK,qiumovie);
function dongmovie(event:MouseEvent):void
{
    gotoAndPlay("dong");
}
but_dong.addEventListener(MouseEvent.CLICK,dongmovie);
```

步骤10 按 Ctrl+Enter 组合键弹出测试影片窗口，在此窗口中可以首先出现春天的画面，然后停止在春天的画面，接着相应的单击"春"、"夏"、"秋"、"冬"按钮，则动画跳转到相应季节的画面。

9.5.4　网站链接

在浏览 web 网站上各种信息内容时，通常是单击各种超链接链接到所需的内容，这些超链接包括网页、邮箱、图像、视频以及下载信息等，可以说超链接是构成互联网中的基础元素。如果是 html 网页文件，创建超链接很简单，通过<a></a>标签的嵌套即可创建出超链接。而在 Flash 中如果需要创建超链接，则需要通过 ActionScript 动作脚本 flash.net 包中的函数 navigateToURL 完成，NavigateToURL 函数的书写格式为：

```
public function navigateToURL(request:URLRequest, window:String = null):void;
```

（1）request:URLRequest是指链接到哪个站点的 URL。URL 是用来获得文档的统一定位资源，它必须是在动画当前保留位置的统一定位子域资源。在设置 URL 链接时，可以是相对路径方式，也可以是绝对路径的方式。

（2）window:String (default = null)用于设置所要链接的网页窗口打开的方式，主要有 4 种打开网页窗口选项。

1）_self:：在当前浏览器打开链接。

2）_blank：在新窗口打开网页。

3）_parent：在当前位置的上一级浏览器窗口中打开链接。

4）_top：在当前浏览器上方打开链接。

如下面的语句：

```
function playmovie(event:MouseEvent):void
{
    navigateToURL(new URLRequest("http://www.51-site.com"),"_blank");
}
but_mov.addEventListener(MouseEvent.CLICK,playmovie);
```

上面的语句表示单击实例名称为"but_mov"的按钮后，跳转到在新的浏览器窗口中打开 http://www.51-site.com 这个网页。

9.5.5 实例指导：制作网站跳转动画

在 Flash 中通过 navigateToURL 命令可以控制动画进行外部链接，包括 web 站点以及 Email 链接，通常这个命令会与按钮结合使用。下面通过制作一个"网站跳转"的动画实例，学习使用 navigateToURL 命令进行 web 站点以及 Emai 链接的方法，其最终效果如图 9-11 所示。

制作网站跳转动画——具体步骤

步骤1 打开本书配套光盘"第 9 章/素材"目录下的"网站跳转.fla"文件，如图 9-12 所示。

图 9-11 "网站跳转"动画的最终效果　　图 9-12 打开的"网站跳转.fla"动画文件

步骤2 在舞台右下角选择"Enter"按钮，在【属性】面板中设置【实例名称】为"but_enter"，然后再选择"Mail"按钮，在【属性】面板中设置【实例名称】为"but_mail"。

步骤3 在"按钮"图层之上创建一个新层，并设置新图层的名称为"as"。

步骤4 选择"as"图层第一帧，打开【动作】面板，在其中输入如下的动作脚本：

```
function site(event:MouseEvent):void
{
    navigateToURL(new URLRequest("http://www.51-site.com"),"_blank");
}
but_enter.addEventListener(MouseEvent.CLICK,site);
function email(event:MouseEvent):void
{
navigateToURL(new URLRequest("mailto:btwzqjl@163.com"),"_blank");
}
but_mail.addEventListener(MouseEvent.CLICK,email);
```

步骤5 按 Ctrl+Enter 组合键弹出测试影片窗口，在此窗口中单击"Enter"这个按钮可以跳转到 http://www.51-site.com 这个站点，单击"Mail"按钮则可以打开邮箱编辑器用于链接作者的邮箱"btwzqjl@163.com"。

9.5.6 载入外部图像与动画

对于 Flash 软件而言，可以通过绘图工具创建动画对象，也可以将外部的文件导入到 Flash 中进行动画创建，同时还可以通过 ActionScript 动作脚本将外部的对象载入到 flash 中进行动画的创建，载入的文件包括 jpg、gif、png 图像文件以及 swf 动画文件。外部载入的 ActionScript 动作脚本就是 Loader 语句。

ActionScript 3.0 中创建 Loader 实例的方法与创建其他可视对象（display object）一样，使用 new 来构建对象，然后使用 addChid()方法把实例添加到可视对象列表（display list）中，加载是通过 load()方法处理一个包含外部文件地址的 URLRequest 对象来实现的。有的 DisplayObject 实例包含一个 loadInfo 属性，这个属性关联到一个 LoaderInfo 对象，此对象提供加载外部文件时的相关信息。Loader 实例除了这个属性外，还包含另外一个 contentLoaderInfo 属性，指向被加载内容的 LoaderInfo 属性。当把外部元素加载到 Loader 时，可以通过侦听 contentLoadInfo 属性来判断加载进程，例如加载开始或者完成事件。

如下面的语句：

```
var request:URLRequest = new URLRequest("mypic.jpg");
var loader:Loader = new Loader();
loader.load(request);
addChild(loader);
```

上面的语句表示构建一个名称为 loader 的对象，然后将与制作动画同一个目录中的 mypic.jpg 图像文件加载到当前舞台当中。

9.5.7 实例指导：制作电视屏幕动画

使用 Loader 对象与 addChid()方法可以把外部的图像或 swf 动画文件载入到 Flash 中做为影片剪辑元件参与动画的创建。在使用 Loader 对象与 addChid()方法载入外部文件时，需要注意确保正确的文件路径，如果文件路径错误则不能将外部文件加载到 Flash 动画中。接下来通过制作"电视屏幕"的动画实例讲解载入外部图像与 swf 动画的方法，其最终效果如图 9-13 所示。

图 9-13 "电视屏幕"动画的最终效果

提示 读者在制作本实例需注意，需要动画将载入的外部 cartoon.jpg、xueren.swf 图像与动画文件与实例导出的动画文件放置到同一个目录中。本实例调用的 cartoon.jpg、xueren.swf 文件放置在本书配套光盘"第 9 章/素材"目录下。

制作电视屏幕动画——具体步骤

步骤 1 打开本书配套光盘"第 9 章/素材"目录下的"电视屏幕.fla"文件，如图 9-14 所示。

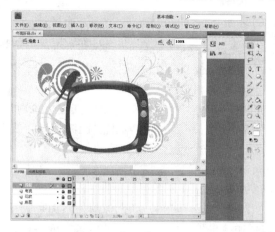

图 9-14　打开的动画文件

步骤 2 在【时间轴】面板"按钮"图层之上创建新层，并设置新层的名称为"加载影片"。

步骤 3 在【时间轴】面板中选择"加载影片"图层，然后使用【矩形工具】□在舞台的电视机图形上方绘制一个宽度为 250 像素、高度为 200 像素、颜色为黄色的矩形。

步骤 4 选择绘制的矩形，按 F8 键，在弹出【转换为元件】对话框中设置【名称】为"加载"，【类型】为"影片剪辑"，【注册】元件的原点在左上角，如图 9-15 所示。

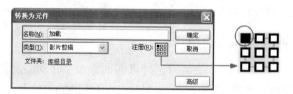

图 9-15　【转换为元件】对话框

步骤 5 单击 确定 ，将绘制的矩形转换为"加载"影片剪辑元件，然后选择舞台中转换的影片剪辑，在【属性】面板中设置影片剪辑的实例名称为"mov"，如图 9-16 所示。

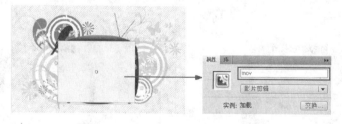

图 9-16　设置影片剪辑实例的名称

步骤 6 在【时间轴】面板"加载影片"图层上创建新层，并设置新层名称为"遮罩"。

步骤 7 选择"电视"图层中"白色屏幕"图形，然后将选择的"白色屏幕"图形粘贴到"遮罩"图层中，并保持与原来相同的位置，如图 9-17 所示。

步骤 8 选择【时间轴】面板的"遮罩"图层，然后单击鼠标右键，在弹出菜单中选择【遮罩层】命令，将"遮罩"图层转换为遮罩层，其下的"加载影片"图层相应转换为被遮罩层，如图 9-18 所示。

图 9-17 粘贴的"白色屏幕"图形

图 9-18 创建的遮罩图层

步骤 9 选择"按钮"图层中橙色的按钮,在【属性】面板中设置按钮实例的名称为"but_pic",继续选择"按钮"图层中黄色的按钮,在【属性】面板中设置按钮实例的名称为"but_swf",如图 9-19 所示。

图 9-19 设置按钮实例的名称

步骤 10 在【时间轴】面板中选择"遮罩"图层,然后单击【新建图层】按钮,在"遮罩"图层之上创建一个新的图层,并设置新图层的名称为"as"。

步骤 11 选择"as"图层第一帧,打开【动作】面板,在其中输入如下的动作脚本:

```
var request:URLRequest = new URLRequest("cartoon.jpg");
var request1:URLRequest = new URLRequest("xueren.swf");
var loader:Loader = new Loader();
var loader1:Loader = new Loader();
function loadpic(event:MouseEvent) {
loader.load(request);
mov.addChild(loader);
}
function loadswf(event:MouseEvent ) {
    loader1.load(request1);
    mov.addChild(loader1);
}
but_pic.addEventListener (MouseEvent.MOUSE_DOWN ,loadpic);
but_swf.addEventListener (MouseEvent.MOUSE_DOWN ,loadswf);
```

步骤 12 按 Ctrl+Enter 组合键弹出测试影片窗口,在此窗口中单击橙色按钮,可以将"电视屏幕.fla"动画制作文件同目录的"cartoon.jpg"图像文件加载到电视的屏幕中,同样单击黄色按钮，可以将"电视屏幕.fla"动画制作文件同目录的"xueren.swf"动画文件加载到电视的屏幕中。

9.5.8 fscommand 命令应用

FSCommand 语句是用于控制 Flash Player 播放器的命令，如全屏播放、退出动画等。该动作脚本的效果只能在 Flash Player 动画播放器中才能显示出来，在影片测试窗口中是看不到效果的。其语法结构如下：

FSCommand 动作命令的语法形式为：fscommand（命令，参数）

（1）命令：用于控制 Flash 播放器的 6 个命令，分别是 fullscreen、allowscale、showmenu、trapallkeys、exec、quit。

（2）参数：各个命令的参数，如 fullscreen 命令的参数为 true 或 false。

下面将对 FSCommand 语句中的各个命令进行讲解。

1．fullscreen 命令

fullscreen 是一个全屏控制命令，可以使动画影片占满整个屏幕，通常此命令放在 Flash 影片的第 1 帧，其命令参数有两个，一个是 true，另一个是 false。如果将 fullscreen 命令的参数设置为 true，表示动画全屏播放；如果参数设置为 false，则动画按原大窗口播放。

在 FSCommand 语句中设置 fullscreen 命令时，整条语句写为：

```
fscommand("fullscreen", "true");
```

2．allowscale 命令

allowscale 命令用于控制电影画面的缩放。其命令参数有两个，一个是 true，另一个是 false。如果将 allowscale 命令的参数设置为 true，表示动画画面大小随着播放器窗口拉伸而拉伸；如果参数设置为 false，则动画画面大小随着播放器窗口拉伸而保持原样大小。

在 FSCommand 语句中设置 allowscale 命令时，整条语句写为：

```
fscommand("allowscale", "true");
```

3．showmenu 命令

showmenu 命令用于设置 Flash Player 动画播放器的右键菜单显示，其命令参数有两个，一个是 true，另一个是 false。如果将 showmenu 命令的参数设置为 true，在 Flash Player 动画播放器中单击右键，则显示播放器的详细信息设置；如果参数设置为 false，在 Flash Player 动画播放器中单击右键，则只显示播放器的基本设置和版本信息，如图 9-20 所示。

图 9-20　弹出的右键菜单

在 FSCommand 语句中设置 showmenu 命令时，整条语句写为：

```
fscommand("showmenu", "true");
```

4. trapallkeys 命令

Trapallkeys 命令用于锁定键盘输入，使所有设定的快捷键都无效，这样 Flash Player 动画播放器不会接受键盘的输入，但是 Ctrl+Alt+Del 组合键除外。Trapallkeys 命令参数有两个，一个是 true，另一个是 false。如果将 trapallkeys 命令的参数设置为 true，则键盘的输入无效；如果参数设置为 false，则键盘输入有效。

在 fscommand 语句中设置 trapallkeys 命令时，整条语句写为：

```
fscommand("trapallkeys", "true");
```

5. exec 命令

exec 命令用于打开一个可执行文件，文件类型可以是.exe、.com 或.bat 格式。exec 命令的参数是打开文件的路径,使用此条语句可以将多个 Flash 动画文件连接到一起,有效地解决 Flash 不能制作大文件的问题。

在 fscommand 语句中设置 exec 命令时，整条语句可写为：

```
fscommand("exec", "movie_1.exe");
```

movie_1.exe 为打开的外部文件。

提示　Flash CS4 版本的软件出于对文件加密的考虑，在使用 fscommand 语句设置 exec 命令调用.exe 文件时，需要将调用.exe 文件放置在 fscommand 文件夹中，否则无法调用此.exe 文件。

---

6. quit 命令

quit 命令用于退出 Flash 影片，执行此命令后放映 Flash 动画的 Flash Player 播放器窗口将会被关闭，此命令不需要任何参数。

在 fscommand 语句中设置 quit 命令时，整条语句可写为：

```
fscommand("quit");
```

9.6　综合应用实例：制作"财神到"动画

本节将制作一个"财神到"动画实例，在本实例中对下落的元宝对象应用了 ActionScript 动作脚本，从而复制出多个元宝下落，并且复制的下落的元宝具有不同的坐标值与比例大小。除此之外，本实例在制作过程中还使用到 ActionScript 3.0 中多条语句以及对象属性的应用，包设置循环语句 for、添加对象到舞台的语句 addChild()、对象的 X、Y 轴坐标值属性以及 if 条件语句等等，通过这些 ActionScript 动作脚本的综合应用从而实现复制影片剪辑的动画效果，其最终效果如图 9-21 所示。

制作"财神到"动画——步骤提示

（1）打开"财神到.fla"动画文件；

（2）为"元宝动画"元件设置类的名称；

（3）创建脚本图层；

（4）在脚本图层中插入关键帧；

（5）为关键帧添加动作脚本；

（6）测试与保存 Flash 动画文件。

图 9-21 "财神到"动画效果

制作"财神到"动画——具体步骤

步骤1 打开本书配套光盘"第 9 章/素材"目录下的"财神到.fla"文件，如图 9-22 所示。

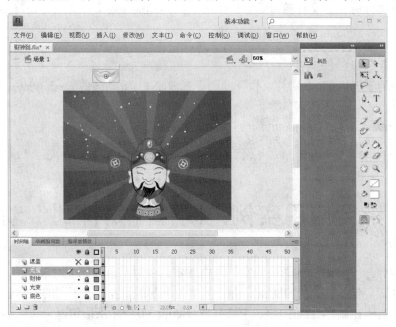

图 9-22 打开的动画文件

步骤2 展开【库】面板，在其中的"元宝动画"影片剪辑元件上方单击鼠标右键，在弹出菜单中选择【属性】命令，弹出【元件属性】对话框，如果【元件属性】对话框是基本模式，则单击 高级 按钮切换到高级模式，如图 9-23 所示。

步骤3 在【元件属性】对话框中，将【为 ActionScript 导出】复选框勾选，此时【类】与【基类】输入框被激活，然后在【类】输入框中输入"yuanbao"，如图 9-24 所示。

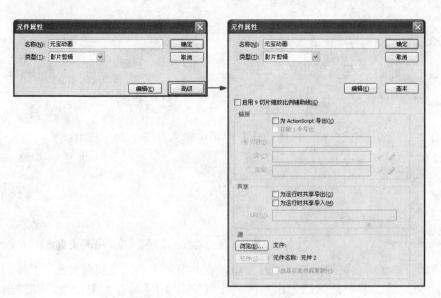

图 9-23 【元件属性】对话框

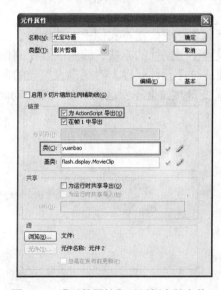

图 9-24 【元件属性】对话框中的参数

步骤 4 单击 确定 按钮，完成【元件属性】对话框中参数的设置。

步骤 5 选择所有图层第 15 帧，然后按 F5 键，在所有图层第 15 帧插入普通帧，从而设置动画播放时间为 15 帧。

步骤 6 在【时间轴】面板"遮盖"图层之上创建新层，并设置新图层的名称为"as"。

步骤 7 在"as"图层第 2 帧、第 15 帧插入关键帧。

步骤 8 选择"as"图层第 1 帧，打开【动作】面板，在【动作】面板中输入如下的动作脚本：

```
var c:uint=1;              //c 是控制循环的变量
var n:uint=10;             //设置下落元宝的数目
```

步骤 9 选择"as"图层第 2 帧，打开【动作】面板，在其中输入如下的动作脚本：

```
for (var i:uint=1;i<=n;i++) {
 var b:yuanbao=new yuanbao();              //类名就是刚刚在库中元件的类名
```

```
    b.x=Math.random()*600;                         //x轴位置
    b.y=Math.random()*450;                         //y轴位置
    b.scaleX=Math.random();                        //x轴方向的比例大小
    b.scaleY=b.scaleX;                             //x、y轴方向等比例缩放大小
    addChild(b);                                   //添加它到场景中
}
```

步骤10 选择 "as" 图层第 15 帧，在【动作】面板中输入如下的动作脚本：

```
if(c==n){
    c=1;
} else{
    c=c+1;
}
gotoAndPlay(2);                       //如果元宝数目达到最大数，循环变量重置为1，否则递增1
```

步骤11 按 Ctrl+Enter 组合键弹出测试影片窗口，在此窗口中可以看到满天元宝下落的动画。

步骤12 关闭影片测试窗口，然后单击菜单栏中【文件】|【另存为】命令，在弹出的【另存为】对话框中，在此对话框中选择合适的保存路径，单击 保存⑤ 按钮将制作的动画文件保存。

　　至此 "财神到" 动画全部制作完成，在本实例中主要讲解了使用 ActionScript 动作脚本复制影片剪辑，并为影片剪辑设置不同属性的方法。读者朋友在制作此类动画时需要注意两点：一是要为复制的影片剪辑需要通过【元件属性】对话框设置类的名称；二是在 ActionScript 中必须要通过 new 语句为类定义变量，如果忽视这两个要点那么动画将不会创建成功。

第 10 章

组件的应用

内容介绍

ActionScript 3.0 组件是带有参数的影片剪辑，通过组件用户可以方便而快速地构建功能强大且具有一致外观和行为的 ActionScript 应用程序。本章将详细讲述 Flash CS4 中组件的概念以及操作方法，并讲解如何使用脚本对这些组件进行综合应用。

学习重点

- 关于 ActionScript 3.0 组件
- 使用组件
- 常用组件
- 实例指导：制作视频播放动画
- 综合应用实例：制作"留言板"动画

10.1 关于 ActionScript 3.0 组件

组件通俗地讲就是带有参数的影片剪辑，用户可以修改这个剪辑的外观以及参数。通过组件的应用可以快速的构建出一些应用控件，如比较常见的用户界面控件"单选按钮（RadioButton）"、"复选框（CheckBox）"等。在 Flash 中使用组件非常方便，只需将这些组件从【组件】面板拖到应用程序文档中即可，而不用自己创建这些自定义按钮、组合框和列表。

在 Flash 中应用组件后，可以通过 ActionScript 3.0 修改组件的行为或实现新的行为，每个组件都有唯一的一组 ActionScript 方法、属性和事件，它们构成了该组件的"应用程序编程接口"（API），API 允许用户在应用程序运行时创建并操作组件。另外，使用 API 用户还可以创建出自己自定义的组件。

提示　Flash CS4 包括 ActionScript 2.0 组件以及 ActionScript 3.0 组件。用户不能混合使用这两组组件，如何选择使用哪种组件取决于用户创建的是基于 ActionScript 2.0 文档还是基于 ActionScript 3.0 的文档。如果创建的是基于 ActionScript 2.0 文档，则使用的是 ActionScript 2.0 组件；如果创建的是基于 ActionScript 3.0 文档，则使用的是 ActionScript 3.0 组件。

10.1.1　使用组件的优点

组件可以将应用程序的设计过程和编码过程分开，其目的是为了让开发人员重复使用和共享代码以及封装复杂的功能。通过使用组件，开发人员可以创建设计人员在应用程序中能够用到的功能，使设计人员无需编写 ActionScript 就能够使用和自定义这些功能，而且还可以通过更改组件的参数来自定义组件的大小、位置和行为，从而进一步地简化设计人员的操作，大大提高了工作效率。下面介绍一些关于 ActionScript 3.0 组件优点。

（1）ActionScript 3.0 的强大功能：提供了强大的基于 ActionScript 3.0 动作脚本、可在重用代码的基础上构建丰富的 Internet 应用程序。

（2）基于 FLA 的用户界面组件：可以像编辑影片剪辑一样快速的改变组件的外观，还可以使用组件提供的样式轻松地对组件的外观进行编辑，以便在创作时进行方便的定义。

（3）新的 FVLPlayback 组件：添加了 FLVPlaybackCaptioning 组件及全屏支持、改进了实时预览功能、允许用户添加颜色和 Alpha 设置的外观，以及改进的 FLV 下载和布局功能。

（4）"属性"检查器和"组件"检查器：允许用户在 Flash 中进行创作时通过这两个面板更改组件参数。

（5）ComboBox、List 和 TileList 组件的新的集合对话框：允许用户通过用户界面填充它们的 dataProvider 属性。

（6）ActionScript 3.0 事件模型：允许应用程序侦听事件并调用事件处理函数进行响应。

（7）管理器类：提供了一种在应用程序中处理焦点和管理样式的简便方法。

（8）UIComponent 基类：为扩展它的组件提供核心方法、属性和事件。所有的 ActionScript 3.0 用户界面组件继承自 UIComponent 类。

（9）在基于 UI FLA 的组件中使用 SWC：可提供 ActionScript 定义（作为组件的时间轴内

部的资源），用以加快编译速度。

（10）便于扩展的类层次结构：可以按需要导入类使用 ActionScript 3.0 创建唯一的命名空间，并且可以方便地创建子类来扩展组件。

10.1.2　组件的类型

Flash CS4 中内置了两种类型的组件，分别为用户界面（User Interface）组件和 Video 组件，这两类组件被放置在【组件】面板中，如果需在文档中使用组件，只需将其中的组件从【组件】面板拖曳到舞台中即可，如图 10-1 所示。

（1）用户界面（User Interface）组件：用于设置用户的界面，并通过界面使用户与应用程序进行交互差操作。该类组件类似于网页中的表单元素，如 Button（按钮）组件、RadioButton（单选按钮）组件等。

（2）Video 组件：主要用于对播放器中的播放状态和播放进度等属性进行交互操作。

10.1.3　组件的体系结构

Flash CS4 中组件具有两种体系结构，分别为"FLA"与"SWC"，其中用户界面（User Interface）组件是基于 FLA（.fla）的文件，FLVPlayback 和 FLVPlaybackCaptioning 组件是基于 SWC 的组件。

1．基于 FLA 的组件

ActionScript 3.0 用户界面（User Interface）组件是具有内置外观的基于 FLA（.fla）的文件，用户可以在舞台中双击组件切换到组件的影片剪辑编辑模式中，对组件的外观进行编辑。这种组件的外观及其他资源位于时间轴的第 2 帧上。双击这种组件时，Flash 将自动跳到第 2 帧并打开该组件外观的调色板，如图 10-2 所示。

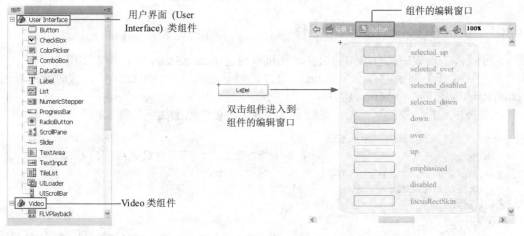

图 10-1　【组件】面板　　　　　　　　　图 10-2　组件编辑窗口

2．基于 SWC 的组件

基于 SWC 的组件由一个 FLA 文件和一个 ActionScript 类文件构成，但它们已编译并导出为 SWC 文件。SWC 文件是一个由预编译的 Flash 元件和 ActionScript 代码组成的包，使用它可避免重新编译不会更改的元件和代码。【组件】面板中的 FLVPlayback 和 FLVPlaybackCaptioning 组件就是基于 SWC 的组件，它们具有外部外观，而不是内置外观。在舞台中双击这两个组件不会切换到组件的编辑窗口中。

SWC 组件包含编译剪辑、此组件的预编译 ActionScript 定义以及描述此组件的其他文件。如果用户创建自己的组件，则可以将其导出为 SWC 文件以便分发。

10.2 使用组件

在 Flash CS4 中可以通过【组件】面板添加组件，【组件】面板中各组件按照类别进行管理，从而便于用户查找。当需要使用某个组件时，直接将此组件拖曳到舞台中即可。在舞台中添加组件后，就会自动存放到【库】面板中，以后使用组件就可以像使用影片剪辑一样，从【库】面板重复调用。这样从【组件】面板中添加一次组件后，此组件就可以在影片中多次使用，从而节省动画的文件大小，如图 10-3 所示。

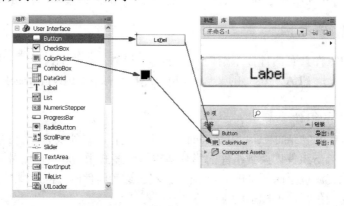

图 10-3 从【组件】面板拖曳出的组件

10.2.1 使用 ActionScript 调用组件

对于【库】面板中已有调用的组件，还可以通过 ActionScript 动作脚本实现在舞台中的调用。例如在【库】面板中有一个 button 组件，但是在场景中没有此组件，这时就可以通过 ActionScript 动作脚本将 button 组件添加到场景中。

此时可以选择场景的第一帧，然后在【动作】面板中添加如下的脚本：

```
import fl.controls.Button;
                              //设置按钮上的文字字体样式及字体大小样式
var myTextFormat:TextFormat = new TextFormat();
myTextFormat.bold = true;
myTextFormat.font = "Comic Sans MS";
myTextFormat.size = 14;
                              //设置按钮上显示的文字，按钮未知及大小，显示样式
var myButton:Button = new Button();
myButton.label = "LabelText";
myButton.move(10, 10);
myButton.setSize(140, 40);
myButton.setStyle("textFormat", myTextFormat);
addChild(myButton);
```

添加脚本后，可以看到在场景中没有任何组件，然后按 Ctrl+Enter 组合键，在测试影片窗口中就可以看到创建出的 button 组件。

从上面的实例可以看出，使用 ActionScript 动作脚本添加组件的方法要比手动将组件放置到舞台中更加灵活，而且在程序控制上更加方便。

10.2.2　组件参数设置

在舞台中添加组件后，可以通过【组件检查器】面板中对其进行参数的相关设置。【组件检查器】面板可以通过单击菜单栏中的【窗口】|【组件检查器】命令或按 Shift+F7 组合键将其显示。在该面板的【参数】标签中会显示选择组件的各个参数设置，如图 10-4 所示。

（1）名称：在名称这一列中罗列了选择组件的各个属性名称。

（2）值：在值这一列中显示了选择组件的各个属性参数值，通过改变这些参数值可以对组件的外观进行调整。

图 10-4　【组件检查器】面板

10.3　常用组件

Flash CS4 中组件由用户界面（User Interface）组件（简称为 UI 组件）与 Video 组件构成。UI 组件用于设置用户界面，实现动画的交互操作；Video 组件用于对视频播放进行控制。下面对这两个类别中常用的组件分别进行介绍。

10.3.1　Button 组件

Button 组件为一个按钮，它是许多表单和 Web 应用程序的基础部分。例如，可以将 Button 组件作为表单的"提交"按钮。在舞台中添加 Button 组件后，可以通过【组件检查器】面板中【参数】标签设置 Button 组件的相关参数，如图 10-5 所示。

（1）emphasized：设置当按钮处于弹起状态时，Button 组件周围是否绘有边框。

（2）enabled：获取或设置一个值，指示组件能否接受用户输入。

（3）label：用于设置按钮上文本的值。

（4）labelPlacement：用于设置按钮上的文本在按钮图标内的方向。该参数可以是下列 4 个值之一：left、right、top 或 bottom，默认值为 right。

（5）selected：该参数指定按钮是处于按下状态（true）还是释放状态（false），默认值为 false。

图 10-5　Button 组件的参数

（6）toggle：将按钮转变为切换开关。如果值为 true，则按钮在单击后保持按下状态，并在再次单击时返回到弹起状态。如果值为 false，则按钮行为与一般按钮相同，默认值为 false。

（7）visible：设置组件是否显示，其参数为布尔值，true 值表示显示组件，false 值表示不显示组件。

10.3.2　CheckBox 组件

CheckBox 组件为多选按钮组件，使用该组件可以在一组多选按钮中选择多个选项。在舞台中添加 CheckBox 组件后，可以通过【组件检查器】面板中【参数】标签设置 CheckBox 组件的相关参数，如图 10-6 所示。

（1）enabled：获取或设置一个值，指示组件能否接受用户输入。

（2）label：用于设置多选按钮右侧文本的值。

（3）labelPlacement：用于设置按钮上的文本在按钮图标内的方向。该参数可以是下列 4 个值之一：left、right、top 或 bottom，默认值为 right。

（4）selected：用于设置多选按钮的初始值为被选中或取消选中。被选中的多选按钮中会显示一个对勾，其参数值为 true。如果将其参数值设置为 false 表示会取消选择多选按钮。

（5）visible：设置组件是否显示，其参数为布尔值，true 值表示显示组件，false 值表不显示组件。

图 10-6　CheckBox 组件的参数

10.3.3　ColorPicker 组件

ColorPicker 组件为包含一个或多个颜色调色板，用户可以从中选择颜色。在舞台中添加 ColorPicker 组件后，可以通过【组件检查器】面板中【参数】标签设置 ColorPicker 组件的相关参数，如图 10-7 所示。

（1）enabled：获取或设置一个值，指示组件能否接受用户输入。

（2）selectedColor：用于设置 ColorPicker 组件的调色板中当前加亮显示的颜色。

（3）showTextField：用于设置是否显示 ColorPicker 组件中选择颜色的颜色值，其参数为布尔值。

（4）visible：设置组件是否显示，其参数为布尔值，true 值表示显示组件，false 值表不显示组件。

图 10-7　ColorPicker 组件的参数

10.3.4　ComboBox 组件

ComboBox 组件为下拉菜单的形式，用户可以在弹出的下拉菜单中选择其中一项。在舞台中添加 ComboBox 组件后，可以通过【组件检查器】面板中【参数】标签设置 ComboBox 组件的相关参数，如图 10-8 所示。

（1）dataPrevider：用于设置下拉菜单当中显示的内容，以及传送的数据。

（2）editable：设置下拉菜单中显示的内容是否为可编辑的状态。

（3）enabled：获取或设置一个值，指示组件能否接受用户输入。

（4）prompt：设置对 ComboBox 组件开始显示时的初始内容。

（5）restrict：设置用户可以在文本字段中输入的字符。

（6）rowcount：用于设置下拉菜单中可显示的最大行数。

图 10-8　ComboBox 组件的参数

（7）visible：设置组件是否显示，其参数为布尔值，true 值表示显示组件，false 值表不显示组件。

10.3.5　List 组件

List 组件为下拉列表的形式，用户可以从下拉列表中选择一项或多项。在舞台中添加 List 组件后，可以通过【组件检查器】面板中【参数】标签设置 List 组件的相关参数，如图 10-9 所示。

（1）allowMultipleSelection：设置能否一次选择多个列表项目，其参数为布尔值，true 值表示可以一次选择多个项目；false 值表示一次只能选择一个项目。

（2）dataPrevider：设置下拉列表中显示的内容，以及传送的数据。

（3）enabled：获取或设置一个值，指示组件能否接受用户输入。

（4）horizontalLineScrollSize：设置当单击水平方向上滚动箭头时水平移动的数量。其单位为像素，默认值为 4。

（5）horizontalPageScrollSize：设置按滚动条轨道时水平滚动条上滚动滑块要移动的像素数。　当该值为 0 时，该属性检索组件的可用宽度。

图 10-9　List 组件的参数

（6）horizontalScrollPolicy：设置水平滚动条是否始终打开。

（7）verticalLineScrollSize：设置当单击垂直方向上滚动箭头时垂直移动的数量。其单位为像素，默认值为 4。

（8）verticalPageScrollSize：设置按滚动条轨道时垂直滚动条上滚动滑块要移动的像素数。当该值为 0 时，该属性检索组件的可用高度。

（9）verticalScrollPolicy：设置垂直滚动条是否始终打开。

（10）visible：设置组件是否显示，其参数为布尔值，true 值表示显示组件，false 值表不显示组件。

10.3.6　RadioButton 组件

RadioButton 组件为单选按钮组件，可以让用户从一组单选按钮选项中选择一个选项。在舞台中添加 RadioButton 组件后，可以通过【组件检查器】面板中【参数】标签设置 RadioButton 组件的相关参数，如图 10-10 所示。

（1）enabled：获取或设置一个值，指示组件能否接受用户输入。

（2）groupName：单选按钮的组名称，一组单选按钮有一个统一的名称。

（3）label：设置单选按钮上的文本内容。

（4）labelPlacement：确定按钮上标签文本的方向。该参数可以是下列 4 个值之一：left、right、top 或 bottom，其默认值为 right。

图 10-10　RadioButton 组件的参数

（5）selected：设置单选按钮的初始值为被选中或取消选中。被选中的单选按钮中会显示一个圆点，其参数值为 true，一个组内只有一个单选按钮可以有被选中的值 true。如果将其参数值设置为 false，表示会取消选择单选按钮。

（6）value：设置选择单选按钮后传递的数据值。

（7）visible：设置组件是否显示，其参数为布尔值，true 值表示显示组件，false 值表不显示组件。

10.3.7　ScrollPane 组件

ScrollPane 组件用于设置在一个可滚动的区域显示 JPEG、GIF 与 PNG 文件以及 SWF 文件。在舞台中添加 ScrollPane 组件后，可以通过【组件检查器】面板中【参数】标签设置 ScrollPane 组件的相关参数，如图 10-11 所示。

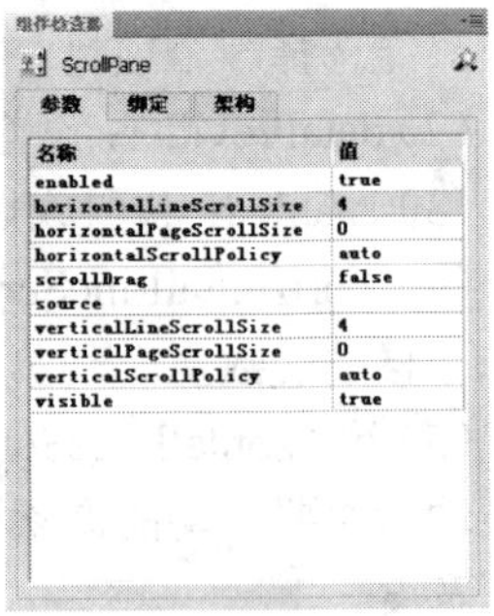

（1）enabled：获取或设置一个值，指示组件能否接受用户输入。

（2）horizontalLineScrollSize：设置当单击水平方向上滚动箭头时水平移动的数量。其单位为像素，默认值为 4。

（3）horizontalPageScrollSize：设置按滚动条轨道时水平滚动条上滚动滑块要移动的像素数。 当该值为 0 时，该属性检索组件的可用宽度。

（4）horizontalScrollPolicy：设置水平滚动条是否始终打开。

（5）scrollDrag：设置当用户在滚动窗格中拖动内容时是否发生滚动。

图 10-11　ScrollPane 组件的参数

（6）source：设置滚动区域内的图像文件或 swf 文件。

（7）verticalLineScrollSize：设置当单击垂直方向上滚动箭头时垂直移动的数量。其单位为像素，默认值为 4。

（8）verticalPageScrollSize：设置按滚动条轨道时垂直滚动条上滚动滑块要移动的像素数。当该值为 0 时，该属性检索组件的可用高度。

（9）verticalScrollPolicy：设置垂直滚动条是否始终打开。

（10）visible：设置组件是否显示，其参数为布尔值，true 值表示显示组件，false 值表不显示组件。

10.3.8　TextArea 组件

TextArea 组件为多行文本框，如果需要使用单行文本框，可以使用 TextInput 组件。在舞台中添加 TextArea 组件后，可以通过【组件检查器】面板中【参数】标签设置 TextArea 组件的相关参数，如图 10-12 所示。

（1）condenseWhite：设置是否从包含 HTML 文本的 TextArea 组件中删除额外空白。

（2）editable：设置 TextArea 组件是否为可编辑状态，参数值为 true 与 false，表示可编辑与不可编辑，默认值为 true。

（3）enabled：获取或设置一个值，指示组件能否接受用户输入。

图 10-12　TextArea 组件的参数

（4）horizontalScrollBar：设置水平方向的滚动条，有三个参数值 auto、on 和 off。auto 设置自动出现水平方向滚动条；on 设置始终出现水平方向滚动条；off 设置没有水平方向滚动条。

（5）htmlText：设置文本是否采用 HTML 格式。参数值为 true 与 false，如果将参数值设置为 true，则可以使用 html 标签来设置文本格式。此参数的默认值为 false。

（6）maxChars：设置用户可以在文本字段中输入的最大字符数。

（7）restrict：设置文本字段从用户处接受的字符串。

（8）text：设置 TextArea 组件中的文本内容。

（9）verticalScrollPolicy：设置垂直方向的滚动条，有三个参数值 auto、on 和 off。auto 设置自动出现垂直方向滚动条；on 设置始终出现垂直方向滚动条；off 设置没有垂直方向滚动条。

（10）visible：设置组件是否显示，其参数为布尔值，true 值表示显示组件，false 值表不显示组件。

（11）wordWrap：设置文本是否自动换行，默认值为 true，表示可以自动换行。

10.3.9　TextInput 组件

TextInput 组件为单行文本框。在舞台中添加 TextInput 组件后，可以通过【组件检查器】面板中【参数】标签设置 TextInput 组件的相关参数，如图 10-13 所示。

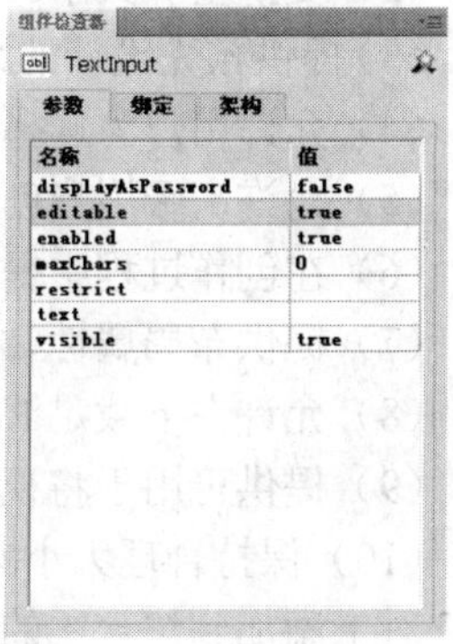

（1）displayAsPassword：设置单行文本输入框内输入文本信息是否以密码的形式显示，默认参数为 false，表示输入框不以密码的形式显示，如果参数设置为 true，则输入框以密码的形式显示。

（2）editable：设置 TextInput 组件是否为可编辑状态，参数值为 true 与 false，表示可编辑与不可编辑，默认值为 true。

（3）enabled：获取或设置一个值，指示组件能否接受用户输入。

（4）maxChars：设置用户可以在文本字段中输入的最大字符数。

图 10-13　TextInput 组件的参数

（5）restrict：设置文本字段从用户处接受的字符串。

（6）text：设置 TextInput 组件中的文本内容。

（7）visible：设置组件是否显示，其参数为布尔值，true 值表示显示组件，false 值表不显示组件。

10.3.10　UIScrollBar 组件

UIScrollBar 组件包括所有滚动条功能，此组件通过 scrollTarget()方法，因此可以被附加到 TextField 组件实例。在舞台中添加 UIScrollBar 组件后，可以通过【组件检查器】面板中【参数】标签设置 UIScrollBar 组件的相关参数，如图 10-14 所示。

（1）direction：用于设置滚动条的方向，默认参数值为"vertical"，表示滚动条为垂直方向，如果参数设置为"horizontal"，表示滚动条为水平方向。

（2）scrollTargetName：设置被附加滚动条的对象的实例名称。

图 10-14　UIScrollBar 组件的参数

（3）visible：设置组件是否显示，其参数为布尔值，true 值表示显示组件，false 值表不显示组件。

10.3.11 FLV Playback 组件的应用

通过 FLVPlayback 组件，用户可以轻松地在 Flash CS4 中创建视频播放器，以便播放通过 HTTP 渐进式下载的视频文件，或者播放来自 Adobe 的 Macromedia Flash Media Server 或 Flash Video StreamingService（FVSS） 的流视频文件。

随着 Flash Player 10 的发布，Flash Player 中的视频内容播放功能得到了显著改进。本次更新包括对 FLVPlayback 组件的更改，这些更改利用用户的系统视频硬件来提供更好的视频播放性能。对 FLVPlayback 组件的更改还提高了视频文件在全屏模式下的保真度。

此外，Flash Player 10 增加了对采用业界标准 H.264 编码的高清 MPEG-4 视频格式的支持，从而改善了 FLVPlayback 组件的功能。这些格式包括 MP4、M4A、MOV、MP4V、3GP 和 3G2。易于使用的 FLVPlayback 组件具有以下特性和优点：

（1）可快捷方便的拖到 Flash 应用程序中。

（2）支持全屏大小。

（3）提供预先设计的视频播放器的外观集合，用户可以选择合适的外观应用给视频播放器。

（4）允许用户为选择视频播放器外观设置颜色和 Alpha 值。

（5）允许高级用户创建他们自己的视频播放器外观。

（6）在创作过程中提供实时预览的功能。

（7）提供布局属性，以便在调整视频播放器大小时使视频文件保持居中。

（8）允许在下载足够的渐进式下载视频文件时开始播放。

（9）提供可用于将视频与文本、图形和动画同步的提示点。

（10）保持合理大小的 SWF 文件。

对于添加到舞台中的 FLV Playback 组件，可以通过【组件检查器】面板中【参数】标签设置相关参数，如图 10-15 所示。

图 10-15　设置 FLV Playback 组件参数

（1）align：设置载入 FLV 视频相对于舞台 x 或 y 轴方向的位置。

（2）autoPlay：设置载入 FLV 视频文件后是开始播放还是停止播放。如果为 true，则该组件在加载 FLV 视频文件后立即播放；如果为 false，则该组件加载 FLV 视频文件第 1 帧后暂停。

（3）cuePoints：设置 FLV 视频文件的提示点。提示点允许用户同步包含 Flash 动画、图形或文本的 FLV 文件中的特定点。

（4）isLive：设置视频是否为实时视频流。

（5）preview：设置载入的 FLV 视频文件实时预览。

（6）scaleMode：设置载入的 FLV 视频文件加载后如何调整其大小。

（7）skin：设置 FLV Playback 组件的外观，双击右侧的此参数，可以打开【选择外观】对话框，从该对话框中可以选择组件的外观，如图 10-16 所示。默认值是最初选择的设计外观，但它在以后将成为上次选择的外观。

图 10-16　【选择外观】对话框

（8）skinAutoHide：设置鼠标在 FLV 视频文件下方控制器外时是否隐藏外观。如果为 true，则当鼠标不在 FLV 视频文件下方控制器区域时隐藏外观。如果为 false，则不隐藏。

（9）skinBackgroundAlpha：设置 FLV Playback 组件外观背景的 Alpha 透明度。

（10）skinBackgroundColor：设置 FLV Playback 组件外观背景的颜色。

（11）source：指定加载 FLV 视频文件的 URL，或者指定描述如何播放一个或多个 FLV 文件的 XML 文件。FLV 视频文件的 URL 可以是本地计算机上的路径、HTTP 路径或实时消息传输协议（RTMP）路径。双击此参数可以打开【内容路径】面板，单击◢按钮，可以弹出【浏览源文件】对话框，从中可以选择所需要播放的 FLV 视频文件，如图 10-17 所示。

图 10-17　选择 FLV 视频文件

（12）volume：用于表示相对于最大音量的百分比。

10.4　实例指导：制作视频播放动画

通过 FLVPlayback 组件可以将外部 FLV 视频文件在 Flash 文件中播放，为了使读者更好地理解 FLV Playback 组件，下面通过"视频播放"的实例讲解 FLV Playback 组件的应用方法。其最终效果如图 10-18 所示。

图 10-18　　"视频播放"动画的最终效果

制作视频播放动画——具体步骤

步骤1 启动 Flash CS4，创建一个空白的 Flash 文档，并将文档的保存为"视频播放.fla"。

步骤2 在舞台空白位置单击鼠标右键，在弹出的菜单中选择【文档属性】命令，在弹出的【文档属性】对话框中设置舞台的宽度为 610 像素，高度为 304 像素，背景颜色为"黑色"，如图 10-19 所示。

提示　在此【文档属性】对话框中设置的舞台宽度与高度尺寸与加载到 Flash 内视频文件的宽度与高度一样。

步骤3 单击 ［确定］ 按钮，完成文档属性的设置，展开【组件】面板，将 FLV Playback 组件拖曳到舞台中，如图 10-20 所示。

图 10-19　【文档属性】对话框

图 10-20　舞台中的 FLV Playback 组件

步骤4 选择舞台中 FLV Playback 组件，在【组件检查器】面板中设置 autoPlay 的参数为"false"，在 source 参数栏右侧双击鼠标，在弹出的【内容路径】对话框中单击 按钮，在弹出的【浏览源文件】对话框中选择本书配套光盘"第 10 章/素材"目录下的"trailer.flv"文件，如图 10-21 所示。

提示　trailer.flv 是外部载入 FLV 视频文件，读者在制作此动画时必须将此文件粘贴到与制作文件相同的目录下。

步骤5 选择加载视频文件后，舞台中的 FLV Playback 组件变为与加载视频大小相同长度与宽度，然后选择 FLV Playback 组件，在【属性】面板中设置 X、Y 轴坐标值全部为 0，如图 10-22 所示。

步骤6 在【组件检查器】面板中双击 skin 参数栏，打开【选择外观】对话框，在此对话框的【外观】下拉菜单中选择 SkinOverPlayStopSeekFullVol.swf 选项，如图 10-23 所示。

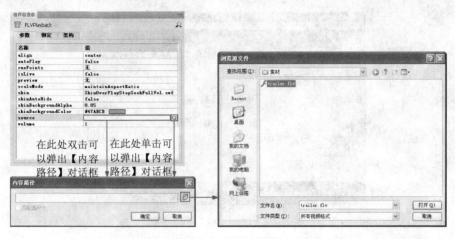

图 10-21 选择视频文件

图 10-22 【属性】面板中参数设置

图 10-23 【选择外观】对话框

步骤7 单击 确定 按钮，完成 FLV Playback 组件参数的设置。

步骤8 按 Ctrl+Enter 组合键弹出测试影片窗口，在测试窗口中可以看到外部的 "trailer.flv" 视频文件在动画窗口中的播放。通过下面的控制栏可以控制视频的播放、暂停、停止、前进、后退以及音量等。

在使用 FLV Playback 组件播放 FLV 视频文件时，会自动将 FLV Playback 组件的 Skin 文件放置在动画文件所在的同级目录下，如在制作上例时就会将 SkinOverPlayStopSeekFullVol.swf 文件放置在与生成的动画的同级目录下，所以在发布包含有 FLV Playback 组件的动画文件时需要将其 Skin 文件一起发布。

10.5 综合应用实例：制作"留言板"动画

本节将制作一个"留言板"的动画实例，留言板是网站中常用的用户交互形式，它通常由各种表单元素所构成，用户可以在线填写表单信息，然后服务器根据用户填写的表单内容再反馈给用户相应的信息，从而实现用户与网站的交互。Flash 中制作留言板也是如此，可以用组件创建 Flash 留言板的表单元素，然后再由 ActionScript 脚本控制表单内容的提交。本实例中通过多个组件构成了留言板的各个表单元素，通过【组件检查器】为其设置了相关参数，并为这些组件设置了统一的外观，从而创建出精美的留言板界面，其最终效果如图 10-24 所示。

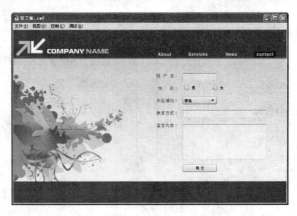

图 10-24　"留言板"动画效果

制作"留言板"动画——步骤提示

（1）打开"留言板.fla"动画文件；

（2）将所需的组件拖曳到舞台合适位置；

（3）使用【组件检查器】设置组件的参数；

（4）改变组件的颜色外观；

（5）测试与保存 Flash 动画文件。

制作"留言板"动画——具体步骤

步骤1　打开本书配套光盘"第 10 章/素材"目录下的"留言板.fla"文件，如图 10-25 所示。

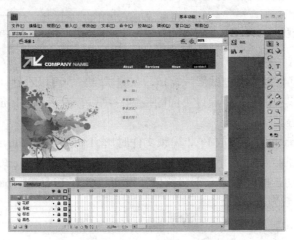

图 10-25　打开的动画文件

步骤2　打开【组件】面板，将【组件】面板中的 TextInput 组件拖曳到"用户名："文字的右侧，如图 10-26 所示。

步骤3　选择舞台中的 TextInput 组件，在【组件检查器】面板中设置【maxChars】的参数为 12，如图 10-27 所示。

图 10-26 拖曳到舞台的 TextInput 组件

图 10-27 【组件检查器】面板中参数

步骤4 将【组件】面板中的 RadioButton 组件拖曳到舞台"性别:"文字的右侧,然后在右侧继续复制出一个相同的 RadioButton 组件,如图 10-28 所示。

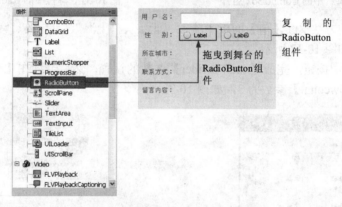

图 10-28 舞台中的 RadioButton 组件

步骤5 选择左侧 RadioButton 组件,在【组件检查器】面板中设置【lable】参数值为"男",再选择右侧的 RadioButton 组件,在【组件检查器】面板中设置【lable】参数值为"女",如图 10-29 所示。

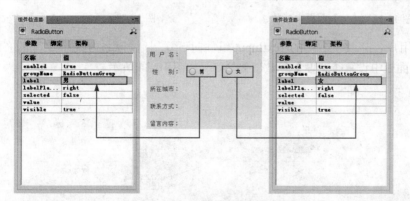

图 10-29 【组件检查器】面板中参数

步骤6 将【组件】面板中的 ComboBox 组件拖曳到舞台"所在城市:"文字的右侧,如图 10-30 所示。

步骤 7　选择舞台中 ComboBox 组件，在【组件检查器】面板中双击【dataPrevider】的参数栏，在弹出的【值】面板中单击█按钮，创建一个新标签，然后在"值"参数栏中输入"青岛"，如图 10-31 所示。

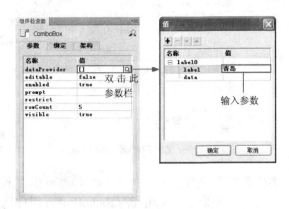

图 10-30　舞台中的 ComboBox 组件　　　　　　图 10-31　舞台中的 RadioButton 组件

步骤 8　依据刚才的方法继续【值】面板中输入"北京"、"上海"、"广州"、"杭州"、"深圳"这些参数，如图 10-32 所示。

步骤 9　单击 █确定█ 按钮，完成【dataPrevider】参数的设置，然后继续在【组件检查器】面板中设置【rowcount】参数为 3，如图 10-33 所示。

图 10-32　【值】面板中参数　　　　　　图 10-33　【组件检查器】面板中参数

步骤 10　将"用户名："文字右侧的 TextInput 组件向下复制到"联系方式："文字的右侧，并在【舞台】面板中设置【宽度】参数值为 245，如图 10-34 所示。

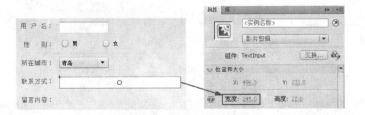

图 10-34　复制的 TextInput 组件

步骤 11　选择"联系方式："文字右侧的 TextInput 组件，在【组件检查器】面板中将【maxChars】的参数改为 0。

步骤12 将【组件】面板中的 TextArea 组件拖曳到舞台"留言内容："文字的右侧，并使用【任意变形工具】⌗将其大小改变，如图 10-35 所示。

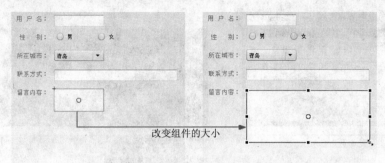

图 10-35 改变组件的大小

步骤13 将【组件】面板中的 Button 组件拖曳到舞台 TextArea 组件的下方，如图 10-36 所示。

步骤14 选择舞台中的 Button 组件，在【组件检查器】面板中设置【label】的参数为"提交"，如图 10-37 所示。

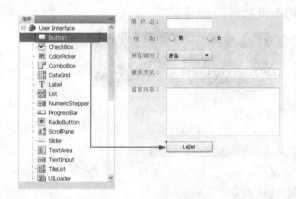

图 10-36 舞台中的 Button 组件　　　　　　图 10-37 【组件检查器】面板中参数

步骤15 在舞台中"用户名："文字右侧的 TextInput 组件上双击鼠标，切换到 TextInput 组件编辑窗口中，如图 10-38 所示。

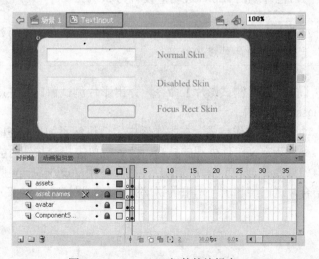

图 10-38 TextInput 组件的编辑窗口

步骤16 选择"Normal Skin"文字左侧的白色矩形，切换到影片剪辑的编辑窗口中，如图 10-39 所示。

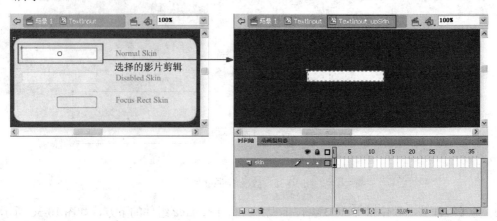

图 10-39 切换到影片剪辑编辑窗口中

步骤17 选择影片剪辑编辑窗口中白色的填充颜色，然后通过【工具】面板的【填充颜色】设置白色的 Alpha 参数值为 30%，如图 10-40 所示。

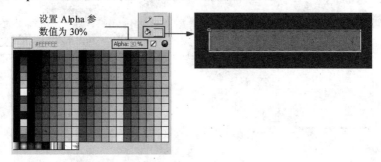

图 10-40 设置 Alpha 参数值为 30%

步骤18 单击 场景1 按钮，切换到主场景的舞台中。

步骤19 按照相同的方法，分别将"联系方式："与"留言内容："文字右侧的 TextInput 组件与 TextArea 组件的白色外观的 Alpha 透明值设置为 30%。

提示 改变组件的外观颜色的 Alpha 参数值后，在舞台中并看不到改变的效果，需要在影片测试窗口中才能看到改变组件外观的效果。

步骤20 单击菜单栏中【窗口】|【测试影片】命令，弹出影片测试窗口，在影片测试窗口中可以看到制作的 Flash 组件效果。

至此"留言板"动画全部制作完成，在本实例中主要讲解了如何在 Flash 中应用组件，并为组件设置参数，以及重新定义组件外观的技巧。读者在单击提交按钮时会发现并没有把信息提交出去，那是因为如果要处理表单提交的信息，需要使用 ActionScript 脚本语言与网页编程语言以及数据库的结合，这已经超出了本书的讲解范围，如果读者对这部分内容感兴趣可以参考相关的书籍。

第11章

文件优化、导出与发布

内容介绍

文件的优化、导出与发布是动画制作完成后不可缺少的步骤，动画文件制作完成后，Flash 软件允许将其同时发布为多种格式文件，包括 SWF、HTML、GIF、JPEG、PNG、QuickTime 文件等，也可以将其导出为单个文件，以便在其他的环境中或者融入到其他的作品中一起使用。不过需要注意的是在导出和发布之前需要对动画进行优化，在保证播放质量的前提下尽可能地对生成的动画进行压缩，使动画的体积达到最小，从而能够方便用户的观看。虽然看似简单，但是其重要性不容忽视，本章将对 Flash 动画文件优化、导出和发布相关知识进行学习。

学习重点

- Flash 影片的优化
- 导出动画作品
- 实例指导：制作 exe 格式动画
- 影片发布
- 实例指导：发布网页动画

11.1　Flash 影片的优化

Flash 影片的大小将直接影响到下载和回放时间的长短，如果制作的 Flash 影片很大，那么往往会使欣赏者在不断等待中失去耐心，因此优化操作就显得十分有必要。值得注意的是优化的前提需要在不影响播放质量的同时尽可能地对生成的动画进行压缩，使动画的体积达到最小，同时在优化过程中还可以随时测试影片的优化结果，包括电影的播放质量、下载情况和优化后的动画文件大小等。

11.1.1　优化对象

在 Flash 动画中，优化对象有多种，包括元件、图形、颜色、字体、位图、音频等，常用的优化方法如下：

1．元件的优化

在制作影片时对于使用一次以上的对象，尽量将其转换为元件再使用，因为在 Flash 软件中，重复使用实例不会增加文件的大小，还简化了文件的编辑，这是优化对象中的一个很好的方法。

2．图形的优化

（1）多采用实线笔触样式，因为其构图最简单；少用虚线、点状线、斑马线等笔触样式，否则将增大文件体积。

（2）多用矢量图形，少用位图图像。矢量图可以任意缩放而不影响 Flash 的画质，位图图像一般只作为静态元素或背景图，Flash 并不擅长处理位图图像，应避免制作位图图像元素的动画。

（3）多使用构图简单的矢量图形。对于复杂的矢量图形最好使用菜单栏中的【修改】|【形状】|【优化】命令，删除一些不必要的线条，从而减小文件体积。

（4）尽量少使用渐变填充颜色，这样会增大文件体积。

（5）尽量少用 Alpha 透明度，这样会减慢回放速度。

3．动画播放速度的优化

（1）尽量使用补间动画，少用逐帧动画，因为关键帧越多文件就越大。

（2）尽量避免在同一帧内安排多个对象同时运动，需要设置动画的对象不要与静止对象处于同一图层中，不同的运动对象需要处于不同的图层中，从而便于操作。

4．字体的优化

（1）限制字体和字体样式的数量。尽量少用嵌入字体，因为它们会增加文件的大小。

（2）对于"嵌入字体"选项，只选择需要的字符，而不要包括整个字体。

5．位图的优化

（1）导入的位图图像文件应尽可能小一点，并通过【位图属性】对话框对其进行再次压缩。

（2）动画中需要使用多少宽高尺寸的位图，最好将位图事先通过图像处理软件进行缩放设置，然后再导入到 Flash 软件中，这样会比导入较大尺寸的位图然后再将其缩小生成的文件体积要小。

6．音频的优化

（1）音频文件最好以 MP3 方式压缩，MP3 是使声音最小化的格式，且音质要比 WAV 文件更好。

（2）对于 Flash 中背景音乐，尽量使用声音中的一部分让其循环播放以减小文件体积。

11.1.2　影片测试

在前面的动画制作过程中，已经接触到了影片测试，具体操作是通过单击菜单栏中的【控制】|【测试影片】命令，或者按 Ctrl+Enter 组合键，在弹出的影片测试窗口中观看 Flash 制作影片的动画效果。除了单纯地在本机上展示影片制作的动画效果外，通过影片测试还可以在 Flash 中模拟影片在网络中的下载速度、优化情况等，下面以"火箭升空"动画为例来学习具体操作，其动画效果如图 11-1 所示。

图 11-1　"火箭升空"动画效果

对"火箭升空"动画进行影片测试——具体步骤

步骤1　首先打开需要进行测试的 Flash 动画影片，单击菜单栏中【文件】|【打开】命令，打开本书配套光盘"第 11 章/素材"目录的"火箭升空.fla"文件，如图 11-2 所示。

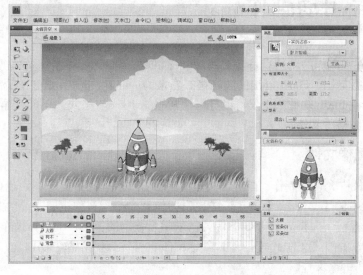

图 11-2　打开的"火箭升空.fla"文件

步骤2　单击菜单栏中的【控制】|【测试影片】命令，或按 Ctrl+Enter 组合键，在弹出的影片测试窗口中可以看到一个火箭由慢到快升空的简单动画效果，同时还可以生成一个 swf 格式的文件。

步骤3　在影片测试窗口中单击菜单栏中的【视图】|【下载设置】命令，在弹出的子菜单中可以选择在影片测试窗口中模拟的动画下载速度，如图 11-3 所示。

步骤4 再次按 Ctrl+Enter 组合键，在影片测试窗口中以刚才设置的下载速度开始模拟下载影片。

步骤5 如果对下载影片所需要时间感觉不满意的话，还可以通过单击菜单栏中的【视图】|【带宽设置】命令，在显示带宽的检测图中观看下载的详细内容，如图 11-4 所示，左侧用于显示各种信息，右侧用于图表显示。

图 11-3 模拟动画下载速度的弹出菜单

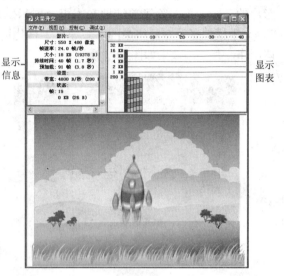

图 11-4 显示带宽的检测图

11.2 导出动画作品

在 Flash 软件中制作的动画只是源文件，即 fla 格式。如果想要将制作动画供别人观看欣赏，这时可以将其进行导出。Flash 导出的动画格式通常为"swf"格式，这是 Flash 动画的特有的动画文件格式。在 Flash 软件中不仅可以导出为常用的"swf"格式，还可以导出为其他图像、图形、声音和视频格式文件。

11.2.1 导出图像文件

在 Flash 软件中允许将制作动画导出为单个的图像文件，可以是位图，也可以是矢量图，通过单击菜单栏中的【文件】|【导出】|【导出图像】命令，在弹出的【导出图像】对话框进行文件格式的设置，下面将导出 JPG 图像为例来学习导出图像文件的具体操作：

步骤1 单击菜单栏中的【文件】|【打开】命令，打开本书配套光盘"第 11 章/素材"目录下的"火箭升空.fla"文件。

步骤2 单击菜单栏中的【文件】|【导出】|【导出图像】命令，弹出如图 11-5 所示的【导出图像】对话框。

步骤3 在【保存在】下拉列表中可以选择所要导出图像的保存路径，在【文件名】文本框中可以输入所要导出图像的名称，在此使用默认的"火箭升空"。

步骤4 在【保存类型】下拉列表中可以选择所要导出图像的文件类型，在此选择【JPEG 图像（*.jpg）】，如图 11-6 所示。

图 11-5　【导出图像】对话框　　　　　　图 11-6　【导出图像】对话框

（1）【增强元文件（*.emf）】：这是一种在 Windows XP 和 Windows Vista 中使用的图形格式，可以同时保存矢量和位图信息。选择该项后，不需要进行任何设置直接将其导出为 emf 格式文件。

（2）【Windows 元文件（*.wmf）】：这是大多数 Windows 应用程序支持的标准 Windows 图形格式。选择该项后，同样不需要进行任何设置直接将其导出为 wmf 格式文件。

（3）【Adobe Illustrator（*.ai）】：选择该项后，在不需要进行任何设置的前提下，可以将动画导出为 Adobe Illustrator 软件支持的矢量图形文件。

（4）【位图（*.bmp）】、【JPEG 图像（*.jpg）】、【GIF 图像（*.gif）】、【PNG 图像（*.png）：这些都是使用非常广泛的位图图像，选择该项后，在弹出的相对应的对话框中可以设置导出图像的不同选项。

步骤5　单击 保存(S) 按钮，弹出如图 11-7 所示的【导出 JPEG】对话框，在其中可以设置导出图像的尺寸、分辨率、品质以及是否渐进式显示等。

步骤6　单击 确定 按钮，将制作动画以【导出 JPG】对话框中设置参数导出为 jpg 图像，此时会出现一个如图 11-8 所示的【正在导出】进度条。

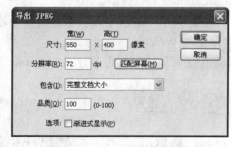

图 11-7　【导出 JPG】对话框　　　　　　图 11-8　【导出 JPG】对话框

步骤7　进度条结束后，完成图像导出的操作，在刚才的保存路径中即可查看到刚才导出的图像文件"火箭升空.jpg"。

11.2.2　导出动画文件

将 Flash 动画导出为动画的操作通过单击菜单栏中的【文件】|【导出】|【导出影片】命令，在弹出的【导出影片】对话框进行设置，不仅可以导出为常用的 swf、avi、mov 动画文件，还可以将影片导出为图像序列，下面将导出 avi 格式为例来学习导出动画文件的具体操作。

步骤1 单击菜单栏中的【文件】|【打开】命令，打开本书配套光盘"第 11 章/素材"目录下的"火箭升空.fla"文件。

步骤2 单击菜单栏中的菜单栏中的【文件】|【导出】|【导出影片】命令，弹出如图 11-9 所示的【导出影片】对话框。

步骤3 在【保存在】下拉列表中可以选择所要导出动画的保存路径，在【文件名】文本框中可以输入所要导出动画的名称，在此使用默认的"火箭升空"。

步骤4 在【保存类型】下拉列表中可以选择所要导出动画的文件类型，在此选择【Windows AVI（*.avi）】，如图 11-10 所示。

图 11-9　【导出影片】对话框　　　　　图 11-10　【导出影片】对话框

（1）【Windows AVI（*.avi）】：选择该项，在弹出的【导出 Windows AVI】对话框中可以设置选项，从而将文档导出为 Windows 视频，但是会丢弃所有的交互性，如果要在视频编辑应用程序中打开 Flash 动画而言，这是一个好的选择。

（2）【QuickTime（*.mov）】：选择该项，可以将文档导出为 QuickTime 文件，使之可以以视频流的形式或通过 DVD 进行分发，或者可以在视频编辑应用程序（如 Adobe Premiere Pro）中使用。

（3）【动画 GIF（*.gif）】：选择该项，在弹出的【导出 GIF】对话框中可以设置选项，从而将文档导出为 GIF 简单动画，以便在网页中使用。

（4）【WAV 音频（*.wav）】：选择该项，在弹出的【导出 Windows WAV】对话框中可以设置声音格式，从而将当前文档中的声音文件导出为单个的 WAV 文件。

（5）【EMF 序列（*.emf）】：选择该项，不需要进行任何设置直接将其导出为 emf 格式的图像序列文件。

（6）【WMF 序列（*.wmf）】：选择该项，不需要进行任何设置直接将其导出为 wmf 格式的图像序列文件。

（7）【位图序列（*.bmp）】、【JPEG 序列文件（*.jpg）】、【GIF 序列文件（*.gif）】和【PNG 序列文件（*.png）】：选择该项，在弹出的相对应的对话框中可以设置导出图像序列的不同选项，从而将当前文档导出为 bmp、jpg、gif 和 png 格式的图像序列文件。

步骤5 单击 保存(S) 按钮，弹出如图 11-11 所示的【导出 Windows AVI】对话框，在其中可以设置导出动画的尺寸、视频格式以及声音格式等。

步骤6 单击 确定 按钮，将制作动画以【导出 Windows AVI】对话框中设置参数导出为 avi 动画视频，此时会出现一个如图 11-12 所示的【正在导出 AVI 影片】进度条。

步骤7 进度条结束后，完成 avi 动画的导出操作，在刚才的保存路径中即可查看到刚才导出的图像文件"火箭升空.avi"。

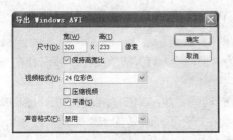

图 11-11 【导出 Windows AVI】对话框

图 11-12 【正在导出 AVI 影片】进度条

11.3 实例指导：制作 exe 格式动画

　　播放 Flash 动画需要专门的 Flash 动画播放器，即 Flash Player。如果大家的计算机中安装了 Flash 软件，就会自动安装 Flash Player，从而方便大家观看制作的 Flash 动画效果。但是，如果观看动画的用户没有安装 Flash Player，也没有安装用于播放 Flash 动画的其他插件，则相应地观看不到动画效果。针对这一情况，我们就可以将制作的 swf 格式的动画转换为 exe 格式，下面以"演唱会"为例来学习具体操作，其动画效果如图 11-13 所示。

图 11-13 "演唱会"动画效果

制作"演唱会.exe"动画——具体步骤

步骤1 单击菜单栏中的【文件】|【打开】命令，打开本书配套光盘"第 11 章/素材"目录下的"演唱会.fla"文件，如图 11-14 所示。

图 11-14 打开的"演唱会.fla"文件

步骤2 单击菜单栏中的【文件】|【导出】|【导出影片】命令，弹出【导出影片】对话框，在其中的【文件名】输入框中输入"演唱会"，如图 11-15 所示。

步骤3 单击 保存(S) 按钮，将制作的动画文件导出为"演唱会.swf"播放文件，并保存在与 fla 文件同一个目录中。

步骤4 通过资源管理器找到刚才导出的"演唱会.swf"动画文件，双击它，此时打开 Flash Player 动画播放器并且进行动画的播放，可以观看到在灯光不断旋转的炫酷舞台上，一个卡通人物正在放声歌唱的动画效果，如图 11-16 所示。

图 11-15 【导出影片】对话框

图 11-16 通过 Flash Player 观看的动画效果

步骤5 在 Flash Player 动画播放器中，单击菜单栏中的【文件】|【创建播放器】命令，弹出【另存为】对话框，在其中的【文件名】输入框中输入"演唱会"，如图 11-17 所示。

图 11-17 【另存为】对话框

步骤6 单击 保存(S) 按钮，即可以将"演唱会.swf"动画文件转换为"演唱会.exe"文件，这样就可以在任何的一台计算机中进行动画的播放观看了。

Flash   CS 4
11.4 影片发布

完成了对制作动画的优化并测试无误后，除了可以将制作动画进行导出操作外，还可以将其进行发布，Flash 影片的发布格式有多种，可以直接将影片发布为 swf 格式，也可以将影片发布为 html、gif、jpeg、png 等格式。

11.4.1 通过"发布设置"命令发布动画

在影片发布时，可以进一步对发布的文件格式、所处的位置、发布文件的名称等进行设置，通过菜单栏中的【文件】|【发布设置】命令进行操作，具体操作步骤如下：

步骤1 单击菜单栏中的【文件】|【发布设置】命令，可弹出一个用于发布各项设置的【发布设置】对话框，如图 11-18 所示。

（1）【类型】：通过单击勾选，从而指定发布的文件格式，选择文件格式后将出现相应的选项卡，系统默认时选择"Flash（.swf）"和"HTML（.html）"两种类型，因为在浏览器中显示 SWF 文件需要 HTML 文件，不过【Window 放映文件（.exe）】和【Macintosh 放映文件】除外，勾选该项不会出现相应的选项栏，如图 11-19 所示为全部勾选时的显示。

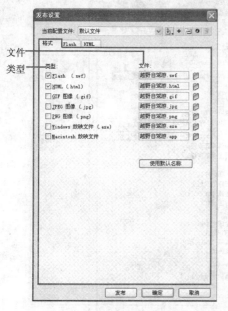

图 11-18 【发布设置】对话框图

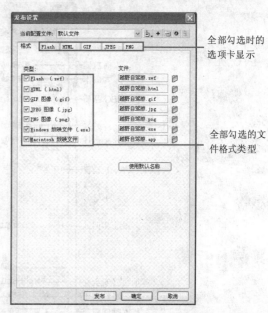

图 11-19 全部勾选【类型】后的选项卡显示

（2）【文件】：用于显示新文件名。新文件名包括两部分，由当前文档名称相对应的默认文件名以及当前文件格式相对应的扩展名组成。单击其右侧的 【选择发布目标】按钮，在弹出的【选择发布目标】对话框中可以选择发布文件的位置，如图 11-20 所示就是发布 swf 文件时的【选择发布目标】对话框。默认情况下，这些文档会发布到与.fla 文件相同的位置，当然也可以在对话框中将文件发布的位置进行重新更改。

步骤2 单击对话框中的 发布 按钮，此时会出现一个如图 11-21 所示【正在发布】进度条。

图 11-20 【选择发布目标】对话框

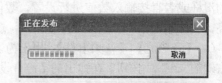

图 11-21 【正在发布】进度条

步骤3　进度条结束后，从而将影片以【发布设置】对话框中设置的文件格式进行发布。

11.4.2　发布为 Flash 文件

在 Flash 软件默认情况下，发布的文件是一个 swf 文件和一个 HTML 文档，下面学习将影片发布为 swf 动画文件的选项设置，具体步骤如下：

步骤1　单击菜单栏中的【文件】|【发布设置】命令，弹出用于发布各项设置的【发布设置】对话框。

步骤2　在【发布设置】对话框中单击对话框中的 Flash 选项卡，从而进行相应的设置，如图 11-22 所示。

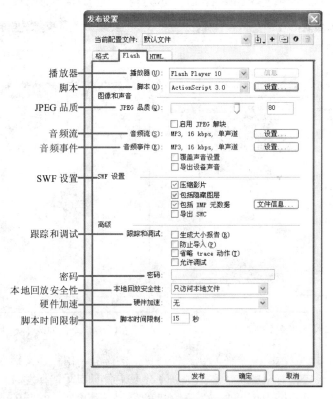

图 11-22　【另存为】对话框

（1）【播放器】：单击该处，在弹出的下拉列表中用户可以选择 Flash Player 1～Flash Player 10、Adobe AIR 1.1、Flash Lite 1.0、Flash Lite 1.1、Flash Lite 2.0、Flash Lite 2.1 和 Flash Lite 3.0 的各种 Flash 播放器版本。

（2）【脚本】：用于选择 ActionScript 版本，有三个选项——ActionScript 1.0、ActionScript 2.0 和 ActionScript 3.0。

（3）【JPEG 品质】：用于压缩影片中使用的 JPEG 位图图像，从而设置其品质，通过拖动右侧的滑杆或者直接输入数值进行设置，数值越小，品质越低，生成的文件就越小；反之则品质越高，文件越大。

（4）【音频流】|【音频事件】：用于为影片中所有音频流和音频事件设置采样率和压缩，单击右侧的　设置...　按钮，在弹出的【声音设置】对话框中可以设置导出动画中声音的压缩格式、比特率与品质等。

1）【覆盖声音设置】：勾选该项，则不再使用在库中设定好了的各种音频属性，而统一使用在这里设置的属性。

2）【导出设备声音】：勾选该项，可以导出适合于设备（包括移动设备）的声音而不是原始库声音。

（5）【SWF 设置】：用于设置导出 SWF 文件的相关选项。

1）【压缩影片】：勾选该项，压缩 SWF 文件以减小文件大小和缩短下载时间。系统默认时该项处于勾选状态。

2）【包括隐藏图层】：勾选该项，则发布 Flash 文档中所有隐藏的图层，反之则不发布隐藏图层。

3）【包括 XMP 元数据】：默认情况下，将在"文件信息"对话框中发布输入的所有元数据。如果想要对其进行设置，可以单击右侧的 文件信息 按钮，在弹出的"文件信息"对话框进行设置。

4）【导出 SWC】：只有使用【ActionScript 3.0】时该项才可用，可以导出 swc 文件，该文件用于分发组件，包含一个编译剪辑、组件的 ActionScript 类文件以及描述组件的其他文件。

（6）【跟踪与调试】：用于使用高级设置或启用对已发布 Flash SWF 文件的调试操作。

1）【生成大小报告】：勾选该项，可以按文件列出最终 Flash 内容中的数据量生成一个扩展名为"txt"的报告。

2）【防止导入】：勾选该项，将无法利用 Flash 应用程序将 SWF 文件导入到其他文件中，勾选该项，可以在下方的选项中设置密码从而保护文件。

3）【省略 trace 动作】：勾选该项，测试影片时，会使 Flash 忽略当前 SWF 文件中的跟踪动作。

4）【允许调试】：勾选该项，可以激活调试器并允许远程调试 Flash SWF 文件。

（7）【密码】：通过在右侧的文本输入框中输入密码从而保护文件。

（8）【本地回放安全性】：单击该处，在弹出的下拉列表中指定设置已发布的 SWF 文件本地安全性访问权，还是网络安全性访问权。

（9）【硬件加速】：用于 SWF 文件能够使用硬件加速，在两个选项——"第 1 级 - 直接"和"第 2 级 - GPU"。

（10）【脚本时间限制】：用于设置 ActionScript 脚本中各个主要语句间的时间间隔不能超过的秒数，默认为 15s。

步骤3 设置完成后，单击对话框下方的 发布 按钮，将文件发布为 swf 文件。

11.4.3　发布为 HTML 文件

在发布 Flash 文件的同时，还可以将其输出成网页的形式，输出网页之前，先介绍一下输出网页选项的设置。要将影片发布为 HTML 的步骤如下：

步骤1 单击菜单栏【文件】|【发布设置】命令，弹出用于发布各项设置的【发布设置】对话框。

步骤2 在【发布设置】对话框中单击对话框中的 HTML 选项卡，从而进行相应的设置，如图 11-23 所示。

（1）【模板】：用于选择 HTML 文件使用的模板，共有 11 种模板方式可供选择。用户可以根据输出的需要选择不同的选项，单击右侧的 信息... 按钮，在弹出的【HTML 模板信息】对话框中可以查看每一种模板的说明。

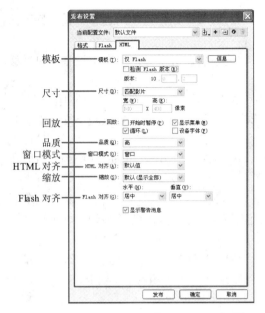

图 11-23 【发布设置】对话框图

（2）【尺寸】：用于设置 HTML 文件的尺寸，共有 3 种选择。

1）【匹配影片】：系统默认时的选项，使用当前影片的大小。

2）【像素】：在【宽】与【高】选项中输入数量，从而设置动画文件的宽度与高度，以像素为单位。

3）【百分比】：根据浏览器窗口的百分比比例确定动画文件的百分比比例，以百分比为单位。

（3）【回放】：用于设置浏览器中 Flash 播放器的相关属性。

1）【开始时暂停】：勾选该项，一直暂停播放影片，直到要求播放时才会取消暂停，系统默认时不勾选该项。

2）【显示菜单】：勾选该项，在发布的影片中单击鼠标右键，可以弹出一个用于放大、缩小、品质以及打印等设置的快捷菜单。

3）【循环】：勾选该项，影片播放到最后一帧后会重复播放。

4）【设备字体】：勾选该项，用消锯齿的系统字体替换未安装在用户系统上的字体，只适用于 Windows 环境。

（4）【品质】：用于设置 Flash 动画的播放质量，单击该处，在弹出的下拉列表中进行不同品质的设置。

（5）【窗口模式】：用于决定 HTML 页面中 Flash 动画背景透明的方式，有【窗口】、【不透明无窗口】和【透明无窗口】三个选项。

（6）【HTML 对齐】：用于设置 Flash 动画在 HTML 页面中的对齐方式，有【默认】、【左对齐】、【右对齐】、【顶部】、【底部】五个选项。

（7）【缩放】：用于设置 HTML 页面中 Flash 动画的缩放方式，【默认（显示全部）】、【无边框】、【精确匹配】和【无缩放】四个选项。

（8）【Flash 对齐】：用于设置 Flash 动画在窗口中的位置，可以设置其放置的位置，也可以进行影片边缘的裁减。

步骤3 设置完成后，单击对话框下方的 发布 按钮，将文件发布为 HTML 文件。

11.4.4 发布为 GIF 文件

GIF 文件是支持 256 色的位图文件格式，采用无损压缩存储，在不影响图像质量的情况下，可以生成很小的文件，并且支持透明色，可以使图像浮现在背景之上。基于其众多优点，使得 GIF 文件成为浏览器普遍支持的图形文件格式，将影片发布为 GIF 文件的具体步骤如下：

步骤1 单击菜单栏中的【文件】|【发布设置】命令，弹出用于发布各项设置的【发布设置】对话框。

步骤2 在【发布设置】对话框中勾选【类型】下的【GIF 图像（.gif）】选项，从而显示 GIF 选项卡，如图 11-24 所示。

步骤3 单击对话框中的 GIF 选项卡，进行相应的设置，如图 11-25 所示。

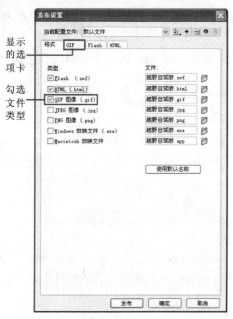

图 11-24 【发布设置】对话框图

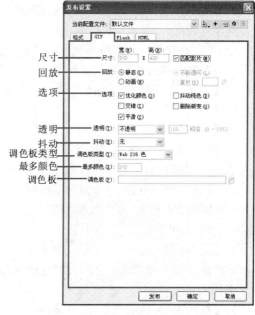

图 11-25 【发布设置】对话框 GIF 选项卡

（1）【尺寸】：用于设置发布 GIF 文件的大小。

1）【宽】与【高】：用于设置发布文件的宽度与高度，以像素为单位。

2）【匹配影片】：勾选该项，则发布的文件与影片大小相同或保持相同的宽高比。

（2）【回放】：用于决定播放的为静止图像还是 GIF 动画。

1）【静态】：勾选该项，则创建的为静止图像。

2）【动画】：勾选该项，则创建的为 GIF 动画，并可以在右侧设置创建动画【不断循环】以及【重复】的次数。

（3）【选项】：用于指定导出的 GIF 文件的外观设置范围。

1）【优化颜色】：勾选该项，将从 GIF 文件的颜色表中删除所有不使用的颜色。此选项会使文件大小减小 1000～1500 个字节，而且不影响图像品质，只是稍稍提高了内存要求。该选项不影响最适色彩调色板（最适色彩调色板会分析图像中的颜色，并为选定的 GIF 文件创建一个唯一的颜色表）。

2）【抖动纯色】：勾选该项，用于抖动纯色和渐变色。

3）【交错】：勾选该项，下载导出的 GIF 文件时，会在浏览器中逐步显示该文件，使用户能在文件完全下载之前就能看到基本的图形内容，并能在较慢的网络连接中以更快的速度下载。

4)【删除渐变】：勾选该项，用渐变色中的第一种颜色将 SWF 文件中的所有渐变填充转换为纯色，默认情况下处于关闭状态。

5)【平滑】：勾选该项，消除导出位图的锯齿，从而生成较高品质的位图图像，并改善文本的显示品质。但是，平滑可能导致彩色背景上已消除锯齿的图像周围出现灰色像素的光晕，并且会增加 GIF 文件的大小。如果出现光晕，或者如果要将透明的 GIF 放置在彩色背景上，那么在导出图像时不要使用平滑操作。

（4）【透明】：用于确定应用程序背景的透明度以及将 Alpha 设置转换为 GIF 的方式。

1)【不透明】：选择该项，会将背景变为纯色。

2)【透明】：选择该项，使背景透明。

3）Alpha：选择该项，设置局部透明度。可以输入一个介于 0～255 之间的参数值，值越低，透明度越高。

（5）【抖动】：用于指定如何组合可用颜色的像素以模拟当前调色板中不可用的颜色，可以改善颜色品质，但是也会增加文件大小。

1)【无】：选择该项，关闭抖动，并用基本颜色表中最接近指定颜色的纯色替代该表中没有的颜色。如果关闭抖动，则产生的文件较小，但颜色不能令人满意。

2)【有序】：选择该项，提供高品质的抖动，同时文件大小的增长幅度也最小。

3)【扩散】：选择该项，提供最佳品质的抖动，但会增加文件大小并延长处理时间。而且，只有选定"Web 216 色"调色板时才起作用。

（6）【调色板类型】：用于定义图像的调色板。

1)【Web 216 色】：选择该项，使用标准的 216 色浏览器安全调色板来创建 GIF 图像，这样会获得较好的图像品质，并且在服务器上的处理速度最快。

2)【最合适】：选择该项，会分析图像中的颜色，并为选定的 GIF 文件创建一个唯一的颜色表。此选项对于显示成千上万种颜色的系统而言最佳；它可以创建最精确的图像颜色，但会增加文件大小。

3)【接近 Web 最适色】：选择该项，将接近的颜色转换为 Web 216 色调色板。生成的调色板已针对图像进行优化，但 Flash 会尽可能使用 Web 216 色调色板中的颜色。如果在 256 色系统上启用了 Web 216 色调色板，此选项将使图像的颜色更出色。

4)【自定义】：选择该项，在最下方的【调色板】选项中单击 按钮，在弹出的【打开】对话框中可以自由选择已经针对图像优化的调色板（也称颜色表，其格式为*.ACT）。自定义的调色板处理速度与 Web 216 色调色板的处理速度相同。

（7）【最多颜色】：只有前面的【调色板类型】中的【最合适】和【接近 Web 最适色】选项时该项才可用，用于设置 GIF 图像中使用的颜色数量。选择的颜色数量较少，则生成文件也较小，但可能会降低图像的颜色品质。

步骤4 设置完成后，单击对话框下方的 发布 按钮，将文件发布为 GIF 文件。

11.4.5 发布为 JPEG 文件

JPEG 文件是一种比较成熟的图像有损压缩格式，可以将图像保存为高压缩比的 24 位位图。通常，GIF 格式对于导出线条绘画效果较好，而 JPEG 格式更适合显示包含连续色调（如照片、渐变色或是嵌入位图）的图像。将影片发布为 JPEG 文件的具体步骤如下：

步骤1 单击菜单栏中的【文件】|【发布设置】命令，弹出用于发布各项设置的【发布设置】对话框。

步骤2 在【发布设置】对话框中勾选【类型】下的【JPEG 图像（.jpg)】选项，从而显示【JPEG】
选项卡，如图 11-26 所示。

步骤3 单击对话框中的 JPEG 选项卡，进行相应的设置，如图 11-27 所示。

图 11-26 【发布设置】对话框图

图 11-27 【发布设置】对话框 GIF 选项卡

（1）【尺寸】：用于设置发布 JPEG 文件的大小，参数设置与前面介绍相同。

（2）【品质】：用于拖动或输入一个值，从而控制 JPEG 文件的压缩量。图像品质越低，则
文件越小，反之文件就越大。

（3）【渐进】：勾选该项，可以在 Web 浏览器中逐步显示渐进的 JPEG 图像，因此可在低
速网络连接上以较快的速度显示加载的图像，与前面介绍的【交错】选项类似。

步骤4 设置完成后，单击对话框下方的 发布 按钮，将文件发布为 JPEG 文件。

11.4.6 发布为 PNG 文件

PNG 文件是一种常用的跨平台位图格式，支持高级别无损耗压缩，支持 Alpha 通道透明
度。除非通过输入帧标签 #Static 来标记要导出的其他关键帧，否则 Flash 会将 SWF 文件中
的第一帧导出为 PNG 文件。将影片发布为 PNG 文件的具体步骤如下：

步骤1 单击菜单栏中的【文件】|【发布设置】命令，弹出用于发布各项设置的【发布设置】对
话框。

步骤2 在【发布设置】对话框中勾选【类型】下的【PNG 图像（.png)】选项，从而显示 PNG
选项卡，如图 11-28 所示。

步骤3 单击对话框中的 PNG 选项卡，进行相应的设置，如图 11-29 所示。

（1）【位深度】：用于设置创建图像时要使用的每个像素的位数和颜色数。位深度越高，文
件就越大。

1）【8 位】：选择该项，用于 256 色图像。

2）【24 位】：选择该项，用于数千种颜色的图像。

3）【24 位 Alpha】：选择该项，用于数千种颜色并带有透明度（32 位）的图像。

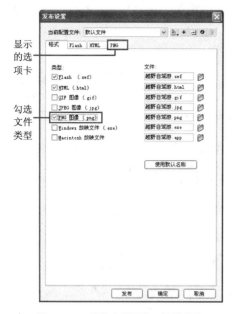

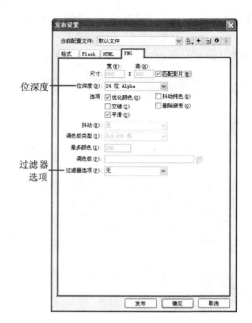

图 11-28　【发布设置】对话框图　　　　　图 11-29　【发布设置】对话框 PNG 选项卡

（2）【过滤器选项】：选择一种逐行过滤方法使 PNG 文件的压缩性更好，并用特定图像的不同选项进行实验。

1）【无】：选择该项，可以关闭过滤功能。

2）【下】：选择该项，可以传递每个字节和前一像素相应字节的值之间的差。

3）【上】：选择该项，可以传递每个字节和它上面相邻像素的相应字节的值之间的差。

4）【平均】：选择该项，可以使用两个相邻像素（左侧像素和上方像素）的平均值来预测该像素的值。

5）【线性函数】：选择该项，可以计算三个相邻像素（左侧、上方、左上方）的简单线性函数，然后选择最接近计算值的相邻像素作为颜色的预测值。

6）【最合适】：选择该项，可以分析图像中的颜色，并为所选 PNG 文件创建一个唯一的颜色表。

步骤4　设置完成后，单击对话框下方的 □ 发布 □ 按钮，将文件发布为 PNG 文件。

11.4.7　发布预览

发布预览是指在进行文件发布的同时，通过默认的浏览器进行预览。单击菜单栏中的【文件】|【发布预览】命令，在弹出的子菜单中即可选择想要预览的文件格式，共有七个选项，如图 11-30 所示。系统默认时，"默认（D）－（HTML）F12"、"Flash"和"HTML"为可用状态，其他选项为灰色，为不可用状态；如果想要发布预览这些灰色不可用的文件格式，可以通过在【发布设置】对话框中勾选【类型】选项进行发布文件格式的指定。

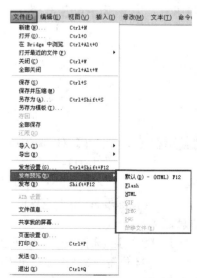

图 11-30　"发布预览"命令

Flash

11.5　实例指导：发布网页动画

　　Flash 应用十分广泛，其中网页动画是 Flash 最为基本的应用，例如网页中比较常用的片头、Flash Banner、Flash 导航条等，本节以"越野自驾游"动画为例学习这些网页动画的发布，其动画效果如图 11-31 所示。

图 11-31　"越野自驾游"动画效果

发布"越野自驾游"网页动画——具体步骤

步骤1　单击菜单栏中的【文件】|【打开】命令，打开本书配套光盘"第 11 章/素材"目录下的"越野自驾游.fla"文件，如图 11-32 所示。

图 11-32　打开的"越野自驾游.fla"文件

步骤2　单击菜单栏中的【文件】|【发布设置】命令，在弹出的【发布设置】对话框中的【格式】选项卡中使用默认的"Flash（.swf）"和"HTML（.html）"两种文件格式类型，并在右侧相应的【文件】输入框中使用默认的文件名，如图 11-33 所示。

步骤3 单击【Flash】选项卡，在其中设置【播放器】为"Flash player 10"、【脚本】为"ActionScript 3.0"、【JPEG 品质】参数值为 100，如图 11-34 所示。

图 11-33 【发布设置】对话框

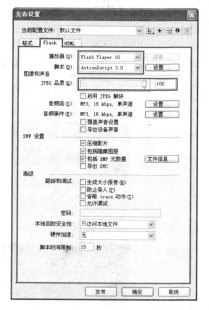

图 11-34 【Flash】选项卡的设置

步骤4 单击【HTML】选项卡，在其中取消勾选【检测 Flash 版本】选项，如图 11-35 所示。

步骤5 设置完成后，单击下方的 发布 按钮，即可将文件发布为一个"越野自驾游.swf"文件和一个"越野自驾游.html"网页文件。

步骤6 双击刚才发布的"越野自驾游.html"文件，在默认的网页浏览器可以看到在优美清凉海边、两辆越野车跃入画面、同时伴有标题文字由透明到显示，而且提供在线报名的 Flash 动画，如图 11-36 所示。

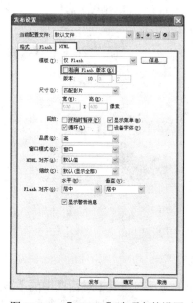

图 11-35 【HTML】选项卡的设置

图 11-36 网页浏览器中的显示效果

第 4 篇

冲 刺 篇

▶ 第 12 章　Flash 动画综合应用实例

第 12 章

Flash 动画综合应用实例

内容介绍

　　由于 Flash 制作动画文件具有容量小，交互性强，速度快，支持声音、视频多媒体元素等特性，所以 Flash 动画在网络与移动领域得到广泛应用，如使用 Flash 制作的网络广告、教师使用的课件、网上喜闻乐见的 Flash 小游戏等。本章中将通过实例讲解 Flash 在网络与移动媒体的几个重要应用，包括 Flash 贺卡、Flash 课件、Flash 游戏、手机屏保以及 Flash 网站。

学习重点

- ▶ Flash 贺卡的制作
- ▶ Flash 课件的制作
- ▶ Flash 游戏的制作
- ▶ 手机屏保的制作
- ▶ Flash 网站的制作

12.1 Flash 贺卡的制作

随着网络的推广，Flash 贺卡作为一种全新的问候形式越来越被人们所热衷，与传统贺卡相比，Flash 贺卡互动性更强、表现形式更多样化，已经成为朋友之间传递祝福的新时尚。

12.1.1 创意与构思

Flash 贺卡丰富多彩，种类齐全，有生日贺卡、节日贺卡、问候贺卡、爱情贺卡等等，在一个特定的日子里收到远方的祝福，可以更好地表达了亲人、朋友的亲情与友情……

本节将以"贺卡.fla"为例来学习 Flash 贺卡的制作方法，其动画效果如图 12-1 所示。这是一个圣诞贺卡，因此少不了雪花、圣诞树等元素的加入，同时将红色作为主色调可以很好地表达喜庆气氛。在动画制作方面，通过单击按钮控制页面的交互。首先出现在人们面前的是一个水晶球，并配合需要点击查看的圣诞祝福文字；然后无论单击水晶球，还是文字都会进入到贺卡的内容画面，这时就会随着音乐的响起，星星、圣诞雪人、圣诞树等元素在不同时段中不断出现，从而可以更好地表达圣诞祝福，如果想再次观看，又可以单击"replay"文字的"返回按钮"按钮元件重新进行播放。

图 12-1 Flash 贺卡的动画效果

12.1.2 开始画面动画的制作

在本实例中，开始画面的操作很简单，主要包括三个元素，分别是用于渲染气氛的红色背景、水晶球和圣诞祝福文字。

开始画面动画的制作——具体步骤

步骤1 启动 Flash CS4，创建一个空白的 Flash 文档，然后在【文档属性】对话框中设置文档属性的各项参数如图 12-2 所示。

步骤2 将"图层 1"图层重新命名为"底图 1"，然后导入本书配套光盘"第 12 章/素材"目录下的"贺卡底图.jpg"图像，并通过【信息】面板调整其大小及位置与舞台相等。

步骤3 在【时间轴】面板的"底图 1"图层第 200 帧处插入普通帧，从而设置动画播放时间为 200 帧。

步骤4 在"底图 1"图层之上创建新层"水晶球"，然后导入本书配套光盘"第 12 章/素材"目录下的"Christmas-house.png"图像，将其调整到舞台中的中心位置处，如图 12-3 所示。

图 12-2　【文档属性】对话框

图 12-3　导入的"Christmas-house.png"图像

步骤5 将"Christmas-house.png"图像转换为"水晶球"影片剪辑元件，然后双击舞台中的"水晶球"影片剪辑元件，进入到该元件编辑窗口中。

步骤6 在【时间轴】面板的"图层 1"图层第 10 帧处插入普通帧，从而设置动画播放时间为 10 帧。

步骤7 在"图层 1"图层之上创建新层"图层 2"，然后在该层第 2 帧处插入关键帧。

步骤8 打开本书配套光盘"第 12 章/素材"目录下的"发光.fla"文件，将舞台中的"发光"影片剪辑实例复制到刚才创建文档中，并在【属性】面板中将该实例的"色彩效果"选项中的"Alpha"参数设置为 50%，如图 12-4 所示。

步骤9 在"图层 2"图层之上创建新层"图层 3"，然后绘制一个如图 12-5 所示的图形，使其与下方"水晶球"影片剪辑实例中的玻璃罩形态相似。

图 12-4　调整"Alpha"参数后的"发光"影片剪辑实例

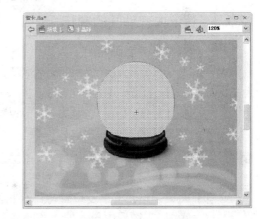

图 12-5　绘制的图形形态

步骤10 在【时间轴】面板的"图层 3"图层处单击鼠标右键，选择弹出菜单中的【遮罩层】命令，将"图层 3"图层设为遮罩层，其下的"图层 2"图层也相应设为被遮罩层。

步骤11 在"图层 3"图层之上创建新层"图层 4"，并在该层第 10 帧处插入关键帧，然后分别选择第 1 帧和第 10 帧，展开【动作】面板，在其中依次输入"stop();"命令，设置动画到该帧处停止。

步骤12 将当前编辑窗口切换到场景的编辑窗口中，然后在"水晶球"图层之上创建新层"开始按钮"，并在舞台中再次绘制一个如图 12-6 所示的图形。

步骤13 将绘制的图形转换为"圆形开始"按钮元件，然后进入到该元件编辑窗口中，将"弹起"帧处的关键帧拖曳到"点击"帧处，从而设置该按钮在舞台中不显示效果，而只有点击时的响应区域。

步骤14 切换到场景的编辑窗口中，然后在舞台中输入黄色文字"圣诞礼物派送来咯，大家可要接住哦"，并为其添加"发光"和"投影"滤镜，如图 12-7 所示。

图 12-6　绘制的图形形态

图 12-7　添加滤镜后的黄色文字

步骤15 将黄色文字转换为"文字开始"按钮元件，然后进入到该元件编辑窗口中，在"指针经过"帧处插入关键帧，设置该帧处文字为白色，在"单击"帧处绘制一个与文字区域大小相等的矩形，设置该按钮的响应区域，到此"文字开始"按钮创建完成。

步骤16 切换到场景的编辑窗口中，然后分别在"开始按钮"和"水晶球"图层的第 5 帧处插入空白关键帧，设置动画到该帧处停止，到此 Flash 贺卡的开始画面制作完成，单击菜单栏中的【文件】|【保存】命令，将其保存为"贺卡.fla"文件。

12.1.3　贺卡内容动画的制作

相比前一节中开始画面的动画制作来说，贺卡内容动画的制作较为复杂一些，为了便于读者练习，在此为各动画元素添加不同类型的动画，包括为星星元素制作运动引导的补间动画，为圣诞雪人添加 3D 旋转的补间动画，并设置在一定区域内显示的遮罩动画，为圣诞文字创建一闪一闪的传统补间动画，以及为"replay"元件创建左右摆动的补间动画等。

贺卡内容动画的制作——具体步骤

步骤1 继续前面的操作，在"底图 1"图层之上创建新层"底图 2"，然后在该层第 5 帧处插入关键帧，并导入本书配套光盘"第 12 章/素材"目录下的"圣诞节.jpg"图像，通过【信息】面板调整其大小及位置与舞台相等。

步骤2 将"底图 2"图层中导入的"圣诞节.jpg"图像转换为"底图"影片剪辑元件，然后在该层第 40 帧处插入关键帧。

步骤3 选择第 5 帧处的"底图"影片剪辑实例，在【属性】面板中"色彩效果"选项的"高级"样式下设置参数如图 12-8 所示。

步骤4 在【时间轴】面板中"底图 2"图层第 5 帧与第 40 帧间创建传统补间动画，并设置"缓动"为-50，从而创建"底图"影片剪辑实例由透明到完全显示的色调加速变化的传统补间动画。

步骤5 在"底图 2"图层之上创建新层"星星"，然后在该层第 5 帧处插入关键帧，并创建一个名称为"星星图形"的影片剪辑元件，在舞台中绘制一个如图 12-9 所示的白色星星图形。

图 12-8　【属性】面板

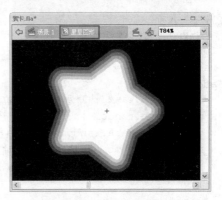

图 12-9　绘制的白色星形

提示　在绘制上图中的白色星形时，读者可以首先在舞台中绘制一个白色五角形，然后对其执行菜单栏中的【修改】|【形状】|【柔化填充边缘】命令，即可创建出带有外侧柔化效果的星形。

步骤6 切换到场景的编辑窗口中，将"星星图形"元件从【库】面板拖曳到舞台右上角处，并将其转换为"星星运动路径"影片剪辑元件，然后进入到"星星运动路径"影片剪辑元件的编辑窗口中，在舞台中绘制一个路径，如图 12-10 所示。

步骤7 选择绘制的路径，按 Ctrl+X 组合键，将其剪切，然后选择舞台中的"星星图形"影片剪辑实例，单击鼠标右键，选择"创建补间动画"命令，然后按 Ctrl+V 组合键，将刚才剪切的路径复制给该元件，从而创建出该元件的运动引导的补间动画。

步骤8 在【时间轴】面板中选择第 1 帧到第 30 帧的补间范围，然后将光标放置在第 30 帧处的分界面处按住鼠标拖曳，将其拖曳到第 85 帧处，从而将补间动画的播放时间加长为 85 帧。

步骤9 切换到场景的编辑窗口中，将"星星运动路径"元件转换为"星星动画"影片剪辑元件，然后选择【库】面板中"星星运动路径"元件，单击鼠标右键，在弹出菜单中选择"属性"命令，在弹出的【元件属性】对话框中设置【类】名称为"star"，如图 12-11 所示。

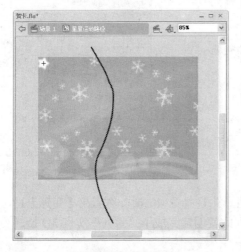

图 12-10　绘制的路径

图 12-11　绘制的路径

步骤10 在舞台中双击"星星动画"影片剪辑实例,进入该元件编辑窗口中,在"图层 1"图层之上创建新层"图层 2",展开【动作】面板,在第 1 帧处输入如下所示的动作脚本:

```
var i:Number = 1;
addEventListener(Event.ENTER_FRAME,xx);
function xx(event:Event):void {
var x_mc:star = new star();
addChild(x_mc);
x_mc.x=Math.random()*400;//x轴位置
x_mc.y=Math.random()*300;//y轴位置
x_mc.scaleX=Math.random();//x轴方向的比例大小
x_mc.scaleY=x_mc.scaleX;//x、y轴方向等比例缩放大小
x_mc.alpha=Math.random();//x、y轴方向等比例缩放大小
i++;
if(i>60){
this.removeChildAt(1);
i=60;
}
}
```

步骤11 切换到场景的编辑窗口中,在"星星"图层之上创建新层"雪人",并在该层第 40 帧处插入关键帧,导入本书配套光盘"第 12 章/素材"目录下的"snow.ai"图形,将其调整到舞台右下角处并进行水平反转,如图 12-12 所示,然后将其转换为 "雪人"影片剪辑元件。

步骤12 创建一个名称为"雪人动画"的影片剪辑元件,然后将【库】面板中的"雪人"元件拖曳到舞台中心位置处,然后为舞台中的"雪人"影片剪辑实例创建补间动画,并设置该动画的播放时间为 40 帧。

步骤13 在【时间轴】面板中按住 Ctrl 键盘的同时单击选择第 20 帧,然后在【变形】面板中将"3D 旋转"的"Y"参数设置为-25,如图 12-13 所示。

图 12-12 调整后的雪人图形

图 12-13 【变形】面板

步骤14 在【时间轴】面板中按住 Ctrl 键盘的同时单击选择第 40 帧,然后在【变形】面板中将"3D 旋转"的"Y"参数重新设置为 0,到此就创建完成了"雪人"实例 3D 旋转变形的补间动画。

步骤15 切换到场景的编辑窗口中,然后在"雪人"图层第 90 帧处插入关键帧,并将第 40 帧处

"雪人"实例垂直向下移动一段距离，如图 12-14 所示，然后在【时间轴】面板"雪人"图层第 40 帧与第 90 帧处创建"雪人"实例由下向上移动的传统补间动画。

步骤16 在"雪人"图层之上创建新层"雪人遮罩"图层，并在该层第 40 帧处插入关键帧，绘制一个可以将"雪人"实例全部遮住的图形，如图 12-15 所示，然后将该层设为遮罩层，从而创建出"雪人"实例的遮罩动画。

图 12-14　第 40 帧处的"雪人"实例　　　　　　　　图 12-15　绘制的图形

步骤17 在"雪人遮罩"图层之上创建新层"圣诞文字"图层，然后在该层第 90 帧处插入关键帧，在舞台右上角处输入相关圣诞文字，并添加"发光"和"模糊"滤镜，如图 12-16 所示，并将其转换为"圣诞快乐文字动画"影片剪辑元件。

步骤18 双击舞台中的"圣诞快乐文字动画"影片剪辑实例，进入到该编辑窗口中，然后再次选择输入的文字，将其转换为"圣诞快乐文字"的影片剪辑元件。

步骤19 分别在"图层 1"图层第 30 帧和第 60 帧处插入关键帧，然后在【属性】面板中调整第 30 帧处的"圣诞快乐文字"实例的"色彩效果"选项的参数如图 12-17 所示。

图 12-16　输入并添加滤镜后的文字　　　　　　　　图 12-17　【属性】面板

步骤20 分别在"图层 1"图层第 1 帧至第 30 帧、第 30 帧至第 60 帧间创建传统补间，从而创建出"圣诞快乐文字"一闪一闪的传统补间动画效果。

步骤21 切换到场景的编辑窗口中，为"圣诞快乐文字动画"影片剪辑实例创建补间动画。并在"圣诞文字"图层第 130 帧处插入一个位置属性关键帧。

步骤22 选择第 90 帧处的属性关键帧，然后垂直向上移动，调整位置如图 12-18 所示。

步骤23 在【时间轴】面板中选择"圣诞文字"图层已经创建的补间范围，然后在【动画编辑器】面板的【色彩效果】属性类型中单击【添加颜色、滤镜或缓动】✛按钮，选择弹出菜单中"Alpha"，并在右侧的"曲线图"中的第130帧处插入关键帧，设置"Alpha"的参数为100%。

步骤24 在【动画编辑器】面板中单击【转到上一个关键帧】◀按钮，选择"曲线图"第1帧，并设置"Alpha"的参数为0%，到此创建完成相关圣诞文字由上向下淡入的补间动画效果。

步骤25 在"开始按钮"图层之上创建新层"返回按钮"，并在该层第180帧处插入关键帧，然后输入文字"Replay"，并添加"发光"与"投影"滤镜，如图12-19所示。

图12-18　第90帧处的属性关键帧

图12-19　输入的文字

步骤26 将输入的"Replay"文字转换为"返回按钮"按钮元件，进入到该元件的编辑窗口中，在"指针经过"帧处插入关键帧，然后选择该帧处的文字，将其转换为"replay"影片剪辑元件，在"点击"帧处绘制一个与文字大小相等的矩形，作为该按钮的响应区域。

步骤27 在【库】面板中双击"replay"影片剪辑元件，进入到该元件编辑窗口中，在"图层1"图层中创建补间动画，并设置补间范围为15帧，然后在【变形】面板中设置"旋转"参数为-15。

步骤28 分别在"图层1"图层第7帧和第15帧处插入属性关键帧，然后选择第7帧处的属性关键帧，在【变形】面板中设置"旋转"参数为7，这样就创建出"Replay"文字左右摆动的补间动画效果。

步骤29 切换到场景的编辑窗口中，然后在"返回按钮"图层第180帧和第200帧之间创建"返回按钮"按钮实例由下向上淡入的补间动画效果。

步骤30 在"返回按钮"图层之上创建新层"music"，并在该层第5帧处插入关键帧，然后创建一个名称为"声音"影片剪辑元件，并在"图层1"图层第600帧处插入普通帧，然后将本书配套光盘"第12章/素材"目录下的"圣诞音乐.mp3"声音添加至此，设置该声音动画的播放时间为600帧。

步骤31 切换到场景的编辑窗口中，将"声音"影片剪辑元件从【库】面板拖曳到"music"图层第5帧。

步骤32 在"music"图层之上创建新层"遮底"，然后在舞台中绘制一个中空的黑色矩形，设置中间的空出部分与舞台大小相同，从而将舞台外的区域遮住，如图12-20所示。

步骤33 到此Flash贺卡的贺卡内容动画制作完成，单击菜单栏中的【文件】|【保存】命令，将文件保存。

12.1.4 添加 ActionScript 动作脚本

到此，Flash 贺卡中的内容全部制作完成后，接下来需要实现动画的交互，通过设置 ActionScript 动作脚本来完成。

添加 ActionScript 动作脚本——具体步骤

步骤 1 继续前面的操作，分别选择第 1 帧处的"圆形开始"和"文字开始"按钮实例，在【属性】面板中设置实例名称为"but_sj"和"but_play"，选择舞台中右下角的"返回按钮"实例，设置实例名称为"but_re"。

步骤 2 在"遮底"图层之上创建新层"帧标签"，然后选择第 1 帧，在【属性】面板中设置帧"标签"的名称为"start"，如图 12-21 所示。

图 12-20 绘制的黑色矩形

图 12-21 【属性】面板

步骤 3 在"帧标签"图层第 5 帧处插入关键帧，然后设置该帧处的"标签"的名称为"bofang"。

步骤 4 在"帧标签"图层之上创建新层"as"，然后选择第 1 帧处的关键帧，在【动作】面板中输入如下动作脚本。

```
stop();
function playmovie(event:MouseEvent):void
{
    shuijing.gotoAndPlay(2);
}
but_play.addEventListener(MouseEvent.MOUSE_OVER,playmovie);
but_sj.addEventListener(MouseEvent.MOUSE_OVER,playmovie);
function stopmovie(event:MouseEvent):void
{
    shuijing.gotoAndStop(1);
}
but_play.addEventListener(MouseEvent.MOUSE_OUT,stopmovie);
but_sj.addEventListener(MouseEvent.MOUSE_OUT,stopmovie);
function playsc(event:MouseEvent):void
{
    gotoAndPlay("bofang");
}
but_play.addEventListener(MouseEvent.MOUSE_DOWN,playsc);
but_sj.addEventListener(MouseEvent.MOUSE_DOWN,playsc);
```

步骤5 到此动画全部制作完成，按 Ctrl+Enter 组合键对影片进行测试。如果影片测试无误，单击菜单栏中的【文件】|【保存】命令，将文件进行保存。

Flash　　　　　　　　　　　　　　　　　　　　　　　　　　　　　　　　**CS 4**
12.2　Flash 课件的制作

Flash 是目前最流行的课件制作软件之一，它可以将抽象的知识以动画的形式生动地表现出来，帮助学生理解抽象内容，利用 Flash 中内置的 ActionScript 语言，制作出各类交互性课件，极大丰富和增强课件的教学功能。采用 Flash 制作课件的优点很多，包括文件小、无级缩放不变形、学习简单、修改容易、交互式多媒体集成、使用非常方便的素材库和可以打包成可执行文件等。集众多优点于一身的 Flash 已经成为众多教育从业人员制作课件的首选软件之一。

12.2.1　创意与构思

根据科目的不同，Flash 课件的种类也不同。本节通过一个"幼儿英语课件.fla"实例来学习 Flash 课件的制作方法，其动画效果如图 12-22 所示。因为这是一个幼儿课件，因此在颜色方面采用鲜亮颜色，同时添加元素也是以卡通为主，包括各种鲜亮的水果、飞舞的蝴蝶等；在动画制作方面，通过单击不同的卡通水果按钮，在舞台白色区域显示不同的水果图形、中英文说明文字，随之会响起悦耳的英文单词声音。作为课件的一种简单类型，希望读者能够熟练掌握，并举一反三，根据自己的喜好制作出其他的课件。

图 12-22　Flash 课件的动画效果

12.2.2　开始画面动画的制作

在本实例中，开始画面主要用于表现课件的标题内容，也就是在一个绿色的鲜艳背景中添加醒目的标题文字，当然还需要设置一个卡通苹果按钮，用于控制单击该按钮进入到课件的内容画面中。

开始画面动画的制作——具体步骤

步骤 1 启动 Flash CS4，创建一个空白的 Flash 文档，然后在【文档属性】对话框中设置文档属性的各项参数如图 12-23 所示。

图 12-23 【文档属性】对话框

步骤 2 将"图层 1"图层重命名为"背景 1"，然后导入本书配套光盘"第 12 章/素材"目录下的"课件背景 1.jpg"图像，并通过【信息】面板调整其大小及位置与舞台相等。

步骤 3 在【时间轴】面板的"背景 1"图层第 260 帧处插入普通帧，从而设置整个动画播放时间为 260 帧，在第 2 帧处插入空白关键帧，设置该层图像只显示一帧。

步骤 4 在"背景 1"图层之上创建新层"蝴蝶"，然后将本书配套光盘"第 12 章/素材"目录下的"蝴蝶.fla"中的"蝴蝶"影片剪辑元件复制到当前文档中，对其进行变形调整并添加投影效果，如图 12-24 所示。

步骤 5 在"蝴蝶"图层之上创建新层"文字"，然后在舞台中输入白色文字"幼儿趣味英语"和"youer quwei yingyu"，并为其添加"发光"和"投影"滤镜，如图 12-25 所示。

图 12-24 复制并添加投影后的"蝴蝶"实例效果

图 12-25 输入并添加滤镜后的文字效果

步骤 6 在"文字"图层之上创建新层"文字动画"，然后将舞台中的"幼儿趣味英语"复制到"文字动画"图层原来的位置处，并将其转换为"文字动画"影片剪辑元件。

步骤 7 进入到"文字动画"影片剪辑元件的编辑窗口中，将"幼儿趣味英语"文字分离为一个个单独的文本框，并分别转换为"幼"、"儿"、"趣"、"味"、"英"和"语"影片剪辑元件，并将其分散到各层中。

步骤 8 选择舞台中的"幼"、"儿"、"趣"、"味"、"英"和"语"影片剪辑实例，然后为其创建慢慢放大淡出的补间动画，并设置补间范围为第 1 帧到 30 帧。

步骤 9 在【时间轴】面板中将刚才创建的多余图层删除，并设置各文本影片剪辑实例所处图层不同的起始帧，最后将该动画的播放时间设为 150 帧，如图 12-26 所示。

步骤 10 切换到场景的编辑窗口中，在【时间轴】面板中将"文字动画"图层拖曳到"文字"图层之下，然后在"文字"图层之上创建新层"进入按钮"，创建一个名称为"进入按钮"按钮元件，并在该元件编辑窗口中导入本书配套光盘"第 12 章/素材"目录下的"苹果图标.png"图像，如图 12-27 所示。

步骤 11 将导入的"苹果图标.png"图像转换为"苹果图标"影片剪辑元件，然后在"指针经过"帧处插入关键帧，通过添加"调整颜色"滤镜设置该帧处的"苹果图标"影片剪辑实例为绿色，如图 12-28 所示，最后在"点击"帧处插入关键帧。

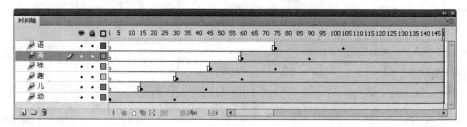

图 12-26 　【时间轴】面板

图 12-27　导入的"苹果图标.png"图像

图 12-28　"指针经过"帧处的实例效果

步骤12　在"图层 1"图层之上创建新层"图层 2"，然后在舞台中输入白色文字"go"，并为其添加"投影"滤镜，如图 12-29 所示，到此该"进入按钮"元件制作完成。

步骤13　切换到场景的编辑窗口中，将刚才创建的"进入按钮"元件拖曳到舞台中，如图 12-30 所示，并设置其"实例名称"为"but_enter"。

图 12-29　制作的"进入按钮"元件效果

图 12-30　"进入按钮"实例在舞台中的效果

步骤14　在【时间轴】面板所有图层第 2 帧处插入空白关键帧，到此 Flash 课件的开始画面制作完成，单击菜单栏中的【文件】|【保存】命令，将其保存为"幼儿英语课件.fla"文件。

12.2.3　课件内容动画的制作

完成了课件开始画面的动画制作后，接下来开始课件内容的动画制作，这一部分的动画制作很简单，读者在制作时只需要制作出一个水果的显示动画，其他通过复制即可。

课件内容动画的制作——具体步骤

步骤1　打开前面保存的"幼儿英语课件.fla"文件，继续前面的操作，在"背景 1"图层之上创建新层"背景 2"，并在该层第 2 帧处插入关键帧，然后导入本书配套光盘"第 12 章/素材"目录下的"课件背景 2.jpg"图像，并通过【信息】面板调整其大小及位置与舞台相等。

步骤2　在【时间轴】面板中，将"蝴蝶"图层第 1 帧处的内容复制到第 2 帧，将"文字"图层中的"幼儿趣味英语"文字复制到第 2 帧，并调整其位置如图 12-31 所示。

步骤3　在"进入按钮"图层之上创建新层"按钮底"，并在该层第 2 帧处插入关键帧，然后在舞台右下方绘制一个矩形（外部轮廓线颜色为白色，内部填充色为白色），如图 12-32 所示。

图 12-31　"蝴蝶"和"文字"图层第 2 帧中的内容显示　　　　图 12-32　绘制的矩形

步骤4　在"按钮底"图层之上创建新层"水果按钮"，并在该层第 2 帧处插入关键帧，然后创建一个名称为"苹果按钮"按钮元件，并在该元件编辑窗口中导入本书配套光盘"第 12 章/素材"目录下的"苹果.png"图像，如图 12-33 所示。

步骤5　将导入的"苹果.png"图像转换为"苹果"影片剪辑元件，然后在"指针经过"帧处插入关键帧，通过添加"调整颜色"滤镜设置该帧处的"苹果"影片剪辑实例为绿色，最后在"点击"帧处插入普通帧，到此该"苹果按钮"按钮元件创建完成。

步骤6　同样方法，分别创建出"西瓜按钮"、"葡萄按钮"、"橙子按钮"、"香蕉按钮"和"梨按钮"，然后切换到场景的编辑窗口中，将刚才创建的水果按钮元件拖曳到舞台下方的矩形处，如图 12-34 所示，并设置自左向右的"实例名称"依次为"but_apple"、"but_pear"、"but_banana"、"but_orange"、"but_grape"和"but_watermelon"。

图 12-33　导入的"苹果.png"图像

图 12-34　拖曳的各水果按钮

步骤7　在"水果按钮"图层之上创建新层"退出按钮"，然后在该层第 2 帧处插入关键帧，然后根据前面"进入按钮"元件的创建方法创建一个"退出按钮"按钮元件，并拖曳到舞台右下角，如图 12-35 所示，并设置"实例名称"为"but_exit"。

步骤8　在"退出按钮"图层之上创建新层"苹果"，然后在该层第 21 帧处插入关键帧，然后将【库】面板中的"苹果"影片剪辑元件拖曳到舞台中，将输入说明文字"苹果"的中文与英文，如图 12-36 所示。

图 12-35　舞台中的"退出按钮"按钮实例　　　图 12-36　舞台中"苹果"实例与中英文说明文字

步骤9　在"苹果"图层之上创建新层"苹果遮罩"，然后在该层第 21 帧处插入关键帧，然后在舞台中绘制一个如图 12-37 所示矩形，其大小以遮住下观的"苹果"实例与中英文说明文字为准。

步骤10　在"苹果遮罩"图层第 59 帧处插入关键帧，然后将第 21 帧的图形向上缩放，如图 12-38 所示。

图 12-37　绘制的矩形　　　　　　　　　　图 12-38　第 21 帧的图形

步骤11　在"苹果遮罩"图层第 21 帧至第 59 帧间创建补间形状动画，并将该层设为遮罩层，从而创建出其下图层中的"苹果"实例与中英文说明文字自上向下显示的遮罩动画。

步骤12　在"苹果遮罩"图层之上创建新层"苹果声音"，并在该层第 21 帧处插入关键帧，然后添加本书配套光盘"第 12 章/素材"目录下的"apple.mp3"文件，最后在"苹果声音"、

"苹果遮罩"和"苹果"图层的第 60 帧处插入空白关键帧，从而设置动画播放到此结束。

步骤13　在"苹果"图层之上创建新层，然后将"苹果声音"、"苹果遮罩"和"苹果"图层第 21 帧至第 59 帧的全部帧复制到该层，并设置起始帧为第 60 帧处，结束帧为第 99 帧。

步骤14　将复制生成的"苹果声音"、"苹果遮罩"和"苹果"图层重新命名为"梨声音"、"梨遮罩"和"梨"，并设置"梨"图层中"梨"影片剪辑元件和说明文字"梨"的中文与英文，如图 12-39 所示。

图 12-39　"梨"图层的内容显示

步骤15　在"梨声音"图层处添加本书配套光盘"第 12 章/素材"目录下的"pear.mp3"文件，最后在"梨声音"、"梨遮罩"和"梨"图层的第 100 帧处插入空白关键帧，从而设置动画播放到此结束。

步骤16　同样方法，将"梨声音"、"梨遮罩"和"梨"图层中第 60 帧至第 100 帧的关键帧（注意在此包括这三个图层中的空白关键帧）复制，创建"香蕉声音"、"香蕉遮罩"和"香蕉"，设置起始帧为第 100 帧；创建"橙子声音"、"橙子遮罩"和"橙子"，设置起始帧为第 140 帧；创建"葡萄声音"、"葡萄遮罩"和"葡萄"，设置起始帧为第 180 帧；创建"西瓜声音"、"西瓜遮罩"和"西瓜"，设置起始帧为第 220 帧，结束帧为第 260 帧。

步骤17　在【时间轴】面板中将各层第 260 帧后的动画帧全部删除。到此该 Flash 课件的内容动画全部制作完成，单击菜单栏中的【文件】|【保存】命令，将文件保存。

12.2.4　添加 ActionScript 动作脚本

动画的内容全部制作完成后，接下来就是该发挥 ActionScript 动作脚本的威力了。只有合理地设置 ActionScript 动作脚本，才能实现动画的交互，才能让学生更加深刻地学习到课件中的知识。

整合网站栏目——具体步骤

步骤1　打开前面保存的"幼儿英语课件.fla"文件，继续前面的操作，在"西瓜声音"图层文件之上创建新层"帧标签"，然后在该层第 22 帧、第 60 帧、第 100 帧、第 140 帧、第 180 帧和第 220 帧处插入关键帧，依次设置各帧处的标签名称为"apple"、"pear"、"banana"、"orange"、"grape"和"watermelon"。

■ 步骤2 在"帧标签"图层之上创建新层"as",然后分别在第21帧、第59帧、第99帧、第139帧、第179帧、第219帧和第260帧处插入关键帧。

步骤3 选择"as"图层第1帧处的关键帧,在【动作】面板中输入如下脚本:

```
stop();
function playenter(event:MouseEvent):void
{
  gotoAndPlay(2);
}
but_enter.addEventListener(MouseEvent.CLICK,playenter);
```

步骤4 选择"as"图层第21帧处的关键帧,在【动作】面板中输入如下脚本:

```
stop();
function playapple(event:MouseEvent):void
{
  gotoAndPlay("apple");
}
but_apple.addEventListener(MouseEvent.CLICK,playapple);
function playpear(event:MouseEvent):void
{
  gotoAndPlay("pear");
}
but_pear.addEventListener(MouseEvent.CLICK,playpear);
function playbanana(event:MouseEvent):void
{
  gotoAndPlay("banana");
}
but_banana.addEventListener(MouseEvent.CLICK,playbanana);
function playorange(event:MouseEvent):void
{
  gotoAndPlay("orange");
}
but_orange.addEventListener(MouseEvent.CLICK,playorange);
function playgrape(event:MouseEvent):void
{
  gotoAndPlay("grape");
}
but_grape.addEventListener(MouseEvent.CLICK,playgrape);
function playwatermelon(event:MouseEvent):void
{
  gotoAndPlay("watermelon");
}
but_watermelon.addEventListener(MouseEvent.CLICK,playwatermelon);
function playexit(event:MouseEvent):void
{
  fscommand("quit");
}
but_exit.addEventListener(MouseEvent.CLICK,playexit);
```

步骤5 分别选择【时间轴】面板 "as" 图层的第 59 帧、第 99 帧、第 139 帧、第 179 帧、第 219 帧和第 260 帧，然后在【动作】面板中依次输入 "stop();" 命令，设置动画到该帧处停止。

步骤6 到此，课件全部制作完成，单击菜单栏【文件】|【保存】命令，将文件保存。

Flash   **CS4**

12.3　Flash 游戏的制作

　　交互性是 Flash 的一大特色，借助 Flash 强大的 ActionScript 3.0 脚本功能可以开发出交互性很强的 Flash 游戏，这些游戏不但界面精美，有个性，而且操作简单，玩起来耐人寻味。随着 Flash 游戏在网络中大量传播和流行，它已经成了 Flash 作品的重要组成。

　　在使用 Flash 制作游戏时，强调的重点不再是如何制作漂亮的效果，而是如何在 Flash 中嵌入 ActionScript 脚本功能，所以说如果需要制作游戏就必须掌握 ActionScript 3.0 脚本编程。

12.3.1　创意与构思

　　拼图游戏是大家比较熟悉的一种游戏，小时候经常会玩到这个益智游戏，面前摆着一堆小方块，拼来拼去，今天我们就使用 Flash 重新演绎这个经典的游戏。

　　在这个游戏中使用到 ActionScript 3.0 动作脚本类和包的功能，将 ActionScript 脚本编程封装在单独的 "as" 文件中，然后通过调用函数的方式将其加载到 Swf 动画中，这样对 ActionScript 动作脚本的控制更加方便快捷。制作的拼图游戏动画效果，如图 12-40 所示。

图 12-40　Flash 拼图游戏的动画效果

12.3.2　游戏界面的制作

　　本实例中所需的图像以及编写的 ActionScript 脚本都放置在单独的文件夹与文件中，在 Flash 中通过外部调用的方式将其显示在 Flash 画面中，这样可以更好维护程序以及对图像的更换。首先需要创建游戏的界面，在这个拼图游戏中，游戏界面比较简单只需设置黑色的背景以及将需要调用组件添加到【库】面板中即可，下面介绍：

游戏界面的制作——具体步骤

步骤1 启动 Flash CS4，创建一个空白的 Flash 文档，然后在【文档属性】对话框中设置文档属性的各项参数如图 12-41 所示。

步骤2 将【组件】面板中 Button 组件拖曳到舞台中，然后选择舞台中的 Button 组件，按键盘 Delete 键将其删除，此时 Button 组件已经添加到【库】面板中，如图 12-42 所示。

步骤3 单击菜单栏中【文件】|【保存】命令，将制作的 Flash 文件名称保存为 "拼图游戏.fla"，并存放到合适的目录中。

图 12-41 【文档属性】对话框

图 12-42 【库】面板中的 Button 组件

12.3.3 游戏 ActionScript 动作脚本的编写

完成了游戏的界面制作后，接下来需要编写 ActionScript 动作脚本，在这里需要将 ActionScript 动作脚本写到单独的 "as" 文件中，接下来介绍。

编写 ActionScript 动作脚本——具体步骤

步骤 1 单击菜单栏中【文件】|【新建】命令，在弹出的【新建文档】对话框中选择 "ActionScript 文件" 命令，如图 12-43 所示。

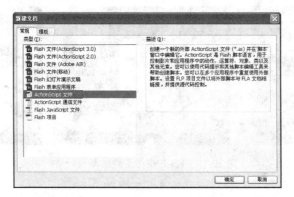

图 12-43 选择创建的文件类型

步骤 2 单击对话框中 确定 按钮，创建出 ActionScript 脚本文件，在当前脚本文件中输入如下的脚本：

```
package project {
  import flash.display.Bitmap;
  import flash.display.BitmapData;
  import flash.display.Loader;
  import flash.display.Sprite;
  import flash.events.*
  import flash.geom.Matrix;
  import flash.geom.Point;
  import flash.geom.Rectangle;
  import flash.net.URLRequest;
```

```
import fl.controls.Button;
public class Main extends Sprite {
    private var imgage:Bitmap;
    private var imagesData:BitmapData;
    private var loader:Loader;
    private var urlreuqest:URLRequest;
    private var RectArray:Array;
    private var SpriteArray:Array;
    private var PartImgArray:Array = new Array();
    private var imgArray:Array = new Array("images/1.jpg","images/2.jpg",
"images/3.jpg","images/4.jpg");
    private var mapPoint:Array = new Array(
        new Array(1,1,1,1,1),
        new Array(1,1,1,1,1),
        new Array(1,1,1,1,1),
        new Array(1,1,1,1,1),
        new Array(1,1,1,1,0)
    );
    private var map:Array = new Array(
        new Array(1,1,1,1,1),
        new Array(1,1,1,1,1),
        new Array(1,1,1,1,1),
        new Array(1,1,1,1,1),
        new Array(1,1,1,1,0)
    );
    public function Main() {

        Init()
    }
    private function Init():void
    {
        var StartGamebnt:Button = new Button();
        var Nextbnt:Button = new Button();
        var Prenbnt:Button = new Button();
        addChild(StartGamebnt);
        addChild(Nextbnt);
        addChild(Prenbnt);
        StartGamebnt.x = 400;
        StartGamebnt.y = 150;
        Nextbnt.x = 400;
        Nextbnt.y = 180;
        Prenbnt.x = 400;
        Prenbnt.y = 210;
        StartGamebnt.label="开始游戏";
        Nextbnt.label="下一难度";
        Prenbnt.label = "上一难度";
        StartGamebnt.addEventListener(MouseEvent.CLICK, PlayGame);
        RectArray=new Array();
        SpriteArray=new Array();
        for (var i=0; i<5; i++) {
```

```
                     for (var j=0; j<5; j++) {
                          var Temp:Rectangle = new Rectangle(70 * i, 70 * j, 70, 70);
                          RectArray.push(Temp);
                     }
                }
           loader = new Loader();
     loader.contentLoaderInfo.addEventListener(Event.COMPLETE,onComplete);
           loader.load(new URLRequest(imgArray[0]));
        }
        private function onComplete(event:Event) {
            var image:Bitmap = Bitmap(loader.content);
            var imageData = image.bitmapData;
            createImage(imageData);
            cImage(image);
        }
        private function createImage(imageData:BitmapData):void {
            var n=0;
            for (var i=0; i<5; i++) {
                 for (var j=0; j<5; j++) {
                      var Temp:PartImg=new PartImg();
                      SpriteArray.push(Temp);
                      addChild(Temp);
                      var bd:BitmapData = new BitmapData(70,70,true,0);
                      var pt:Point = new Point(0, 0);
                      bd.copyPixels(imageData,RectArray[n],pt);
                      var image_new:Bitmap = new Bitmap(bd);
                      Temp.x=10+71*i;
                      Temp.y=10+71*j;
                      Temp.addChild(image_new);
                      pt.x = Temp.x;
                      pt.y = Temp.y;
                      mapPoint[j][i] = pt;
                      Temp.point = pt;
                      Temp.X = i;
                      Temp.Y = j;
                      Temp.addEventListener(MouseEvent.CLICK, Move);
                      n++;
                      PartImgArray.push(Temp);
                 }
            }
            trace(map);
        }
        private function PlayGame(e:MouseEvent):void
        {
            PartImgArray[PartImgArray.length - 1].x += 72;
            for (var i = 0; i < PartImgArray.length - 2; i++)
            {
                var id = Math.floor(Math.random() * 25);
                var tempx = PartImgArray[id].x;
                var tempy = PartImgArray[id].y;
```

```
            var tempi = PartImgArray[ id] .X;
            var tempj = PartImgArray[ id] .Y;
            PartImgArray[ id] .x = PartImgArray[ i] .x;
            PartImgArray[ id] .y = PartImgArray[ i] .y;
            PartImgArray[ i] .x = tempx;
            PartImgArray[ i] .y = tempy;
            PartImgArray[ id] .X = PartImgArray[ i] .X;
            PartImgArray[ id] .Y = PartImgArray[ i] .Y;
            PartImgArray[ i] .X=tempi;
            PartImgArray[ i] .Y = tempj;
        }
        e.target.removeEventListener(MouseEvent.CLICK,PlayGame)
}
private function Move(e:MouseEvent)
{
        var temp:PartImg = PartImg(e.target);
        var i = temp.X;
        var j = temp.Y;
        var p:Point = new Point();
        trace(map[ j][ i] );
        if (j - 1 >=0)
        {
            trace("up=" + map[ j - 1][ i] );
            if (map[ j-1][ i]  == 0)
            {
                p.x = mapPoint[ j-1][ i] .x;
                p.y = mapPoint[ j-1][ i] .y;
                map[ j - 1][ i]  = 1;
                temp.x = p.x;
                temp.y = p.y;
                temp.X = i;
                temp.Y=j-1
                map[ j][ i]  = 0;
            }
        }
        if (j + 1 < 5)
        {
            trace("down=" + map[ j + 1][ i] );
            if (map[ j+1][ i]  == 0)
            {
                p.x = mapPoint[ j+1][ i] .x;
                p.y = mapPoint[ j+1][ i] .y;
                map[ j + 1][ i]  = 1;
                temp.x = p.x;
                temp.y = p.y;
                temp.X = i;
                temp.Y=j+1
                map[ j][ i]  = 0;
            }
        }
```

```
            if (i - 1 >= 0)
            {
                trace("left=" + map[ j][ i - 1] )
                if (map[ j][ i - 1]  == 0)
                {
                    p.x = mapPoint[ j][ i - 1] .x;
                    p.y = mapPoint[ j][ i - 1] .y;
                    map[ j][ i - 1]  = 1;
                    temp.x = p.x;
                    temp.y = p.y;
                    temp.X = i-1;
                    temp.Y=j
                    map[ j][ i]  = 0;
                }
            }
            if (i + 1 < 5)
            {
                trace("right=" + map[ j][ i + 1] );
                trace(mapPoint[ j][ i + 1] )
                if (map[ j][ i + 1]  == 0)
                {
                    p.x = mapPoint[ j][ i + 1] .x;
                    p.y = mapPoint[ j][ i + 1] .y;
                    map[ j][ i + 1]  = 1;
                    temp.x = p.x;
                    temp.y = p.y;
                    temp.X = i+1;
                    temp.Y=j
                    map[ j][ i]  = 0;
                }
            }
        }
        function cImage(image:Bitmap):void {
            var bd:BitmapData = new BitmapData(image.width,image.height,true,0);
            var mtx:Matrix = new Matrix(0.3, 0, 0, 0.3, 0, 0);
            bd.draw(image,mtx);
            var image_new:Bitmap = new Bitmap(bd);
            addChild(image_new);
            image_new.x=400;
            image_new.y=10;
        }
    }
}
```

步骤3 单击菜单栏中【文件】|【保存】命令，将制作的 Flash 文件名称保存为 "main.as"，并存放到与 "拼图游戏.fla" 同级目录下的 "project" 文件夹中。

步骤4 依据上述方法继续创建一个新的 ActionScript 脚本文件，然后在脚本文件中输入如下的脚本：

```
package project {
  import flash.display.Sprite;
```

```
import flash.geom.Point;
public class PartImg extends Sprite {
    private var _point:Point;
    private var _pointEnd:Point;
    private var _x:int;
    private var _y:int;
    public function PartImg() {
    }
    public function set PointEnd(p:Point):void
    {
        _pointEnd = p;
    }
    public function get PointEnd():Point
    {
        return _pointEnd;
    }
    public function set point(spritepoint:Point):void
    {
        _point = spritepoint;
    }
    public function get point():Point
    {
        return _point;
    }
    public function set X(x:int):void
    {
        _x = x;
    }
    public function get X():int
    {
        return _x;
    }
    public function set Y(y:int):void
    {
        _y = y;
    }
    public function get Y():int
    {
        return _y;
    }
    public function fat():Boolean
    {
        if (this._point == this._pointEnd)
        {
            return true;
        } else
        {
            return false;
        }
    }
}
}
```

步骤5 单击菜单栏中【文件】|【保存】命令，将制作的 Flash 文件名称保存为 "PartImg.as"，并存放到与 "拼图游戏.fla" 同级目录下的 "project" 文件夹中。

12.3.4 链接脚本文件与测试动画

当编写完成脚本文件后需要将脚本文件调用到游戏界面中，这样才能看到最终的动画效果，接下来介绍。

链接脚本文件

步骤1 打开前面保存的 "拼图游戏.fla" 文件，在舞台空白位置单击鼠标，然后在【属性】面板【类】输入框中输入 "project.Main"，如图 12-44 所示。

通过上面的操作即可将编写的外部脚本文件链接到当前 flash 文件中，接下来再把需要调用的图片放置到相应的目录中后，即可测试动画的效果。

步骤2 将本书配套光盘 "第 12 章/素材" 目录下的 "1.jpg" 图像文件拷贝到与 "拼图游戏.fla" 同级目录的 "image" 文件夹中。

图 12-44　设置类的名称

步骤3 单击菜单栏中【窗口】|【测试影片】命令，弹出影片测试窗口，在影片测试窗口中可以看到图像被载入到游戏界面中，单击 "开始游戏" 按钮，图像被打乱此时可以通过单击图像碎片，将图片拼凑完整。

步骤4 到此拼图游戏全部制作完成，单击菜单栏【文件】|【保存】命令，将文件保存。

Flash　**CS4**

12.4　手机屏保的制作

Flash 技术最早兴起在家用电脑上，由于当时的手机功能比较单一，而且从屏幕颜色、处理速度、压缩技术等方面都不能实现手机对 Flash 的支持。但随着手机技术和 Flash 技术的进步，这种可能成为了现实。Flash CS4 中集成移动版的 Flash 播放器——Flash Lite，提供了对移动设备支持。

使用 Flash 提供的 Flash Lite 播放器可以实现很多手机的增值应用，包括 Flash 手机屏保、Flash 手机主题、Flash 手机游戏等等。随着手机厂商对 Flash Lite 播放器逐渐支持，以及 Flash Lite 播放器版本不断提升，Flash 在手机方面的应用将会越来越广。

12.4.1 创意与构思

随着新型手机对 Flash Lite 播放器广泛的支持，相信很多朋友都想自己制作富有个性的屏保放置到自己的手机上。接下来通过一个实例—— "手机时钟屏保.fla" 制作一个简单的 Flash 屏保程序，从而了解一些关于制作手机屏保的基本流程与方法，其动画效果如图 12-45 所示。该实例动画是展示一副漂亮的图像，在其中具有花朵片片落下的效果，关键是还有一个非常实用的功能，即是具有时钟的效果，可以在出现屏保的同时看到当天的日期以及当前的时间。

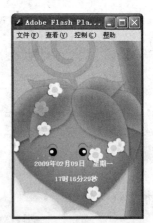

图 12-45　Flash 时钟屏保的动画效果

12.4.2　创建手机应用程序

　　创建 Flash 手机应用程序需要使用到 Adobe 提供 Adobe Device Central CS4 应用程序, 此应用程序在安装 Flash CS4 时会作为一个可选安装的组件, 如果选择安装此应用程序, 才能在 Flash CS4 中创建基于手机应用的 Flash 动画。此外在创建手机 Flash 动画时, 还需要在 Adobe Device Central CS4 应用程序中选择支持的手机, 以及应用的 Flash Lite 播放器版本。现今最高的 Flash Lite 播放器版本为 3.0, 其支持的动作脚本为 ActionScript 2.0。下面介绍如何创建手机屏保的 Flash 动画文件。

　　创建手机应用程序——具体步骤

步骤1　启动 Flash CS4, 在启动界面中单击【新建】列表中的"Flash 文件 (移动)"选项, 此时会弹出 Adobe Device Central CS4 应用程序, 如图 12-46 所示。

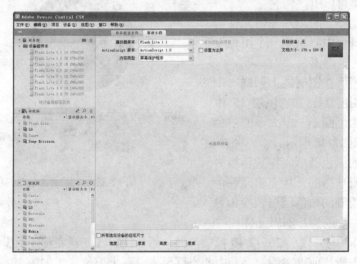

图 12-46　Adobe Device Central CS4 应用程序

步骤2　在 Adobe Device Central CS4 应用程序的【播放器版本】选项中选择【Flash Lite 2.1】, 【ActionScripte 版本】选项中选择"ActionScript 2.0", 【内容类型】中选择"独立播放器", 然后在左侧的【设备组样本】中选择"Flash Lite 2.1 32 240×320", 如图 12-47 所示。

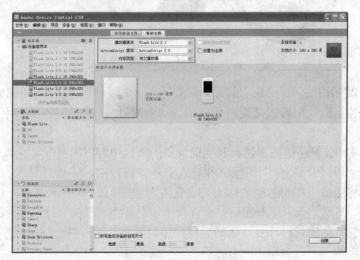

图 12-47　Adobe Device Central CS4 应用程序中参数设置

步骤3 单击应用程序中右下方的 **创建** 按钮，在 Flash CS4 中创建出新的 Flash 文件，在 Flash CS4 单击菜单栏中单击【文件】|【保存】命令，将 Flash 文件名称保存为"手机时钟屏保.fla"。

12.4.3 制作 Flash 动画元素

创建 Flash 文件后，接下来需要创建 Flash 动画中展现的各个动画元素，包括转动的眼睛，与下落的花朵，接下来介绍。

制作 Flash 动画元素——具体步骤

步骤1 创建一个名称为"眼睛动画"的影片剪辑元件并切换到当前影片剪辑元件的编辑窗口中。

步骤2 在"眼睛动画"的影片剪辑元件编辑窗口的舞台中心绘制一个黑色没有笔触颜色的圆形。

步骤3 在黑色圆形所在图层之上创建一个新图层"图层 2"，在"图层 2"中绘制一个黑色圆形一半大小的白色圆形，如图 12-48 所示。

步骤4 选择绘制的黑色圆形，将其转换为名称为"眼球"的影片剪辑元件，然后再将绘制的白色圆形转换为名称为"眼仁"的影片剪辑元件。

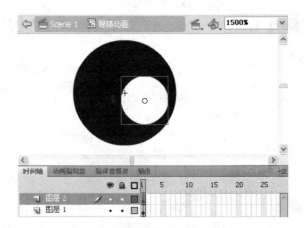

图 12-48 绘制的黑色与白色圆形

步骤5 在"图层 1"与"图层 2"第 40 帧插入帧，然后使用【任意变形工具】 选择第 1 帧处的"眼仁"影片剪辑实例，将其中心点移至本身左上方位置，如图 12-49 所示。

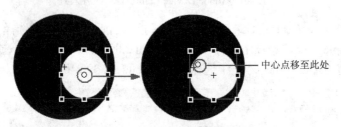

中心点移至此处

图 12-49 影片剪辑实例中心点的位置

步骤6 在"图层 2"图层第 40 帧插入关键帧，然后在第 1 帧与第 40 帧之间创建传统补间动画，并在【属性】面板中设置【旋转】参数为"顺时针"，从而创建出白色眼仁在眼球中旋转的动画。

步骤7 在编辑栏中单击 **场景1** 按钮切换到当前场景的舞台中，将本书配套光盘"第 12 章/素材"目录下的"时钟背景.jpg"图像文件导入到场景舞台中，并设置导入的图像与舞台完全重合，并将图像所在的图层名称改为"底图"，如图 12-50 所示。

步骤8 在"底图"图层之上创建新图层，设置新图层名称为"眼睛"，然后将【库】面板中"眼睛动画"影片剪辑元件拖曳"眼睛"图层中，并将其缩放到合适的大小，放置到微笑桃子左侧眉毛的下方，如图 12-51 所示。

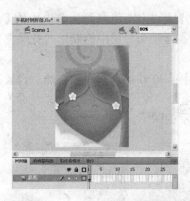

图 12-50 导入到舞台中的图像

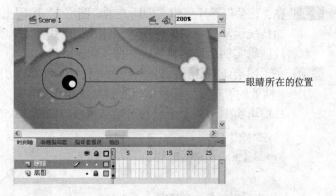

眼睛所在的位置

图 12-51 "眼睛动画"影片剪辑实例所在的位置

步骤9 选择舞台中的"眼睛动画"影片剪辑实例，将其复制到右侧眉毛的下方，并单击菜单栏中的【修改】|【变形】|【水平翻转】命令将其进行水平方向的翻转，如图 12-52 所示。

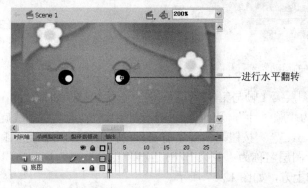

进行水平翻转

图 12-52 复制的"眼睛动画"影片剪辑实例

步骤10 创建一个名称为"花朵"的影片剪辑元件，并在当前影片剪辑元件窗口中绘制一个白色花瓣，黄色花蕊的花朵图形，如图 12-53 所示。

提示 由于绘制的白色花朵图形与舞台白色背景颜色相同，为了能够突出的显示花朵图形，所以暂且将舞台颜色设置为绿色。

步骤11 创建一个名称为"花朵动画"的影片剪辑元件，并将"花朵"影片剪辑实例拖曳到当前元件编辑窗口的中心位置，如图 12-54 所示。

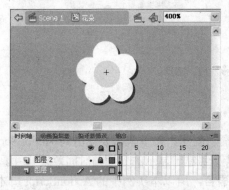

图 12-53 绘制的花朵图形

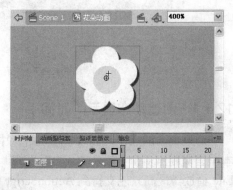

图 12-54 "花朵"影片剪辑实例

步骤12 在"花朵"影片剪辑实例所在的"图层 1"图层上单击鼠标右键，选择弹出菜单中的【添加传统运动引导层】命令，创建出运动引导层，然后在运动引导层中绘制出"花朵"影片剪辑实例运动的轨迹，如图 12-55 所示。

步骤13 在"图层 1"图层第 90 帧插入关键帧，在运动引导层第 90 帧插入普通帧，然后设置第 1 帧处的"花朵"影片剪辑实例与运动引导线上端点重合，设置第 90 帧处的"花朵"影片剪辑实例与运动引导线下端点重合，如图 12-56 所示的图形。

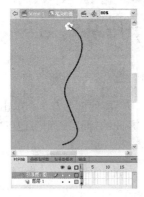

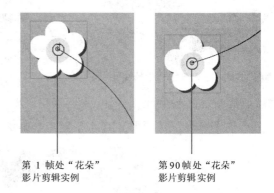

第 1 帧处"花朵"影片剪辑实例　　　　第 90 帧处"花朵"影片剪辑实例

图 12-55　绘制的运动轨迹　　　　　图 12-56　"花朵"影片剪辑实例的位置

步骤14 在"图层 1"图层第 1 帧与第 90 帧之间创建出传统补间动画，并在【属性】面板中设置【旋转】参数为"顺时针"，从而创建出花朵图形沿着运动引导线旋转的动画。

步骤15 在编辑栏中单击 场景 1 按钮切换到当前场景的舞台中，然后在"眼睛"图层之上创建新图层，设置新图层名称为"花朵"，然后将"花朵动画"影片剪辑元件从【库】面板中拖曳到舞台的上方，如图 12-57 所示。

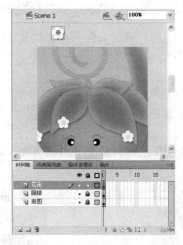

图 12-57　"花朵动画"影片剪辑实例的位置

12.4.4　创建动态显示的时间

　　通过上面的操作，完成了手机屏保中动画元素的创建，接下来需要使用到 ActionScript 脚本语言复制出多个"花朵动画"影片剪辑实例，以及创建出显示的日期与时间效果。由于 Flash Lite 播放器最高只能支持到 ActionScript 2.0 脚本语言，所以本实例中的 ActionScript 脚本也是应用的 ActionScript 2.0 版本。

创建动态显示的时间——具体步骤

步骤1　继续前面的操作，在"底图"图层之上创建新图层，设置新图层的名称为"时间"。

步骤2　选择【文本工具】T，在【属性】面板中设置【文本类型】为"动态文本"，【字体】为"宋体"，【字体】大小为 12，【字体颜色】为白色，然后使用【文本工具】T 在舞台中心拖曳出两个文本框，如图 12-58 所示。

步骤3　选择上方的文本框，在【属性】面板中设置【实例名称】为"date_text"，然后选择下方的文本框，在【属性】面板中设置【实例名称】为"time_text"，如图 12-59 所示。

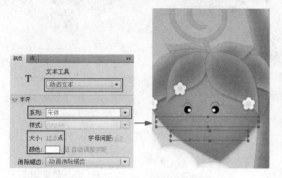

图 12-58　创建的文本框

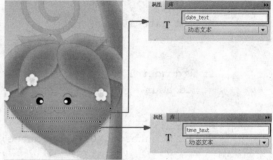

图 12-59　设置文本框的实例名称

步骤4　选择"花朵"图层中的"花朵动画"影片剪辑实例，在【属性】面板中设置实例名称为"hua"。

步骤5　在所有图层第 90 帧处插入帧，设置动画播放时间为 90 帧。

步骤6　在"花朵"图层之上创建新图层，设置新图层的名称为"as"，然后选择"as"图层第一帧，打开【动作】面板，在【动作】面板中输入如下的动作脚本：

```
n = random (50);
while (n>=20 and n<=50) {
  duplicateMovieClip("hua", "hua"+n, n);
  x = random (600);
  y = random (400);
  z = random (100);
  setProperty("hua"+n, _x, x);
  setProperty("hua"+n, _y, y);
  if (z>=50 and z<=100) {
      setProperty("hua"+n, _alpha, z);
  }
  if (z>=60 and z<=100) {
      setProperty("hua"+n, _xscale, z);
  }
  if (z>=60 and z<=100) {
      setProperty("hua"+n, _yscale, z);
  }
  n = n-1;
}
// 上面代码用于"花朵动画"影片剪辑实例
onEnterFrame = function () {
  var thedate:Date = new Date();
  var td_year = thedate.getFullYear();
  var td_month = thedate.getMonth()+1;
```

```
        var td_date = thedate.getDate();
        var td_day = thedate.getDay();
        var td_today:String = "";
        var td_hour = thedate.getHours();
        var js_hour:Number;
        var td_minutes = thedate.getMinutes();
        var td_seconds = thedate.getSeconds();
    if (td_month<10) {
        td_month = "0"+td_month;
    }
    if (td_date<10) {
        td_date = "0"+td_date;
    }
    if (td_hour<10) {
        td_hour = "0"+td_hour;
    }
    if (td_minutes<10) {
        td_minutes = "0"+td_minutes;
    }
    if (td_seconds<10) {
        td_seconds = "0"+td_seconds;
    }
    switch (td_day) {
        case 0 :
            td_today = "日";
            break;
        case 1 :
            td_today = "一";
            break;
        case 2 :
            td_today = "二";
            break;
        case 3 :
            td_today = "三";
            break;
        case 4 :
            td_today = "四";
            break;
        case 5 :
            td_today = "五";
            break;
        case 6 :
            td_today = "六";
            break;
        default :
            td_today = "";
    }
    date_text.text = td_year+"年"+td_month+"月"+td_date+"日"+"  星期"+td_today;
    time_text.text = td_hour+"时"+td_minutes+"分"+td_seconds+"秒";
};
// 上面代码用于为文本框添加当前的日期与时间
```

步骤7 单击菜单栏中【窗口】|【测试影片】命令，切换到 Adobe Device Central CS4 应用程序
中，在此应用程序中可以看到手机屏保的动画效果，如图 12-60 所示。

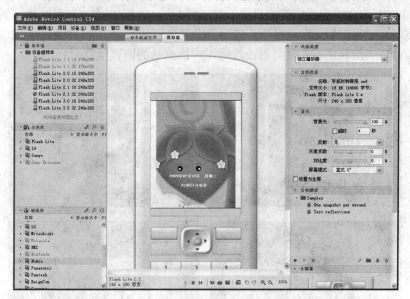

图 12-60　设置文本框的实例名称

步骤8 切换到"手机时钟屏保.fla"Flash 文件中，单击菜单栏【文件】|【保存】命令，将文件
保存。

12.5　Flash 网站的制作

网站设计是一门新兴的边缘性行业，在网络产生以后应运而生。随着 Flash 的发展，其应
用范围不再局限于制作早期的作为网站中起到点缀作用的动画，现在完全可以使用 Flash 独自
构建站点，并结合 Flash 的 ActionScript 动作脚本的应用，从而打造出功能强大的电子商务应用
平台。

所有网站都要有一个良好的前期规划，前期规划的工作包括网站内容的设置、栏目的确定、
网站整体颜色的设定以及相关资料的收集、整理。本节所要制作的网站也不例外，不过的素材
已经整理出来，不用读者自己再去收集，只需要制作即要。

12.5.1　创意与构思

人们在创建网站时会依据不同目的创建出不同类型的网站。不同类型的网站具有不同的作
用，针对不同的网站也会有不同的用户群。如个人可以依据自己的爱好，创建出展现自己个性
的网站；企业会为了展示企业形象以及让外人了解企业，在互联网上创建出企业自己的网
站……。按照网页应用的类型，通常可以将网站划分为"个人网站"、"企业网站"、"电子商务
网站"、"门户网站"、"娱乐网站"、"教育网站"、"政务网站"等几大类型。

在本节中将通过一个"个人网站.fla"实例来学习 Flash 网站的制作方法，其动画效果如图
12-61 所示。该网站是向别人介绍自己、展现自己的一个平台，因此要求个性十足，在配色方
面，采用灰黑主色调，给人以庄重、沉稳、和谐的感觉，当然为了避免色调的单一，在网站界

面的左侧添加了黄色图像，同时配有旋转的白光点缀，在界面右侧添中不同鲜亮颜色的栏目按钮，从而增强网站的活力，提高了网站的亲和力。浏览者可以通过单击右侧的四个按钮跳转到相应的栏目中，其中"关于我们"栏目用于显示网站的文字信息内容，可以通过上下拖动滚动条进行浏览观看；"案例展示"栏目用于展示各个案例图像信息内容；"我的视频"栏目用于显示视频信息内容；"给我留言"栏目用于设置用户给网站的留言信息。

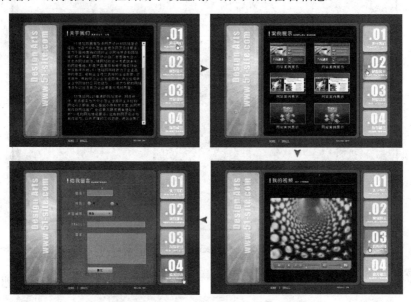

图 12-61　Flash 个人网站的动画效果

12.5.2　网站界面的制作

传统的网站通常先用 Photoshop 制作界面，而在制作纯 Flash 网站时，由于 Flash 强大的图形编辑功能，完全可以使用 Flash 来代替 Photoshop 构建界面。在本例中由于各栏目的界面基本相同，所以只创建一个界面即可。

网站界面的制作——具体步骤

步骤1 启动 Flash CS4，创建一个空白的 Flash 文档，然后在【文档属性】对话框中设置文档属性的各项参数如图 12-62 所示，设置"背景颜色"为灰黑色（颜色值#1F2229）。

步骤2 将"图层 1"图层重新命名为"矩形边框"，然后在舞台中绘制三个圆角矩形，其形态如图 12-63 所示，其中左侧矩形颜色值为#424F58，右侧两个矩形颜色值为#353E4D。

图 12-62　【文档属性】对话框

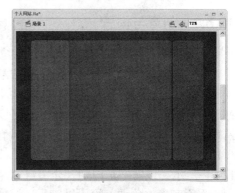

图 12-63　绘制的三个圆角矩形

步骤3 在【时间轴】面板的"矩形边框"图层第 120 帧处插入普通帧，从而设置动画播放时间为 120 帧。

步骤4 在"矩形边框"图层之上创建新层"内容区域底色"，然后在舞台中心圆角矩形处再次绘制一个比其略小的黑色圆角矩形，作为显示网站栏目的内容区域，如图 12-64 所示。

步骤5 在"内容区域底色"图层之上创建新层"导航按钮"，创建一个名称为"关于我们"的影片剪辑元件，并切换到"关于我们"影片剪辑元件编辑窗口中。然后将"图层 1"图层重新命名为"底色"，然后在该元件编辑窗口中绘制一个如图 12-65 所示的圆角矩形，填充颜色自上向下是由橙色到黄色的线性渐变。

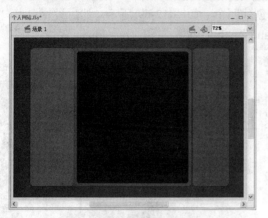
图 12-64　绘制的黑色圆角矩形

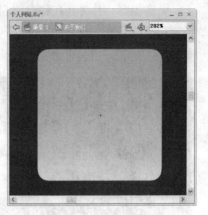
图 12-65　绘制的渐变圆角矩形

步骤6 分别在"底色"图层之上创建新层"文字"和"白色"，然后在"文字"图层输入该按钮的白色说明文字，在"白色"图层中绘制一个白色透明的渐变图形，如图 12-66 所示，从而为其添加水晶立体效果。

步骤7 在【时间轴】面板的"底色"、"文字"和"白色"图层第 2 帧处插入普通帧，然后在"底色"图层之上创建新层"火焰"，并在该层第 2 帧处插入关键帧，将本书配套光盘"第 12 章/素材"目录下的"huo.fla"文档舞台中的"火"影片剪辑实例复制到"火焰"图层中，注意设置该实例的"混合"模式为"叠加"，如图 12-67 所示。

图 12-66　水晶效果按钮的形态

图 12-67　拖曳并调整后的"火"影片剪辑实例

步骤8 在"火焰"图层之上创建新层"火焰遮罩"，并在该层第 2 帧处插入关键帧，然后将"底色"图层中的圆角矩形复制到此，并将该层转换为遮罩层，从而创建出火焰动画在特定的圆角矩形区域显示的遮罩动画。

步骤9 在"白色"图层之上创建新层"as",并在该层第2帧处插入关键帧,然后分别选择第1帧和第2帧,展开【动作】面板,在其中依次输入"stop();"命令,设置动画到该帧处停止,到此"关于我们"影片剪辑元件创建完成。

步骤10 同样方法,分别创建出"案例展示"、"我的视频"和"给我留言"影片剪辑元件,切换回场景中,将创建的这四个元件拖曳到舞台界面的右侧,如图12-68所示,然后设置自上向下的实例名称依次为"about"、"anli"、"video"和"liuyan"。

步骤11 在"导航按钮"图层之上创建新层"按钮",然后创建一个只有"点击"帧的"导航按钮"按钮元件,设置其形态与刚才创建 "关于我们"实例"底图"图层中的渐变圆角矩形相同,并将其在舞台中自上向下创建四个,如图12-69所示,然后设置自上向下的实例名称依次为"but_about"、"but_anli"、"but_video"和"but_liuyan"。

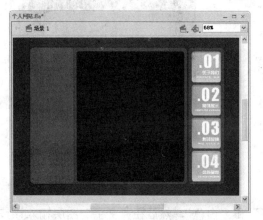 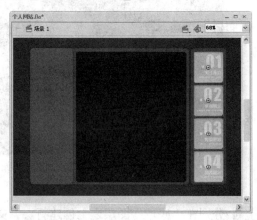

图12-68 拖曳到舞台中的各影片剪辑实例 　　图12-69 自上向下复制的各"导航按钮"按钮实例

步骤12 在"按钮"图层之上创建新层"左侧底图",然后导入本书配套光盘"第12章/素材"目录下的"发光.jpg"图像,如图12-70所示。

步骤13 在"左侧底图"图层之上创建新层"白色旋转",然后创建一个名称为"旋转"的影片剪辑,在舞台中绘制一个如图12-71所示的图形。

 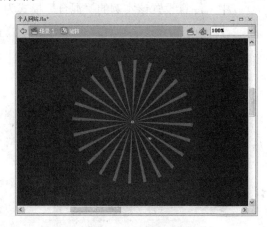

图12-70 导入的"发光.jpg"图像 　　　　　图12-71 绘制的图形

步骤14 将绘制图形转换为"发散光"的影片剪辑元件,然后为舞台中的"发散光"影片剪辑实例创建不断旋转的补间动画,设置补间范围为180帧。

步骤15 切换回场景中,将刚才创建的"旋转"的影片剪辑元件拖曳到舞台左侧,并在【属性】

面板的"色彩效果"项中设置颜色为白色，Alpha 参数为 16%，调整其形态如图 12-72 所示。

步骤16　在"白色旋转"图层之上创建新层"遮罩"，然后在舞台左侧绘制一个如图 12-73 所示圆形矩形，为了便于读者观察，在此将"左侧底图"和"白色旋转"图层隐藏。

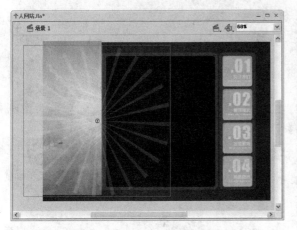

图 12-72　拖曳并调整后的"旋转"影片剪辑实例

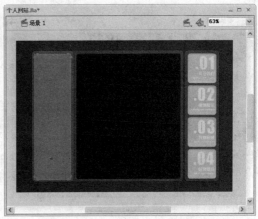

图 12-73　绘制的遮罩图形

步骤17　在【时间轴】面板将"遮罩"图层转换为遮罩层，将其下的"左侧底图"和"白色旋转"图层转换为被遮罩层，从而设置出"发光.jpg"图像和"旋转"影片剪辑实例在特定的圆角矩形显示的遮罩动画。

步骤18　在"遮罩"图层之上创建新层"左侧文字"，然后输入白色网站文字，如图 12-74 所示。

步骤19　在"左侧文字"图层之上创建新层"首页图"，然后导入本书配套光盘"第 12 章/素材"目录下的"shuma.jpg"图像，如图 12-75 所示。

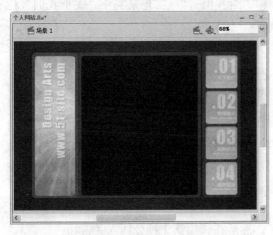

图 12-74　输入的白色文字

图 12-75　导入的"shuma.jpg"图像

步骤20　将导入的"shuma.jpg"图像转换为"数码图"影片剪辑元件，然后为"数码图"影片剪辑实例创建由显示（Alpha 为 100%）到完成透明（Alpha 为 0%）淡出的补间动画，设置其补间范围为 30 帧。

步骤21　在"首页图"图层之上创建新层"首页图遮罩"，然后将"内容区域底色"图层中的图形复制到该层当前位置处，并将该层设为遮罩层，从而创建出"数码图"影片剪辑实例在网站内容显示的圆角矩形区域淡出的遮罩动画，如图 12-76 所示。

步骤22 最后,在"首页图遮罩"图层之上创建新层"内容底",然后在界面网站显示区域下方添加"Home"、"Email"按钮,然后将本书配套光盘"第 12 章/素材"目录下的"声音按钮.fla"文档舞台中的"sound"影片剪辑实例复制到新建文件中,如图 12-77 所示,并设置"Home"、"Email"按钮的"实例名称"分别为"but_home"和"but_email"。

 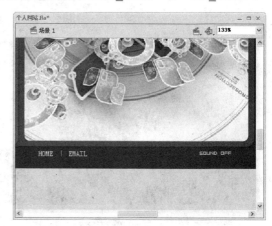

图 12-76 创建遮罩动画后的效果　　　图 12-77 "Home"、"Email"按钮和"sound"影片剪辑实例的位置

步骤23 到此,网站的界面全部制作完成,单击菜单栏【文件】|【保存】命令,将其保存为"个人网站.fla"文件。

12.5.3 "关于我们"栏目内容的制作

完成了网站界面的制作后,接下来开始网站各栏目内容的制作,在本实例中共有四个栏目,分别是"关于我们"、"案例展示"、"我的视频"和"给我留言",首先来制作"关于我们"栏目内容的制作,此栏目信息都是通过文字进行展示。

"关于我们"栏目内容的制作——具体步骤

步骤1 打开前面保存的"个人网站.fla"文件,继续前面的操作,在"内容底"图层之上创建新层"标题",然后在第 2 帧处插入关键帧,然后在舞台上方绘制相关的小图标图形,并输入"关于我们"的相关白色标题文字,如图 12-78 所示,为了便于读者的制作,在此需要将"首页图"图层取消显示。

图 12-78 "标题"图层中的标题内容

步骤2 在"标题"图层之上创建新层"关于我们",然后在该层第 2 帧处插入关键帧。

步骤3 使用【文本工具】T在舞台中按住鼠标拖曳创建一个文本框,并在【属性】面板中设置"文本类型"为"动态文本",设置"行类型"为"多行"。

步骤4 将【组件】面板中的 User Interface 类中的 UIScrollBar 组件拖曳到舞台中刚才创建文本框的右侧,它会自动吸附到文本框上,吸附后其高度与创建的动态文本框相同,最后输入相关文字,最后拖曳文本框右下方黑色矩形,将文本框的高度缩小至内容区域中,至此一个文本滚动条制作完成,如图 12-79 所示。

步骤5 在"关于我们"图层之上创建新层"遮内容",然后在第 2 帧处插入关键帧,将"内容区域底色"图层中的图形复制到该层当前位置处。

步骤6 在"遮内容"图层第 30 帧插入关键帧，然后将第 2 帧处的复制图形向上缩放，调整其位置如图 12-80 所示。

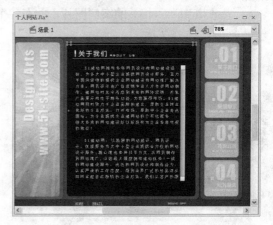

图 12-79　制作的文本滚动条　　　　图 12-80　缩放并调整位置后的第 2 帧处的图形

步骤7 在【时间轴】面板的"遮内容"图层第 2 帧至第 30 帧之间创建图形由上向下形状进行变化的补间形状动画，然后将该层设为遮罩层，其下的"关于我们"和"标题"图层设为被遮罩层，从而创建出标题和文本滚动条由上向下慢慢显示的遮罩动画。

步骤8 在"遮内容"、"关于我们"和"标题"图层第 31 帧处插入空白关键帧，设置这些图层中的动画播放到此为止。

步骤9 在"遮内容"图层之上创建一个名称为"关于我们"图层文件夹，并将"遮内容"、"关于我们"和"标题"图层全部移动到"关于我们"图层文件夹中。

步骤10 到此，"关于我们"栏目内容的制作完成，单击菜单栏【文件】|【保存】命令，将文件保存。

12.5.4　"案例展示"栏目内容的制作

在本例网站中，各个栏目内容的表现形式比较类似，因此对于这些类似的表现形式，读者大可不必再进行重新操作，可以将栏目复制，然后再对相关的元素进行略微调整即可，从而大大提高工作效率。在本节中的"案例展示"栏目内容的制作过程中，可以将前面制作的"关于我们"栏目内容复制并作修改完成。

"案例展示"栏目内容的制作——具体步骤

步骤1 打开前面保存的"个人网站.fla"文件，继续前面的操作，首先在"首页图"图层中选择创建的补间范围，单击鼠标右键，选择弹出菜单中的【复制帧】命令，将动画帧复制到剪切板中。

步骤2 在"首页图"图层第 31 帧处单击鼠标右键，选择弹出菜单中的【粘贴帧】命令，将复制动画帧粘贴到该处。

步骤3 选择"关于我们"图层文件夹中将刚才创建的"遮内容"、"关于我们"和"标题"图层的第 2 帧至第 30 帧间的动画帧全部选择，并通过【复制帧】命令，将选择各帧复制到剪切板中。

步骤4 在"关于我们"图层文件夹之上创建新层，然后选择该层第 31 帧，然后通过【粘贴帧】命令，将刚才复制各帧到粘贴到此，并将"遮内容"图层第 59 帧处的关键帧拖曳到第

60 帧。

步骤 5　在复制的"标题"图层中将原来的白色文字调整后案例展示文字，如图 12-81 所示。

步骤 6　将复制的"关于我们"图层重新命名为"案例内容"，然后删除该图层中的全部内容，然后在其中导入相关的案例图片，并在各个图片下输入白色的标题文字，如图 12-82 所示。

图 12-81　调整后的案例文字

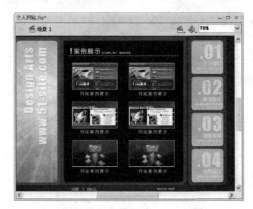

图 12-82　案例图片与标题文字

步骤 7　同样方法，在复制并命名后"遮内容"、"案例内容"和"标题"图层第 61 帧处插入空白关键帧，设置这些图层中的动画播放到此为止。

步骤 8　在最上方的"遮内容"图层之上创建一个名称为"案例展示"图层文件夹，并按住鼠标拖曳，将"遮内容"、"案例内容"和"标题"图层全部移动到"案例展示"图层文件夹中。

步骤 9　到此，"案例展示"栏目内容的制作完成，单击菜单栏【文件】|【保存】命令，将文件保存。

12.5.5　"我的视频"栏目内容的制作

"我的视频"栏目内容与"案例展示"栏目的制作方法相同，通过复制前面制作的栏目而快速完成，这部分主要是讲解视频文件的控制方法。

"我的视频"栏目内容的制作——具体步骤

步骤 1　打开前面保存的"个人网站.fla"文件，继续前面的操作，首先在"首页图"图层中选择刚才复制创建的补间范围，然后通过【复制帧】和【粘贴帧】命令，在该层第 61 帧处复制补间动画。

步骤 2　选择"案例展示"图层文件夹中将刚才创建的"遮内容"、"关于我们"和"标题"图层的第 31 帧至第 60 帧全部选择，并通过【复制帧】命令，将选择各帧复制到剪切板中。

步骤 3　在"案例展示"图层文件夹之上创建新层，然后选择该层第 61 帧，然后通过【粘贴帧】命令，将刚才复制各帧到粘贴到此。

步骤 4　在"标题"图层中将原来的白色文字调整后"我的视频"文字。

步骤 5　将复制的"案例内容"图层重新命名为"视频内容"，然后删除该图层中的全部内容，加载本书配套光盘"第 12 章/素材"目录下的"JumpBack.flv"的外部视频，如图 12-83 所示。

图 12-83　加载的"JumpBack.flv"视频

步骤6 同样方法，在复制并命名后"遮内容"、"视频内容"和"标题"图层第 91 帧处插入空白关键帧，设置这些图层中的动画播放到此为止。

步骤7 在"遮内容"图层之上创建一个名称为"我的视频"图层文件夹，并按住鼠标拖曳，将"遮内容"、"视频内容"和"标题"图层全部移动到"我的视频"图层文件夹中。

步骤8 到此，完成"我的视频"栏目内容的制作，单击菜单栏【文件】|【保存】命令，将文件保存。

12.5.6　"给我留言"栏目内容的制作

"给我留言"是一个实现用户与网站交互的栏目，栏目内容主要通过组件来完成，和第十章中讲解的"留言板"综合应用实例操作相似，读者如果掌握了第十章中的"留言板"综合实例，那么制作这个栏目就会非常轻松。

"给我留言"栏目内容的制作——具体步骤

步骤1 打开前面保存的"个人网站.fla"文件，继续前面的操作，首先在"首页图"图层中选择刚才复制创建的补间范围，然后通过【复制帧】和【粘贴帧】命令，在该层第 91 帧处复制补间动画，然后将该层第 120 帧后的各动画帧删除。

步骤2 选择"我的视频"图层文件夹中将刚才创建的"遮内容"、"视频内容"和"标题"图层的第 61 帧至第 90 帧全部选择，并通过【复制帧】命令，将选择各帧复制到剪切板中。

步骤3 在"我的视频"图层文件夹之上创建新层，然后选择该层第 91 帧，然后通过【粘贴帧】命令，将刚才复制各帧到粘贴到此。

步骤4 在"标题"图层中之下创建新层"留言底色"，然后将"内容区域底色"图层中的图形复制到该层当前位置处，并调整颜色值为深棕色，如图 12-84 所示，并将该层转换为被遮罩层。

步骤5 在复制的"标题"图层中将原来的白色文字调整后"给我留言"文字。

步骤6 将复制的"视频内容"图层重新命名为"留言内容"，然后删除该图层中的全部内容，在舞台中输入所要留言的白色文字，如图 12-85 所示。

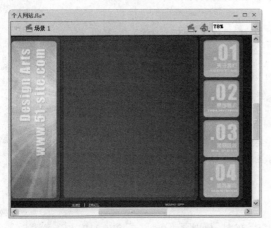
图 12-84　"留言底色"图层中的图形显示

图 12-85　输入的白色文字

步骤7 在"姓名："、"EMAIL："文字右侧添加 TextInput 组件，在"性别："文字的右侧添加两个 RadioButton 组件，分别设置【lable】参数值为"男"和"女"；在"所在城市："文字的右侧添加 ComboBox 组件；在"留言："文字的右侧添加 TextArea 组件，最后再添加 Button 组件，设置【label】的参数为"提交"，如图 12-86 所示。

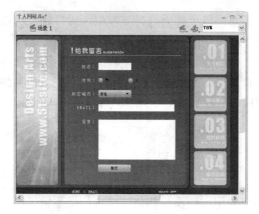

图 12-86　添加各组件后的效果

步骤 8　在"遮内容"图层之上创建一个名称为"给我留言"图层文件夹，并按住鼠标拖曳，将"遮内容"、"留言内容"、"标题"和"留言底色"图层全部移动到"给我留言"图层文件夹中。

步骤 9　到此，完成"给我留言"栏目内容的制作，最后在【时间轴】面板中将第 120 帧后的多余帧全部删除，单击菜单栏【文件】|【保存】命令，将文件保存。

12.5.7　整合网站栏目

到此，全部的 Flash 动画制作完成，接下来便通过 ActionScript 动作命令将制作内容互相链接起来。

整合网站栏目

步骤 1　继续前面的操作，在"给我留言"图层文件夹之上创建新层"帧标签"，然后在该层第 2 帧、第 31 帧、第 61 帧和第 91 帧处插入关键帧，依次设置各帧处的标签名称为"about"、"anli"、"video"和"liuyan"。

步骤 2　在"帧标签"图层之上创建新层"as"，然后分别在第 30 帧、第 60 帧、第 90 帧和第 120 帧处插入关键帧。

步骤 3　选择"as"图层第 1 帧处的关键帧，在【动作】面板中输入如下脚本：

```
stop();
function playabout(event:MouseEvent):void
{
   gotoAndPlay("about");
}
but_about.addEventListener(MouseEvent.CLICK,playabout);
function playabout1(event:MouseEvent):void
{
   about.gotoAndStop(2);
}
but_about.addEventListener(MouseEvent.MOUSE_OVER,playabout1);
function playabout2(event:MouseEvent):void
{
   about.gotoAndStop(1);
}
but_about.addEventListener(MouseEvent.MOUSE_OUT,playabout2);
function playanli(event:MouseEvent):void
```

```
{
  gotoAndPlay("anli");
}
but_anli.addEventListener(MouseEvent.CLICK,playanli);
function playanli1(event:MouseEvent):void
{
  anli.gotoAndStop(2);
}
but_anli.addEventListener(MouseEvent.MOUSE_OVER,playanli1);
function playanli2(event:MouseEvent):void
{
  anli.gotoAndStop(1);
}
but_anli.addEventListener(MouseEvent.MOUSE_OUT,playanli2);
function playvideo(event:MouseEvent):void
{
  gotoAndPlay("video");
}
but_video.addEventListener(MouseEvent.CLICK,playvideo);
function playvideo1(event:MouseEvent):void
{
  video.gotoAndStop(2);
}
but_video.addEventListener(MouseEvent.MOUSE_OVER,playvideo1);
function playvideo2(event:MouseEvent):void
{
  video.gotoAndStop(1);
}
but_video.addEventListener(MouseEvent.MOUSE_OUT,playvideo2);
function playliuyan(event:MouseEvent):void
{
  gotoAndPlay("liuyan");
}
but_liuyan.addEventListener(MouseEvent.CLICK,playliuyan);
function playliuyan1(event:MouseEvent):void
{
  liuyan.gotoAndStop(2);
}
but_liuyan.addEventListener(MouseEvent.MOUSE_OVER,playliuyan1);
function playliuyan2(event:MouseEvent):void
{
  liuyan.gotoAndStop(1);
}
but_liuyan.addEventListener(MouseEvent.MOUSE_OUT,playliuyan2);
function playhome(event:MouseEvent):void
{
  gotoAndStop(1);
}
but_home.addEventListener(MouseEvent.CLICK,playhome);
function playemail(event:MouseEvent):void
```

```
{
    navigateToURL(new URLRequest("mailto:btwzqjl@163.com"),"_blank");
}
but_email.addEventListener(MouseEvent.CLICK,playemail);
```

步骤4 分别选择【时间轴】面板 "as" 图层的第 30 帧、第 60 帧、第 90 帧和第 120 帧，然后在【动作】面板中依次输入 "stop();" 命令，设置动画到该帧处停止。

步骤5 到此，网站栏目的全部整合完成，单击菜单栏【文件】|【保存】命令，将文件保存。

12.5.8 网站的发布

到此，该 Flash 网站全部制作完成，接下来就可以将其发布到互联网上，不过在发布时需要注意，所要发布的 Flash 与 Html 文件名必须为英文，否则，在互联网中无法识别，该网页无法打开。

网站的发布

步骤1 继续前面的操作，单击菜单栏中的【文件】|【发布设置】命令，在弹出的【发布设置】对话框的【格式】选项卡中使用默认的【Flash（.swf）】和【HTML.html】两种选择类型，并在右侧相应的【文件】输入框中输入新文件名，如图 12-87 所示。

步骤2 单击【发布设置】对话框的 Flash 选项卡，在其中设置【版本】为 "Flash Player 10"，【ActionScript 版本】为 "ActionScript 3.0"、"JPEG 品质" 参数为 100，单击 HTML 选项卡，在其中取消勾选【检测 Flash 版本】选项，如图 12-88 所示。

步骤3 设置完成后，单击下方的 [发布] 按钮，将文件发布为一个 swf 文件和一个 HTML 文件。

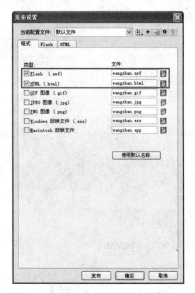

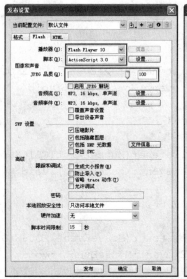

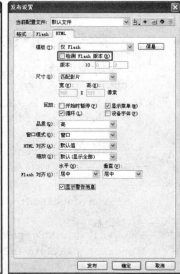

图 12-87 【发布设置】对话框的 【格式】选项卡

图 12-88 Flash 选项卡和 HTML 选项卡

到此该 Flash 个人网站全部制作完成，双击刚才发布的 "wangzhan.html" 文件，即可在默认浏览器里观看到制作的动画效果。如果希望让更多的朋友观看到自己的成就，也可以将它上传到互联网中，然后通过固定的网址进行访问。